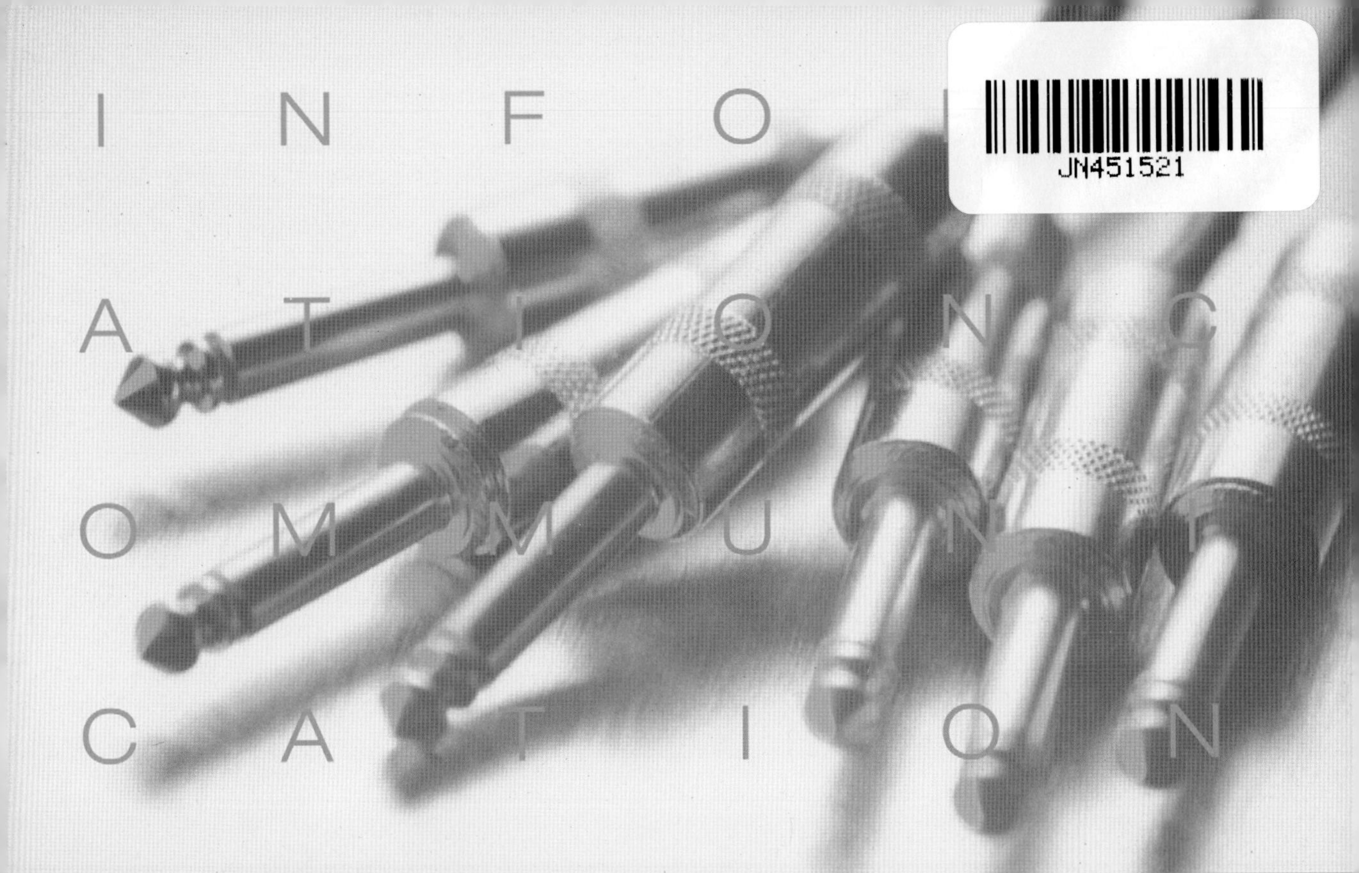

Information & Communication

최신 정보통신기기

한올출판사

머리말

21세기를 신지식 사회 또는 정보화 사회라고 부르는데, 그 만큼 정보의 역할이 중요하다는 것을 알 수 있다. 이와 같이 정보화 시대에서 생활하고 있는 우리는 유·무선 정보통신 기기 및 뉴미디어 기기를 통하여 우리 주변에서 무수한 정보를 접하고 있다. 따라서 언제, 어디서든지 이러한 정보를 쉽게 취득하고 이용할 수 있도록 항상 능동적으로 대처할 준비를 하고 있어야 한다.

이 책은 정보화 사회의 우리 주변에서 접하고 있는 통신기기와 차세대에서 요구되는 정보통신 기기들의 기본 내용을 다루고 있어 정보통신 분야를 공부하는 분들에게 작은 보탬이 될 수 있도록 기술하고자 노력하였다.

이 책의 구성 내용은

제1장 정보통신 시스템
제2장 정보전송 개론
제3장 정보 전송기기
제4장 음성 통신기기
제5장 화상 통신기기
제6장 무선 통신기기
제7장 이동 및 위성통신기기
제8장 ISDN과 뉴미디어 기기

로 구성되어 정보화 시대에서 필요한 정보통신 기기에 대하여 종합적으로 다루고 있다.

이 책은 그 동안 저자들이 산업체에서 관련 분야에 종사하면서 꼭 알아야 된다고 느끼었던 부분을, 학생들 입장에서 내용을 이해하는데 쉽도록 최대한 그림과 도표를 통하여 설명하려고 노력하였다. 그리고 각종 기사 시험 및 각종 채용, 승진 시험에 대비할 수 있도록 초점을 맞춰 집필하였으므로 독자들에게 좋은 교재 및 참고서가 될 것으로 판단된다.

끝으로 이 책이 출간되기까지 편집 및 제작에 애써주신 한올출판사 사장님을 비롯한 임직원 여러분께 깊은 감사를 드린다.

2007년 2월
저자 씀

제1장 정보통신 시스템 · 1

제2장 정보전송 개론 · 27

제1장 정보통신 시스템

1.1 정보통신의 정의

현대는 흔히 정보혁명(혹은 정보화 사회)의 시대라고 부른다. 이것은 미국의 저명한 미래학자 앨빈 토플러(Alvin Toffler)가 1980년에 발간한 그의 저서 "제3의 물결(The Third Loave)"에서 "제 1의 물결은 신석기 시대의 농업혁명이고, 제2의 물결은 18C의 산업 혁명이며, 현재는 정보혁명(정보화 사회)에 의해 주도되는 제 3의 물결을 맞이하고 있다"고 예견한데서 유래되었다고 볼 수 있다. 결국 정보화 사회는 모든 사회 분야에서 물질이나 에너지 양에 의한 가치 보다 지식이나 정보의 가치가 점차 증대되는 고도화된 사회라고 말할 수 있다. 이러한 정보혁명을 위해서는 정보통신의 발전이 필연적이며, 정보화 사회에서 정보통신 기기를 효율적으로 이용 및 활용하려면 이에 대한 구조적인 내용과 특성을 정확히 알고 있어야 한다. 우선 정보통신의 정의에 대하여 알아보면, 우리나라의 전기통신법에서는 "전기통신 회선에 전자계산기의 본체와 그에 부수되는 입·출력 장치 및 기타 기기를 접속하고 이에 의하여 정보를 송·수신하거나 처리하는 통신"이라고 정의하고 있다.

따라서 정보통신이란 송신자와 수신자간에 효과적으로 정보를 전달하거나 받는 과정으로서 데이터 처리의 컴퓨터와 기존의 전기통신의 결합에 의해 정보화 사회를 실현하기 위한 통신을 말한다. 즉, 음성, 부호, 문자 또는 영상 등의 형태로 된 정보를 저장, 처리하는 장치(컴퓨터)나 그에 부수되는 입출력 장치 등을 정보의 유통 경로인 전기통신 회선에 접속하여 정보를 검색 또는 상호 교환하는 것이라 말할 수 있다.

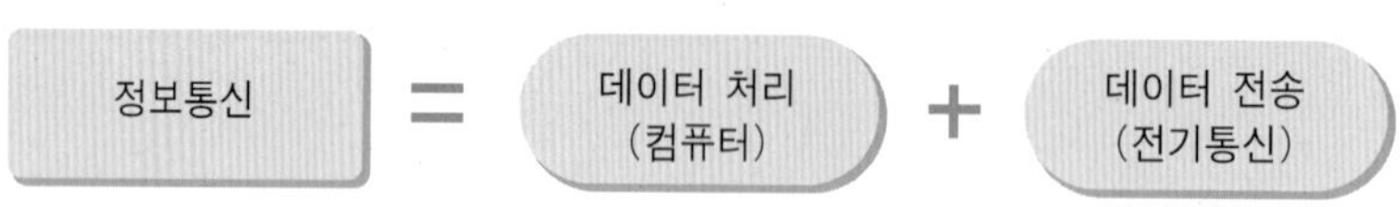

그림 1.1 정보통신의 정의

1.1.1 정보와 데이터

데이터(Data)란 사람이나 기계가 다룰 수 있도록 규격화하여 표현한 사실 또는 개념으로 현실세계에서 단순한 관찰이나 측정을 통해 수집한 사실이나 어떤 값이라고 말할 수 있다. 따라서 데이터에는 아무런 의미가 없지만, 정보의 원재료로 사용된다.

정보(Information)란 어떤 상황에 대하여 의사 결정을 할 수 있도록 하는 지식으로서 데이터를 인간에게 더욱 유용한 형태로 가공·처리하여 데이터에 의미를 부여한 것이다.

그림 1.2 데이터와 정보

이러한 정보는 임의의 수요자에게 전달되기 위해 생산된 일종의 자원으로 다양한 형태를 취하고 있지만, 정보화 사회에서 유용한 형태의 정보는 음성, 데이터, 그림, 동영상 및 이들이 상호 결합된 멀티미디어 정보 등이 있다.

따라서 정보통신이란 데이터나 혹은 데이터를 가공·처리한 정보를 전송하고, 전송되어 온 것을 가공·처리하여 정보로 변환하는 전 과정을 말한다고 볼 수 있다.

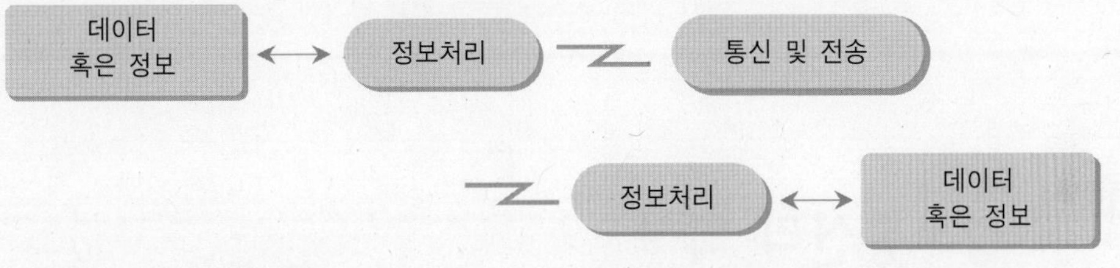

그림 1.3 정보통신의 개요

1.1.2 정보통신의 역할

(1) 사회·경제적 변화에 대한 정보통신의 역할

1) 사회 상호간의 기반 조성이 가능하다.
2) 국제화 사회 기반 조성이 가능하다.
3) 사회문제 해결도구로 이용할 수 있다.
4) 풍요로운 복지사회 건설이 가능하다.
5) 안전 및 신뢰성 확보를 위한 기반 조성이 가능하다.

(2) 정보통신 서비스

1) 통신회선 서비스 : 교환회선, 전용회선
2) 데이터 전송 서비스
   - 문서의 전달(전자 메일 시스템, 텔리텍스, 텔리텍스트 등)
   - 음성의 전달(전화, 전화 회의, 음성 메일링)
   - 화상의 전달(비디오텍스, 도형전달, 텔레텍스)
3) 이용 목적에 따른 서비스 : 정보처리/정보제공/네트워크 서비스

1.1.3 정보통신의 특징

(1) 광대역 전송이 가능하고, 고속통신과 대용량 데이터를 취급할 수 있다.
(2) 다중화에 의한 다원 접속이 가능하다.
(3) 경제성이 높고, 오류 제어에 의해 신뢰성이 높다.
(4) 시간과 거리의 제약을 극복할 수 있으며, 고품질의 통신을 수행할 수 있다.
(5) 대형 컴퓨터 및 자료의 공동 이용이 가능하다.
(6) 경제성이 높고, 응용범위가 광범위하다.

1.2 정보통신의 역사

통신의 역사는 1844년 모르스(Morse)가 고안한 모르스 부호의 전신통신(워싱턴과 볼티모어간)이 전기통신의 시초이며, 1876년 벨(Bell)의 전화기 발명, 그 이후 1901년 마코니(Marconi)의 무선통신 기술 개발과 1940년의 텔레타이프를 이용한 데이터 송·수신 시대가 열렸다. 최초의 전자 계산기인 에니악(ENIAC)이 1946년에 출현하였고, 1951년에는 최초의 상업용 컴퓨터인 유니박(UNIVAC)이 출현하여 정보통신의 시대를 열게 되었다. 이시기의 컴퓨터는 과학기술 계산용으로 개발되어 주로 대학 및 연구소 등에서 사용되었다.

그 후 1960년대에 와서는 트랜지스터(Tr)가 컴퓨터에 응용되고, 대용량의 기억장치 및 고속의 주변장치들이 개발되어 컴퓨터가 기업활동과 관련된 대용량 파일을 처리하는 일반 사무실의 업무용으로 사용되었다.

한편, 컴퓨터와 원격지의 단말장치를 통신망과 유기적으로 연결하여 전국적으로 효율적인 정보처리를 행하는 데이터 통신 시스템은 1958년에 미국에서 개발한 반자동 시스템인 SAGE(Semi-Automatic Ground Environment)가 세계 최초의 데이터 통신 시스템이다. 이 시스템은 지령 본부의 컴퓨터와 미 전역의 감시용 레이더망을 연결하여 미사일 발사를 제어하고 항공기나 유도탄의 침입을 대처할 수 있도록 미국 공군이 개발한 시스템이다. 그리고 1963년에는 아메리카 항공 회사가 대규모 좌석예약 업무 및 회계 업무 시스템으로 민간 최초의 상업용 SABRE(Semi-Automatic Business Research Environment)를 개발하여 사용하였으며, 1964년에는 MIT 공과대학에서 최초의 시분할 시스템인 CTSS(Compatible Time Sharing System)가 실험적으로 운용되었다.

1968년에는 하와이 대학에서 실험용 무선 패킷 통신망인 ALOHA (Additive Links On-line Hawaii Area)이 개발되어 무선 패킷 네트워크에 큰 영향을 주었다.

1971년에는 미 국방성을 중심으로 대학, 연구기관 및 미국 전역의 컴퓨터 망을 연결하는 프로젝트인 ARPA(Advanced Research Project Agency)에 의해 세계 최초의 패킷교환 방식이 개발되어 컴퓨터 네트워크 시대의 개막에 크게 기여하였다.

1975년에는 패킷교환 신호방식에 의한 서비스인 Telenet과 Tymnet에 의해 상용 데이터통신 서비스 시스템으로 발전되었으며, 이어서 중·대형 및 미니 컴퓨터를 사용한 데이터 통신 네트워크가 급속히 확대되었다.

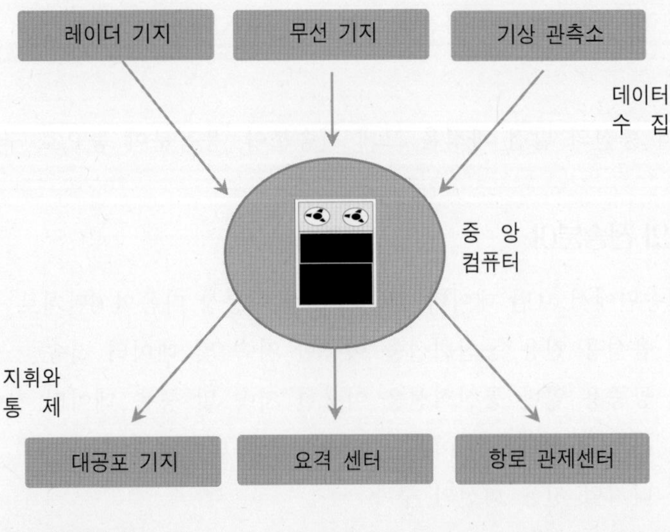

그림 1.4 SAGE 시스템

표 1.1 정보통신의 역사 (국외)

년 도	발전 사항	비 고
1844	모르스 부호에 의한 전신 통신	전기통신의 시초
1876	벨의 전화 발명	음성통신의 시초
1940	텔레타이프에 의한 전신통신	
1946	전자계산기(컴퓨터) 발명 (ENIAC)	세계 최초의 컴퓨터
1951	상업용 컴퓨터 출현 (UNIVAC)	세계 최초의 상업용 컴퓨터
1958	반 자동반공시스템(SAGE) 출현	세계 최초의 데이터 통신 시스템
1963	상업용 데이터 통신 시스템 출현(SABRE)	세계 최초의 상업용 데이터통신 시스템
1964	시분할 시스템 등장 (CTSS)	최초의 대학내 데이터통신 시스템
1968	무선패킷통신망 등장 (ALOHA)	민간 레벨의 패킷 통신망
1971	디지털 회선의 패킷교환방식 등장 (ARPA 프로젝트)	미 전역을 컴퓨터 네트워으로 연결
1975	패킷교환 방식, 데이터 통신 서비스 개시 (Telnet, Tymnet)	공중 패킷교환 서비스 시작

표 1.2 정보통신의 역사(국내)

년 도	발전 사항	비 고
1972	외환은행 본점과 부산 지점간의 On-Line 시스템 개통	국내 데이터 통신의 효시
1973	한국과학기술 연구소에서 전용회선의 데이터 통신 시작	
1983	데이콤의 공중데이터통신망 등장	DACOM-Net
1991	한국통신의 공중데이터통신망 등장	HINET-P

또한, 데이터 통신의 발전 과정은 크게 전송분야, 응용분야 등으로 구분할 수 있다.

(1) 데이터의 전송분야

데이터의 전송면에서 보면 데이터 전송의 발전은 통상 다음의 6단계로 구분할 수 있다.

제 1 단계 : 음성용 전용 통신회선을 이용한 저속 및 데이터 전송

제 2 단계 : 공중용 일반 통신회선을 이용한 저속 및 중속 데이터 전송

제 3 단계 : 특정 통신회선을 이용한 광대역 고속데이터 전송

제 4 단계 : 디지털 전용 회선의 구축

제 5 단계 : 데이터 전용 교환망의 운용

제 6 단계 : 모든 전송망을 디지털로 통합한 종합정보통신망 구축

(2) 데이터 통신 시스템의 응용분야

처음에는 군사면에서 먼저 사용되었으며, 그 후 기업의 사무 처리에 사용되는데, 병원의 의료 서비스, 호텔, 항공, 철도 등의 좌석 예약 서비스, 과학기술 정보서비스, 학교의 교육용 시스템, 정부기관의 행정 전산화, 기업의 판매, 재고, 인사 관리 시스템, 기타 교통 관제 시스템 등 각 분야에 도입 응용되고 있으며 미래에는 경제·산업·사회·문학·과학 등 각 방면에서 데이터 통신의 역할이 증대됨은 물론 FAX 신문, Videotex 등을 이용하며 재택근무 등이 보다 더 보편화될 것이다.

1.3 정보통신 시스템

1.3.1 정보통신 시스템의 개요

(1) 정보통신 시스템의 구성요소

일반 통신 시스템의 기본 구성은 정보를 보내는 단말기, 정보 전송을 위해 신호를 변환하여 보내주는 송신기, 전기신호를 멀리 보내기 위한 경로인 전송매체, 수신한 신호를 원래의 정보 신호로 변환해 주는 수신기와 정보를 받아들이는 단말기로 구성되어 있다.

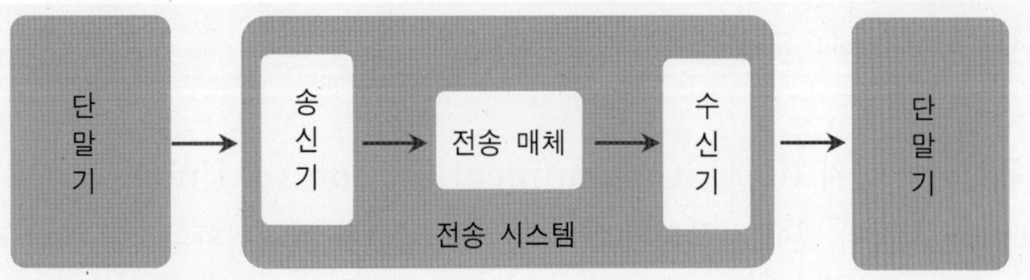

그림 1.5 일반 통신 시스템의 기본구성 요소

반면에, 정보통신 시스템은 원격지 및 컴퓨터에서 발생하는 정보를 분산되어 설치된 단말장치나 컴퓨터로 접속하여 데이터를 전송(데이터 전송계)하거나, 이를 가공, 처리, 보관(데이터 처리계)하는 온-라인(On-line) 시스템을 말한다. 정보통신 시스템의 간단한 기본구성 요소는 다음과 같다.

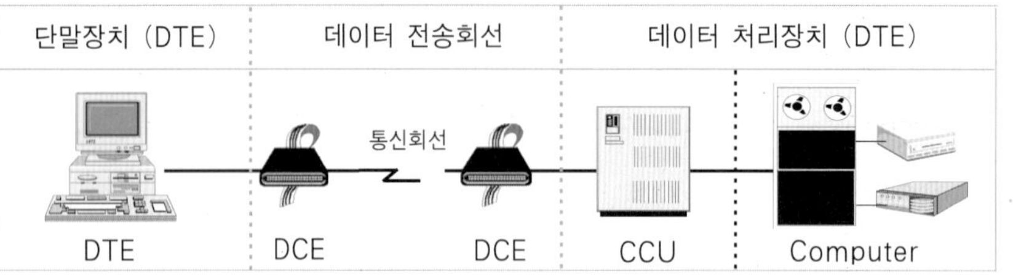

그림 1.6 정보통신 시스템의 기본 구성요소

1) 단말 장치 (DTE, Data Terminal Equipment)

단말장치는 이용자의 각 사무실에 설치되어 있어 최종적으로 데이터를 송신하거나 수신하는 역할을 담당한다. 여기에서는 사람 또는 각종 장치로부터 발생하는 정보, 즉 문자, 숫자, 음성, 영상 등과 같은 정보를 컴퓨터가 처리할 수 있는 2진 신호로 변환하거나 반대의 동작을 수행하는 기능을 가지고 있다.

2) 신호변환 장치 (DCE, Data Communication Equipment)

신호변환 장치는 통신회선의 종단에 위치하여 회선종단 장치(Data Circuit terminating Equipment)라고도 부른다. DCE는 DTE로부터 나오는 2진 신호를 통신회선에 적합한 신호로 변환하거나, 반대로 통신회선에서 들어온 신호를 컴퓨터에 적합한 원래의 2진 신호로 변환해 주는 장치이다. 여기에는 아날로그 전송 신호의 모뎀, 디지털 전송 신호의 DSU, 아날로그·디지털을 변환해주는 코덱(Codec), 음성 신호를 변환 해주는 음향결합기(전화) 등이 있다.

3) 통신제어 장치 (CCU, Communication Control Unit)

주로 대형 컴퓨터 앞에 설치되어 데이터 전송 회선과 컴퓨터와의 전기적인 결합과 전송 문자의 조립·분해 등 컴퓨터의 통신 기능을 보강해 주는 장치이다. 통신 제어장치는 처리 형태에 따라 문자 및 블록 조립이 가능한 기본형인 통신제어장치(CCU, Communication Control Unit), 통신제어 기능을 수행하기 위하여 프로그램에 의한 제어가 가능한 CPU를 내장하여 메시지 조립과 분해 및 통신 방식의 변경 등이 가능한 통신제어처리장치(CCP, Communication Control Processor), 마이크로프로세서를 내장하여 메시지 조립과 처리뿐만 아니라 지능형 다중화가 가능한 전처리장치(FEP, Front End Processor) 등이 있다.

(2) 정보통신 시스템의 분류

정보통신 시스템은 원거리에서 발생한 정보를 상호간에 통신회선으로 결합하여 정보처리를 수행하는 시스템으로 구성 요소는 데이터를 접속된 컴퓨터로 전송하는 데이터 전송계와 이 데이터를 처리하는 데이터 처리계로 분류할 수 있으며, 기본 구성장치는 다음과 같다.

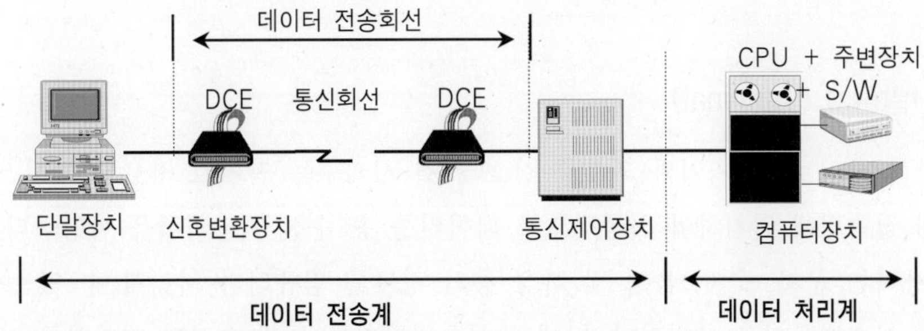

그림 1.7 정보통신 시스템의 분류

또한, 데이터(정보)의 전송을 담당하는 데이터 전송계는 데이터를 송·수신하는 단말장치, 데이터 전송회선 및 통신제어장치로 나누어지며, 데이터를 처리·보관하는 데이터 처리계는 컴퓨터가 그 역할을 수행한다.

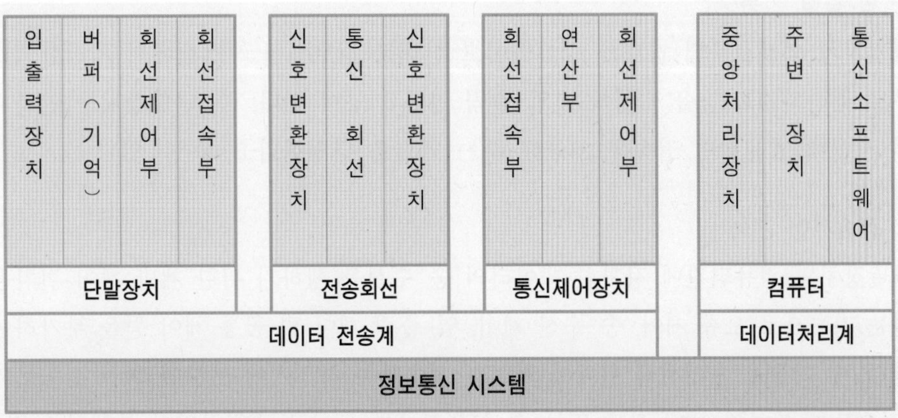

그림 1.8 정보통신 시스템의 구성요소

1.3.2 데이터 전송계

데이터 전송계가 하는 역할은 데이터를 입력하여 오류 없이 정확하고 가능한 한 빠르게 전송하는 기능을 수행한다.

데이터 전송계의 구성은 데이터의 입・출력, 기억 및 전송제어를 담당하는 단말장치(DTE, Date Terminal Equipment), 전송계의 양끝에 위치한 신호변환장치(DCE, Data Communication Equipment) 및 통신회선, 데이터 전송계와 데이터 처리계의 접점에 위치하여 양쪽을 연결해 주는 통신제어 장치로 구성된다.

(1) 단말장치 (Terminal)

단말장치는 정보통신기기와 외부를 상호 연결 시켜주는 장치로 정보통신 시스템에서 외부와의 접속점에 위치하여 최종적으로 데이터를 송·수신하는 역할을 담당한다. 즉, 사람이 사용하는 문자, 숫자, 음성 및 화상 등의 정보를 컴퓨터가 처리할 수 있는 신호로 변환하여 신호변환기로 보내거나, 반대로 신호변환기를 통해 수신된 데이터를 사람들이 인지할 수 있는 정보로 변환하는 동작을 수행한다.

1) 단말장치의 기능

단말장치는 터미널(Terminal)이라고도 말하며, 인간과 컴퓨터 사이에서 상호접속(Man-Machine Interface) 할 수 있도록 해주며, 입·출력 기능, 전송제어 기능 및 기억기능 등으로 구성되어 있다.

① 입·출력 기능

단말장치 외부로부터 정보를 받아들이고 반대로 정보통신 시스템에서 처리한 결과는 외부로 출력하는 기능을 수행하는 입·출력 변환 기능이 있다. 즉, 단말장치는 인간과 컴퓨터 사이에 효율적인 접속을 제공해 주는 역할을 담당한다고 볼 수 있다.

② 전송제어 기능

단말장치와 컴퓨터간에 정확한 데이터의 송·수신을 행하기 위한 제반 제어 절차를 수행하는 기능으로 오류 제어, 송·수신 제어, 입·출력 제어 및 공통 제어 등을 부가하여 사용한다. 이 기능을 수행하기 위해서 회선과 접속하는 하드에어 부분인 회선 접속부와 회선 접속부를 통하여 보낼 정보 또는 수신된 정보를 문자로 조립하거나 분해하는 간단한 기능의 회선 제어부로 구성되어 있다.

③ 기억 기능

단말장치에 디스크나 소용량 저장장치 등을 부가하여 송·수신 정보의 일시적 저장 및 정보의 국부적(Local) 처리를 수행하는 기능을 말한다.

2) 단말장치의 구성

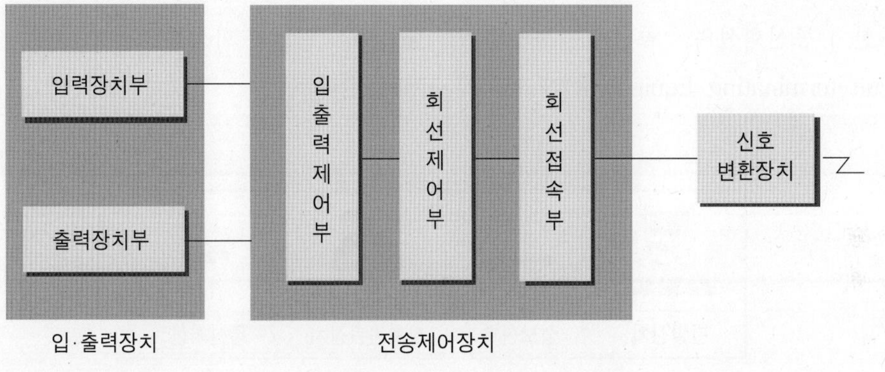

그림 1.9 단말기의 구성

① 입·출력 장치부

입력 장치부는 사람이 다루고 있는 정보를 컴퓨터가 처리할 수 있는 전기적인 신호로 변환하는 장치(키보드, OCR, OMR, 카드 리더 등)이며, 출력 장치부는 반대로 컴퓨터가 처리한 결과를 사람이 인식할 수 있는 형태로 변환하여 출력하는 장치(모니터, 프린터 등)를 말한다.

② 입·출력 제어부

입·출력 장치의 직접적인 제어 및 상태의 감시기능을 수행한다.

③ 회선 제어부

회선 접속부를 통하여 들어온 정보를 직렬 또는 병렬로 변환하고, 문자의 조립, 분해, 버퍼링 기능 및 오류 제어를 포함한 전송제어를 수행한다.

④ 회선 접속부

단말기와 데이터 전송회선을 연결하여 주고, 정보를 컴퓨터에서 처리 가능한 전기적 신호로 변환하는 기능을 수행한다.

(2) 전송회선

데이터 전송회선은 단말장치와 통신제어장치를 연결해 주는 기능을 수행하며, 단말장치와 통신제어장치 사이의 정보 전송로로써 신호변환 장치와 통신 회선으로 구성된다.

1) 신호 변환 장치 (DCE, Data Communication Equipment)

신호 변환 장치는 단말장치로부터 발생한 신호를 통신회선에 적합한 신호로 변환하거나 반대로 통신회선에 흐르고 있는 신호를 단말 장치에 적합한 신호로 변환하는 장치이다.

또한, 통신회선의 종단에 위치하기 때문에 일명 회선종단장치(DCE, Data Circuit-terminating Equipment)라고도 부르기도 한다.

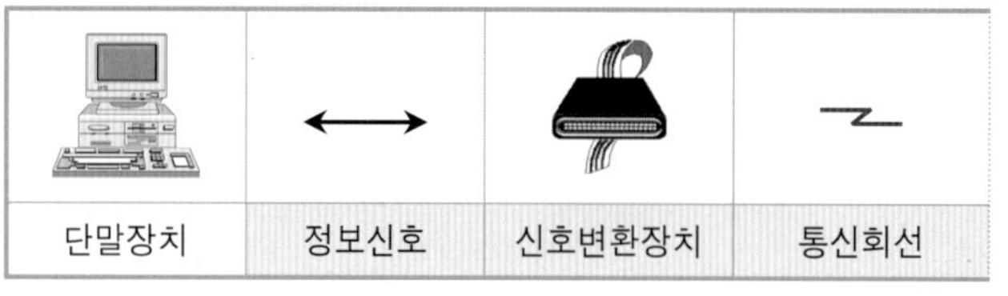

그림 1.10 데이터 전송계에서의 신호체계

신호변환 장치는 단말기에서 발생하는 신호가 아날로그 및 디지털 정보인 경우와 통신회선이 아날로그 회선인지 디지털 회선인지에 따라 다음과 같이 4가지 종류 (2장 2.3절의 데이터 전송형식에서 자세히 설명)로 분류된다.

표 1.3 신호 변환장치의 예

단말장치의 정보신호	신호변환 장치 예	통신 회선
아날로그 정보	전화기(음향 커플러)	아날로그 회선
디지털 정보	모뎀(Modem)	아날로그 회선
아날로그 정보	코덱(Codec)	디지털 회선
디지털 정보	DSU(Digital Service Unit)	디지털 회선

2) 통신회선

통신회선은 단말장치와 정보처리 시스템, 단말기기 상호간 그리고 컴퓨터 상호간의 물리적인 통신로를 말한다.

통신회선은 전송되어 지는 신호의 특성에 따라서 아날로그 전송회선과 디지털 전송회선으로 구성할 수 있으며, 전송매체에 따라서 꼬임선, 동축선 및 광섬유 등으로 구분할 수 있다. 그리고 회선의 교환 방식에 따라 직통회선과 교환회선으로 구분할 수 있고, 다시 교환회선은 회선교환 방식과 패킷교환 방식으로 구분할 수 있다.

표 1.4 통신 회선

분 류	종 류
선의 유무	유선 : 꼬임선, 동축/광 케이블
	무선 : 전파, 위성 등
신호 형태	아날로그 회선
	디지털 회선
접속 방법	전용 회선
	교환 회선 : 회선교환 방식, 패킷교환 방식

(3) 통신 제어 장치 (CCU, Communication Control Unit)

통신제어 장치는 데이터 전송회선과 컴퓨터 사이에 위치하여 이들을 결합시켜 주는 장치로써, 전송회선과 컴퓨터 사이에서 양자를 전기적으로 결합시켜 주는 장치이다. 즉, 전송회선과 컴퓨터 사이의 표현 방식의 차이를 조정하기 위한 문자의 분해와 조립 기능을 기본적으로 수행한다.

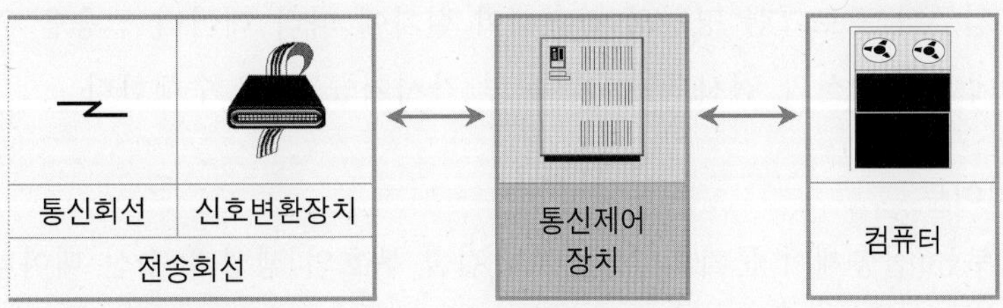

그림 1.11 통신제어 장치의 위치

통신제어 장치기능은 다음과 같다.

① 문자의 조립 및 분해 기능
② 컴퓨터와 데이터 송·수신 기능
③ 제어신호의 송·수신, 통신회선의 감시 및 접속, 전송오류 검출
④ 동시에 복수개의 회선을 시분할 다중 전송제어 등을 수행

1) 통신제어 장치의 구성

통신제어 장치는 크게 회선 접속부, 전송 제어부(회선접속 제어부) 및 연산부로 구성되어 있다.

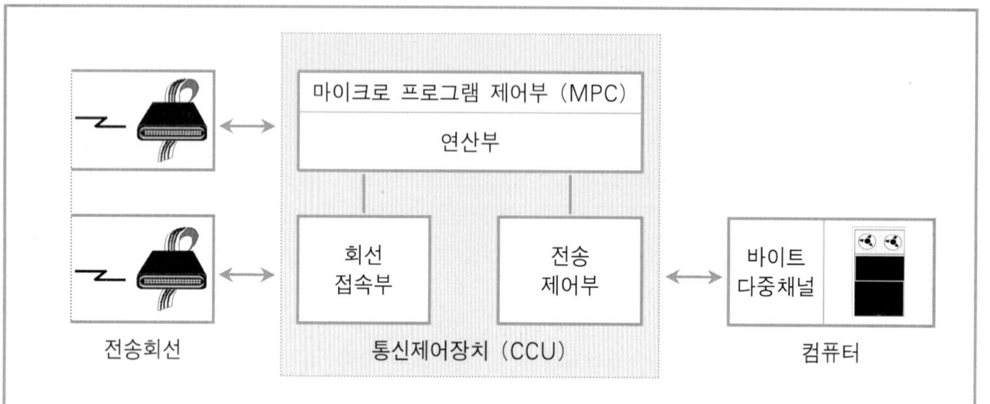

그림 1.12 통신제어 장치의 구성

① 회선 접속부

회선 접속부는 회선 접속장치와의 인터페이스 레벨변환 기능, 수신 데이터의 선정과 문자조립(직렬→병렬 변환) 기능 및 송·신 데이터의 비트분해 (병렬→직렬 변환) 기능을 수행한다.

② 연산부

연산부는 컴퓨터 프로그램 명령의 전송제어 절차에 따라 데이터 전송을 위한 문자 단위의 구성, 데이터 형식의 검사, 오류제어 및 감시기능 등을 수행한다.

③ 전송 제어부

전송 제어부는 전송제어 문자의 식별, 오류검출 부호의 생성과 수신 데이터의 오류 검출, 송·수신 데이터의 기억 및 컴퓨터와의 데이터 전송 기능을 수행한다.

2) 통신제어 장치의 버퍼 방식에 의한 분류

통신제어 장치는 수신 데이터에 대하여 주 컴퓨터와의 기능 분담(버퍼링 범위)에 의해 다음과 같이 분류된다.

① 비트 버퍼 방식 (Bit Buffer)

통신제어 장치에서는 비트 단위의 처리만 담당하고, 다른 여러 가지 기능은 주 컴퓨터

(Host Computer)가 처리하는 방식이다. 이 방식은 담당하는 기능이 매우 단순하여 컴퓨터 프로그램의 부담이 크고 소수회로에 한정하여 사용한다.

② 문자 버퍼 방식 (Character Buffer)

통신제어 장치의 기본적인 기능인 문자의 조립 및 분해가 가능한 방식이다. 비트를 모아 문자를 조립하는 문자 버퍼를 가지고 있으며, 조립된 문자로부터 제어문자 등을 분리하여 나머지 문자를 주 컴퓨터로 전송하는 방식으로 통신제어 장치의 일반적인 방식이다.

③ 블록 버퍼 방식 (Block Buffer)

통신제어 장치에서 조립된 문자를 모아 STX(Start of text)에서 ETB(End of transmission block)까지의 한 블록을 만들어 주 컴퓨터로 전송하는 버퍼를 지닌 방식으로 블록체크 또는 재전송 요구 기능을 가지고 있다. 이 방식은 주 컴퓨터의 부하는 경감되지만 하드웨어 비용이 비싸 많이 사용하지 않는 방식이다.

④ 메시지 버퍼 방식 (Message Buffer)

통신제어 장치에서 블록을 조립하고 다시 모아 SOH(Start of head)에서부터 ETX(End of text)까지 하나의 메시지를 만들어 주 컴퓨터로 보내는 방식이다. 대규모 통신 시스템에서 한 대의 주 컴퓨터가 수 백대의 단말을 수용하기 때문에 통신제어 장치에서 메시지 조립 및 분해를 담당하여 주 컴퓨터의 부담을 경감해 준다. 따라서 대용량의 버퍼가 필요하며, 대규모 정보통신 시스템에서 사용된다.

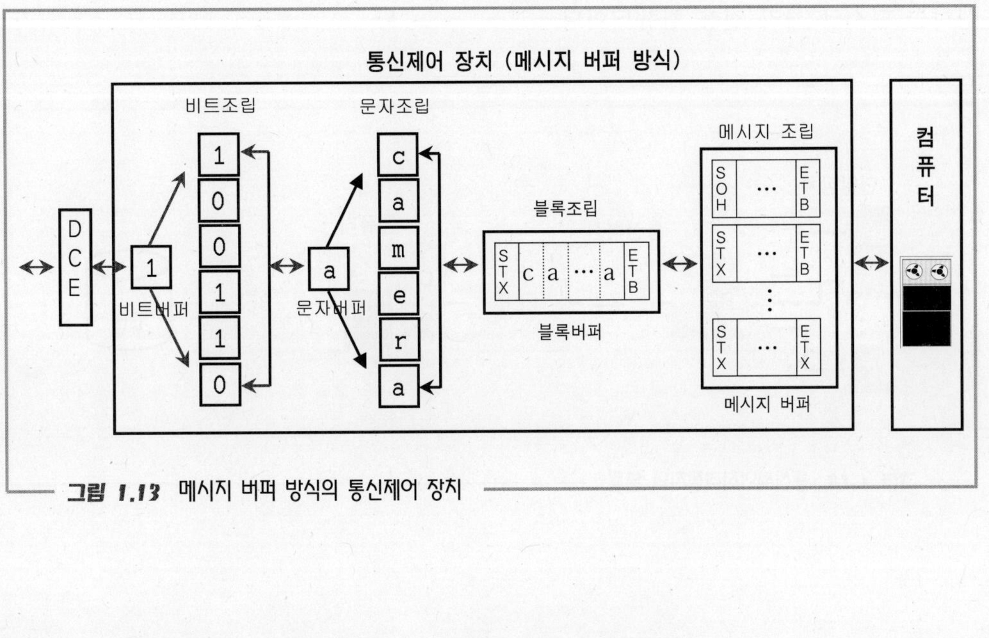

그림 1.13 메시지 버퍼 방식의 통신제어 장치

3) 통신제어 처리 장치 (CCP, Communication Control Processor)

원래의 통신처리 장치는 통신제어 장치와 데이터의 축적 및 교환 등의 통신처리를 담당하는 소형의 프로세서를 내장한 미니 컴퓨터였으나, 최근 컴퓨터 기술의 발달로 초소형이면서 여러 가지의 통신제어 기능 및 메시지 처리기능을 담당하는 통신전용 컴퓨터로 발전되었다. 이렇게 함으로써 주 컴퓨터의 부하를 덜어주게 되어 데이터 처리능력 및 통신 속도를 향상시킬 수 있게 되었다. 통신처리 장치는 사용되는 위치에 따라 담당하는 역할과 명칭이 달라진다.

① 원격처리 장치(RP, Remote Processor)

단말기와 접속하여 복수단말 회선의 집선 역할과 동시에 단말기 제어, 정보량의 제어 및 전송 메시지의 부분처리 기능 등을 수행한 다음, 이를 한 가닥의 고속 통신회선에 의해 주 컴퓨터에 송신하는 역할을 한다.

② 전단처리 장치(FEP, Front End Processor)

주 컴퓨터와 통신망 사이에 설치되어 마이크로 프로세서를 내장하고 있다. 통신회선 및 단말기 제어의 지능 다중화 기능과 데이터의 형식 변환 및 메시지의 통신제어 기능 등을 내장한 프로그램 및 프로세서에 의해 미리 처리하여 필요한 정보만 주 컴퓨터에 전송하는 역할을 한다.

③ 후 처리 장치(BEP, Back End Processor)

주 컴퓨터 후단에 설치되어 주 컴퓨터가 수신한 데이터 중에서 별도로 처리할 필요가 있을 때 사용되는 장치이며, 자기 디스크 기억 장치에 대 규모 데이터 베이스(DB)를 구성하는 디스크 처리 전용 컴퓨터이다.

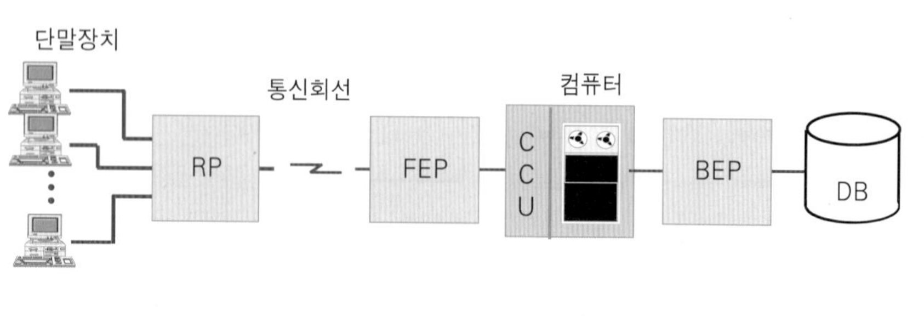

그림 1.14 통신제어처리장치의 분류

1.3.3 데이터 처리계

정보통신 시스템의 핵심은 컴퓨터 시스템으로써 이는 통신회선을 통해 통신제어 장치로부터 입력되는 데이터를 가공, 처리하여 그 결과를 지정된 단말기에 전송하거나 저장하는 기능을 지니고 있다.

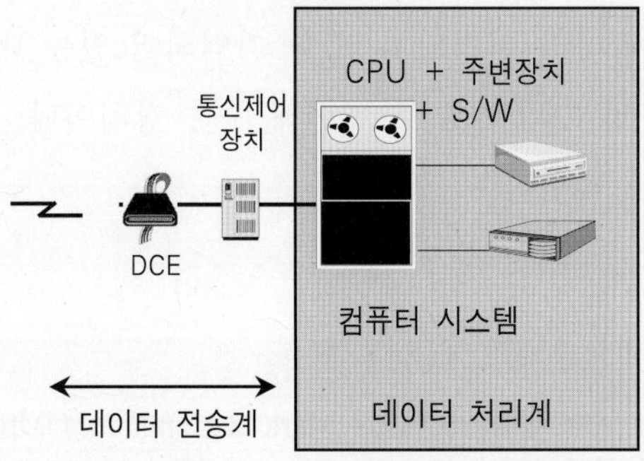

그림 1.15 데이터 처리계의 구성 요소

데이터 처리계의 구성 요소는 중앙처리장치(CPU : 연산/제어/기억 장치), 주변장치(입·출력장치, 보조기억장치, 입·출력 채널장치) 및 통신 소프트웨어로 구성되어 있다.

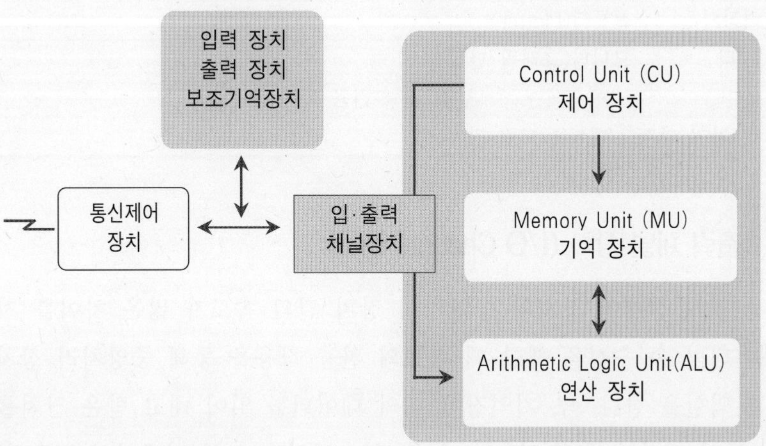

그림 1.16 정보통신 시스템의 주 컴퓨터

(1) 입력장치 (Input Unit)

입력장치(Input Unit)는 입력매체를 통하여 어떠한 정보를 컴퓨터 내부로 읽어 들이는 장치이며, 입력 기능을 갖는다.

(2) 출력장치 (Output Unit)

출력장치(Output Unit)는 컴퓨터 내부의 중앙처리장치(연산, 제어, 레지스터 기억장치)로부터 지시 받고 그에 따라 처리되고, 또한 기억되어 있는 내용을 출력 매체를 통해 외부로 음성, 문자, 기호 및 그림 등으로 표현해 주는 장치이다. 프린터, 플롯터, 모니터, 음성응답 장치 등이 이에 속한다.

표 1.5 입·출력 장치

1. 입력 장치	
판독장치	광학 마크 판독기(Optical Mark Recognition, OMR)
	광학 문자 판독기(Optical Character Recognition, OCR)
	자기 잉크문자 판독기(Magnetic Ink Character Recognition, MICR)
	종이 테이프 판독기(Paper Tape Reader, PTR)
	바 코드 판독기(Bar Code Reader, BCR)
도형입력장치	스캐너(Scanner)
	디지타이저(Digitizer), 터치 스크린(Touch screen)
	테이블렛(Tablet)
기　　타	키보드(Keyboard), 마우스(Mouse), 펀치 카드(Punch Card) 등
2. 출력 장치	
인쇄장치	충격 직렬/병렬 프린터 (Impact Serial/Parallel Printer)
	비충격 직렬/병렬 프린터 (Non-Impact Serial/Parallel Printer)
도형출력장치	플롯터(Plotter)
기　　타	모니터(그래픽 단말장치) 등
3. 입·출력 겸용 장치	
음성 장치, 자기 디스크/테이프/드럼 장치 등	

(3) 입 · 출력 채널 장치 (I/O Channel Unit)

주변장치 및 통신제어 장치와 중앙처리 장치 간의 속도가 많은 차이를 지니고 있기 때문에 데이터의 송·수신을 행할 때 속도의 완충 작용을 통해 중앙처리 장치의 효율을 증대시키는 역할을 한다. 즉, 기억장치 내의 데이터를 읽어 내고 받은 장치를 기억장치로 옮기는 등의 데이터 송·수신 기능을 행하는 장치로 소형 컴퓨터의 경우에는 별도 없이 연산처리 장치가 그 역할을 수행하는 경우도 있다.

(4) 중앙처리장치 (CPU)

중앙처리장치(CPU, Central Processing Unit)는 컴퓨터의 가장 중추적인 기능을 수행하는 부분으로 크게 연산장치, 제어장치 및 기억장치로 구성된다. 그리고 중앙처리 장치 내의 데이터 이동과 제어 기능을 위한 버스(Bus, 내부버스)도 여기에 포함시킬 수 있다.

1) 연산 장치 (ALU, Arithmetic Logic Unit)

4칙 연산 즉, 덧셈, 뺄셈, 곱셈, 나눗셈 등의 산술 및 논리연산을 수행하는 장치로 가산기(Adder), 어큐뮬레이터(Accumulator), 레지스터(Register) 및 플립플롭(Flip Flop)으로 구성되어 있다.

2) 제어 장치 (CU, Control Unit)

제어 장치는 입력장치, 기억장치, 연산장치 및 출력 장치 등에 명령을 하달하고 감독, 통제 및 제어하는 역할의 제어 기능을 갖는다.

3) 기억 장치 (MU, Memory Unit)

기억 장치는 입력 장치를 통하여 읽어 들인 데이터나 명령 및 컴퓨터 내부에서 처리된 결과를 기억하는 기능을 갖는다. 그리고 중앙처리장치 외부에 위치한 기억 장치는 사용목적에 따라 램(RAM) 및 롬(ROM)과 같은 주기억장치(Main Memory)와 하드디스크(HD) 및 플로피 디스크(FD)와 같은 보조기억(Auxiliary Memory) 장치로 분류할 수 있다.

4) 내부 버스 (Internal Bus)

내부(외부 버스도 마찬가지임) 버스는 데이터 버스(Data Bus), 어드레스 버스(Address Bus), 제어 버스(Control Bus)로 분류된다. 내부 버스는 중앙처리장치와 기억장치, 주변의 입출력 장치 사이에서 정보를 전송하기 위한 통로로서, 그 전송 속도는 중앙처리 장치의 기능과 더불어 컴퓨터의 성능을 좌우하는 중요한 기능이다.

(5) 소프트웨어(Software)

소프트웨어는 하드웨어의 동작을 지시하고 제어하는 모든 종류의 프로그램을 포함하며, 크게 나누어 시스템 소프트웨어(System Software)와 응용 소프트웨어(Application Software)로 나눌 수 있다. 특히, 정보통신 시스템에서는 응용 소프트웨어인 통신 소프트웨어에 의해 통신 시스템 전체를 제어하게 된다.

표 1.6 소프트웨어의 분류

소프트웨어 분류		종 류
시스템 소프트웨어	운 영 체 제	MS-DOS, K-DOS, MS-Windows, Windows NT UNIX, XENIX, OS/2, NextStep …
	언어처리 프로그램	Compiler, Assembler, Interpreter, Linker/Loader …
응 용 소프트웨어	패키지 프로그램	Word Processor, SPSS, DBMS …
	유틸리티 프로그램	Norton Utility, 메모리 관리프로그램, …
	사용자 프로그램	성적처리 프로그램, 경리 프로그램, 게임 등 …

1) 시스템 소프트웨어 (System Software)

컴퓨터 사용자들의 요구에 더 적합하도록 해 주기 위하여 만들어진 소프트웨어로 각종 정보 처리를 실행할 때 그 운영을 제어하고 지원하는 프로그램들이다. 대표적인 것이 운영체제(OS, Operating Software)이며, 프로그래밍 언어인 어셈블러(Assembler), 컴파일러(Compiler) 등의 언어 처리 프로그램도 여기에 포함시킬 수 있다.

2) 응용 소프트웨어 (Application Software)

응용 프로그램은 단독으로 동작하지 못하고 반드시 시스템 소프트웨어에 의해서 동작되고, 특정한 목적의 수행을 위해 이미 짜여진 프로그램을 말한다. 즉 사용자의 정보처리 요구에 따라 컴퓨터를 특수한 용도나 응용에 사용할 때, 그 수행을 지시하도록 만든 프로그램이다. 이들은 워드 프로세스, 데이터 베이스, 관리 및 게임 프로그램 등의 패키지 프로그램과 컴퓨터 사용을 유용하게 해주는 사용자 유틸리티 프로그램 및 기타 특수 용도의 응용 프로그램인 사용자 프로그램으로 분류할 수 있다.

그림 1.17 소프트웨어의 계층 구조

3) 통신 소프트웨어 (Communication Software) 및 프로토콜(Protocool)

통신 소프트웨어는 데이터 전송회선과 통신제어 장치를 통해 원거리에 위치한 컴퓨터와 단말장치 사이에 정보를 송·수신하기 위한 프로그램을 총칭하여 부르는 말이다. 통신 소프트웨어는 정보의 송·수신, 통신 하드웨어의 제어 및 사용자 인터페이스의 제어 기능을 포함하고 있다.

통신 프로토콜은 2 개의 시스템이 성공적으로 통신하기 위한 규약으로 무엇을 통신하고 어떻게 통신할 것인가를 규정하는 일련의 규약이다. 즉, 어떤 시스템이 다른 시스템과 통신을 원활하게 수행할 수 있도록 해주는 통신 규약이다. 그러므로 통신 약속을 지키지 않고는 어떠한 통신도 할 수 없는 것이다. 이와 같이 통신 시스템에서 송·수신자간에 정상적인 통신을 위해서 지켜야할 일종의 통신 약속을 소위 "통신 프로토콜"이라고 한다.

1.4 정보통신의 처리 및 이용 형태

1.4.1 정보통신의 처리형태

정보통신 시스템에서 정보처리 형태는 데이터 전송방식에 따라 온-라인(On-line)과 오프-라인(Off-Line)으로 분류되며, 데이터 처리방식에 따라 실시간(즉시) 처리(Real Time Processing)와 일괄 처리(Batch Processing)로 분류된다.

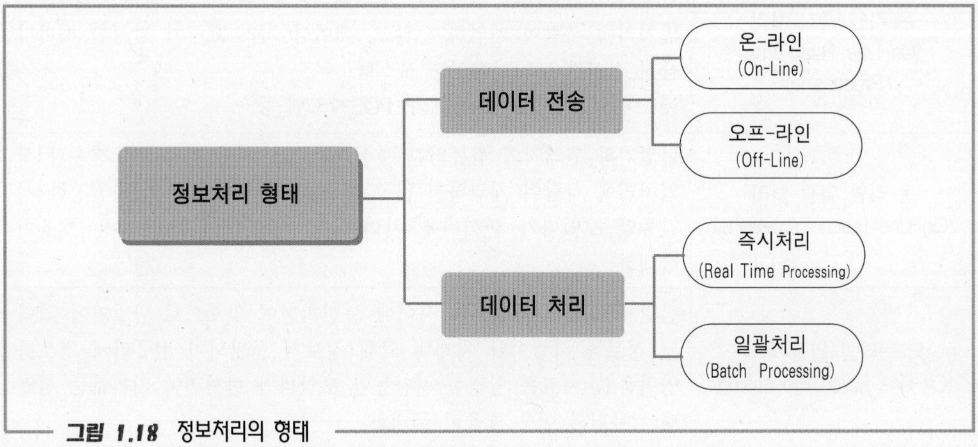

그림 1.18 정보처리의 형태

일반적인 정보통신 시스템에는 단말기와 원격지 컴퓨터간에 통신회선으로 연결하여 데이터 처리 요구가 발생하는 즉시 처리하는 온-라인 실시간 처리(On-line Real Time Processing) 시스템과 단말기와 원격지 컴퓨터간에 통신회선으로 연결하여 데이터를 저장했다가 일정한 시기에 한꺼번에 처리하는 온-라인 일괄처리(On-Line Batch Processing) 시스템, 단말기와 원격지 컴퓨터간에 통신회선이 없으므로 사람의 손에 의해 정보가 운반되어 입력한 후 일정한 시기에 한꺼번에 처리하는 오프-라인 일괄처리(Off-Line Batch Processing) 시스템 등이 있다.

표 1.7 정보처리 형태

정보처리 형태	처 리 방 법
온-라인 전송 (On-Line)	단말기와 컴퓨터가 통신회선으로 직접 연결하여 전송하는 방식
오프-라인 전송 (Off-Line)	통신회선으로 연결하지 않고 사람에 의해 정보가 운반되어 컴퓨터에 입력하는 방식
실시간 처리 (Real Time Processing)	데이터가 입력됨과 동시에 컴퓨터에 의해 처리되어 처리 결과를 원하는 시간에 볼 수 있다.
일괄 처리 (Batch Processing)	호스트 컴퓨터가 다른 작업을 하고 있는 일정한 시간 동안 데이터를 수집한 다음에 한꺼번에 처리하는 방식. 호스트 컴퓨터의 유효시간을 효율적으로 이용할 수 있다.

표 1.8 정보처리 시스템의 유형

정보처리 시스템	방 법
온-라인 즉시 처리 (On-Line Real Time Processing)	단말기와 원격지의 컴퓨터간 통신회선으로 직접 연결하여 전송과 작업처리에 사람이 개입하지 않고, 데이터 처리 요구가 발생할 때마다 즉시 실시간으로 처리되는 시스템 예 : 은행창구업무, 좌석예약, POS시스템 등
온-라인 일괄 처리 (On-Line Batch Processing)	단말기와 원격지의 컴퓨터간 통신회선으로 직접 연결하여 전송과 작업처리에 사람이 개입하지 않고 자료를 입력하고, 자료를 일정한 시간동안 모았다가 한꺼번에 처리하는 시스템(컴퓨터의 이용 효율이 극대화)
오프-라인 일괄 처리 (Off-Line Batch Processing)	단말기와 원격지 컴퓨터 사이에 통신회선이 없으므로 단말기에 입력된 정보를 사람이나 기계에 의해 정보가 운반되어 컴퓨터에 정보를 입력하고, 자료를 일정한 시간동안 모았다가 한꺼번에 처리하는 시스템(컴퓨터의 이용 효율이 극대화)

1.4.2 정보통신의 이용형태

(1) 데이터 수집, 분배 시스템 (Data Entry System)

여러 장소의 원격지에서 발생한 데이터를 단말장치로 입력하여 통신회선을 통해 중앙의 컴퓨터로 수집하여 처리한 후 그 결과를 각 단말로 분배하는 시스템이다.

이 시스템의 예는 원격지의 수도, 가스 및 전기 등의 사용량 검침, 판매현장관리시스템(POS, Point Of Sale system) 등이 있다.

(2) 질의/응답 시스템(Inquiry/Response System)

단말기에서 중앙의 컴퓨터에 질의(조회)를 하면, 즉시 회답을 얻을 수 있는 시스템으로 데이터조회 시스템이라고도 한다. 이 시스템은 질의에 대한 응답하는 기능만 있고, 정보처리 및 가공은 하지 않는 것이 특징이다.

이 시스템은 단순한 질의/응답 뿐만 아니라 현재의 내용을 수정할 때 이용하는 시스템으로 좌석예약(항공기/철도/호텔/공연 등) 시스템 등에 이용된다.

(3) 원격 작업 시스템(Remote Job Entry System)

이 시스템은 원격지에서 작업 수행을 위한 데이터와 프로그램을 대용량의 파일 처리가 가능한 호스트 컴퓨터가 입력받아 자료를 처리한 후, 그 결과를 원래의 단말로 되돌려 주는 시스템이다. 즉, 각 단말에서 처리해야 할 일을 중앙 컴퓨터가 대신 수행하는 형식을 띤다. 이때 사용자는 실제로 멀리 떨어진 호스트 컴퓨터를 사용하지만, 사용자 자신이 사무실에서 컴퓨터를 혼자 사용하는 것과 같은 느낌을 갖게 된다.

(4) 메시지교환 시스템(Message Switching System)

이 시스템은 단말장치에서 입력한 데이터(메시지)를 컴퓨터에 저장 시켜 두었다가 지정된 다른 단말장치로 전송하는 시스템으로 메시지 교환 방식에는 회선교환과 축적교환이 있다. 이 시스템의 응용 예는 전자 사서함 및 은행간 대체업무를 행할 때 사용된다.

(5) 시분할 시스템(TSS, Time Sharing System)

이 시스템은 원격작업 시스템과 유사하지만, 호스트 컴퓨터가 작업을 처리할 때 처리시간을 각각 프로그램에게 균등하게 분할하여 동시에 원격의 복수 사용자가 사용이 가능하도록 하는 방식이다. 현재는 호스트 컴퓨터의 처리 속도가 빨라짐으로써 여러 사용자가 컴퓨터를 동시에 사용하지만, 자기 혼자 호스트 컴퓨터를 독점 사용하는 것과 같은 느낌을 갖는 방식이다.

(6) 거래 데이터 처리 시스템(Transaction System)

이 방식은 질의/응답 시스템과 유사 한 것으로 거래에 관하여 발생한 데이터를 단말장치에서 호스트 컴퓨터에 입력하고, 호스트 컴퓨터는 그 데이터를 즉시 처리하여 그 결과를 각 단말 장치로 전송하는 시스템이다.

발생된 데이터의 내용은 원격지 단말을 통해 입력하고, 이 처리에 관한 모든 프로그램은 호스트 컴퓨터가 처리한 후 데이터베이스 내용을 갱신·기록하는 방식으로 이 방식의 응용 예는 은행창구 업무 시스템이다.

(7) 컴퓨터 네트워크 시스템(Computer Network System)

멀리 떨어져 있는 컴퓨터 혹은 다수의 이 기종간 컴퓨터를 고속의 통신 네트워크에 연결하여 컴퓨터의 이용을 광역화시킨 시스템으로 독립된 다수의 컴퓨터 및 컴퓨터 자원(하드웨어, 소프트웨어, 데이터, 데이터베이스 등)을 여러 사용자가 동시에 공동으로 이용할 수 있는 방식이다.

이 방식의 응용 예는 1970년에 나타난 ARPANET를 시초로 현재 우리가 사용중인 인터넷(Internet) 등이 이에 속한다.

(8) 전자 우편(E-Mail, Electronic Mail)

전자 장치로 접수된 문서나 메시지를 수취인에게 역시 전자장치로 전달하는 방식으로 최근 인터넷 및 PC 통신의 발달로 급격히 확산되고 있다. 기존에는 E-mail 내용이 텍스트가 중심이었으나 현재는 하드웨어 및 소프트웨어의 발달로 텍스트는 물론 동영상, 그림, 이미지, 음성 등 모든 종류의 정보를 송·수신할 수 있도록 멀티미디어화 되어 가고 있다.

연습문제

제 1 장

1. 정보통신의 정의에 대하여 설명하시오.

2. 정보와 데이터에 대하여 설명하시오.

3. 정보통신의 역할에 대하여 설명하시오.

4. 정보통신의 특징에 대하여 설명하시오.

5. 정보통신의 역사(국·내외)에 대하여 설명하시오.

6. 정보통신 시스템의 기본 구성요소에 대하여 설명하시오.

7. 정보통신 시스템을 분류하고 간단히 설명하시오.

8. 정보통신 시스템 분류에서 데이터 전송계의 구성 요소와 각각에 대하여 간략하게 설명하시오.

9. 정보통신 시스템 분류에서 데이터 처리계의 구성 요소와 각각에 대하여 간략하게 설명하시오.

10. 전송회선에 대하여 설명하시오.

11. 통신제어 장치의 버퍼 방식에 대하여 설명하시오.

12. 통신제어 처리 장치에 대하여 설명하시오.

13. 정보통신의 처리 형태 중에서 온-라인 즉시처리 및 온-라인 일괄 처리와 오프-라인 일괄처리에 대하여 비교 설명하시오.

14. 정보통신의 이용형태에 대하여 예를 들고 간단히 설명하시오.

제2장 정보전송 개론

2.1 신호의 종류와 변환

2.1.1 신호의 종류

어떤 데이터를 전송하기 위해서는 그 데이터, 전송 시스템, 프로세서 등의 특성을 반드시 고려해야 한다. 이러한 특성들 중에서 가장 중요한 항목은 다루어야할 데이터 신호(Data Signal)의 성질이 아날로그인(Analog)지 아니면 디지털(Digital) 신호인지를 확인하는 것이다. 즉, 신호(Signal)란 데이터를 구체적으로 표현한 전기적인 파형으로 송·수신측간에 서로 교환할 정보(데이터)를 담고 있다. 이러한 신호에는 아날로그 신호(Analog Signal)와 디지털 신호(Digital Signal)가 있다.

아날로그 신호는 시간이 변함에 따라 연속적으로 변화하는 신호(Continuous Signal)이며, 시스템에서 데이터를 연속적으로 변화되는 물리량으로 표시하거나 측정되는 신호를 말한다. 아날로그 신호의 경우 원거리 전송시 신호의 감쇄 현상이 발생하므로 증폭기(Amplifier)를 사용하여 감쇄현상을 방지하고자 하지만, 많은 증폭기를 사용하게 되면 잡음까지 증폭되므로 최종 수신단에서는 왜곡현상이 심해지는 단점이 있다.

디지털 신호는 시간의 변화에 따라 신호가 일정한 간격으로 분리되어 이산적인 값을 가지며, 0과 1의 불연속적 형태(Discrete Signal)로 표시되는 신호이다. 디지털 신호의 경우 원거리 전송시 재생기(Regenerator, 혹은 Repeater)에 의해 신호를 재생하여 전송하므로 최종 수신단에서 왜곡현상은 발생하지 않는 장점이 있다.

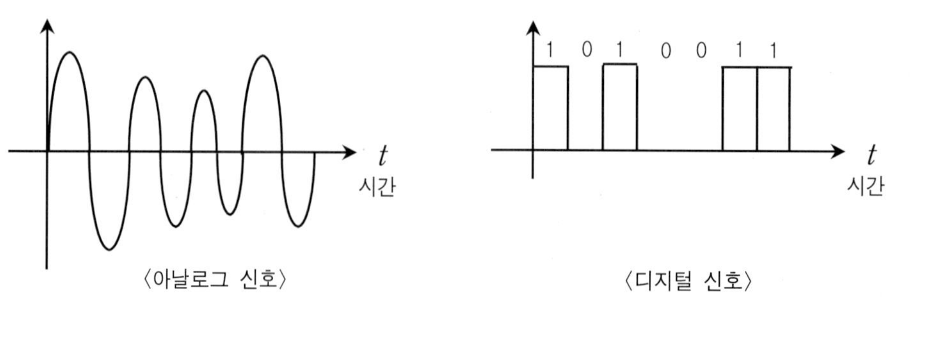

그림 2.1 아날로그 신호와 디지털 신호

2.1.2 정보전송 부호 (CODE)

정보통신 시스템에서 데이터 전송이란 "기계(정보처리 장치)에 의해서 처리되는 정보의 전송 또는 처리된 정보의 전송" 이라고 국제기구 ITU-T에서 정의하고 있다. 데이터 전송에서 정보의 송·수신 단이 정보처리 장치이며, 정보처리 장치에 의해 송신되는 정보는 부호화하여 송출하게 된다. 즉, 데이터 전송에서 데이터를 전기적인 신호로 표현하는 경우 2진 법이 주로 사용되고 있으며, 이와 같이 보내고자하는 정보(숫자나 문자 등)를 2진법의 형태로 변환하는 것을 부호화(coding)라 한다.

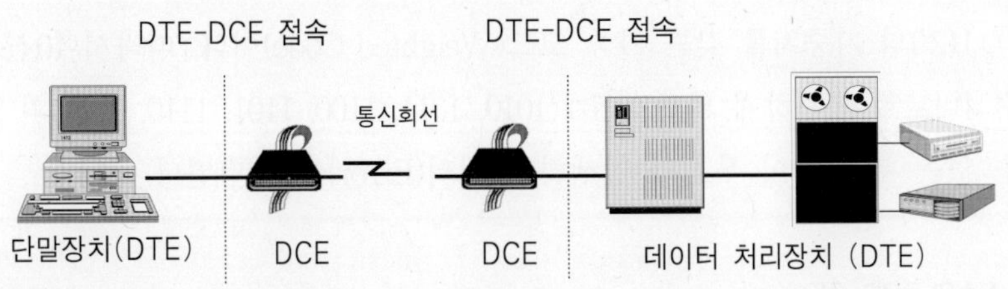

그림 2.2 정보통신 시스템의 부호화 접속

그러나 통신 시스템에서 수신측과 송신측의 부호체계가 서로 다른 것을 사용한다면, 상호간의 정보(데이터)교환은 불가능할 것이다. 따라서 송·수측간의 정확한 정보 교환을 위해서는 정해진(표준화된) 부호의 사용이 필요하다. 즉, 부호(Code)란 "어떤 일정한 약속에 의해 만들어진 규약의 집합체"로 데이터 전송의 보급과 광역화를 위해 데이터 전송 언어로서 부호의 표준화가 필요하게 되었다.

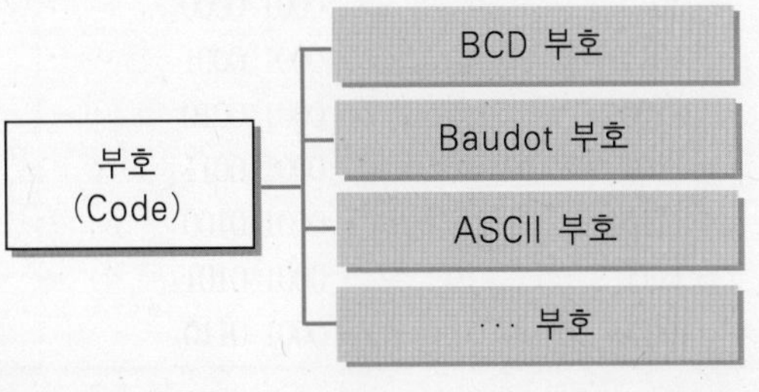

그림 2.3 전송 부호

일반적인 통신에서 정보의 전송 시간을 단축시키고, 효율적인 전송을 실현시킴으로써 전송 비용을 값싸게 할 필요가 있다. 이를 위해서도 정보나 데이터를 부호화하여야 하며, 부호화할 때는 구축하고자 하는 통신 시스템의 신뢰성, 경제성, 이용 효율성 등 여러 가지를 충분히 검토하여 사용하고자 하는 부호를 선택하여야 한다.

다음은 일반적으로 데이터 통신 시스템에서 사용하고 있는 부호들이다.

(1) BCD 부호 (Binary Coded Decimal Code)

2진수의 4자리(4비트)로서 10진수를 표시(2진화 10진수, Binary Coded Decimal, BCD)하는 코드 중 8421 BCD 코드가 가장 많이 쓰이며, 이는 2진수의 자리 위치에 따라 8(2^3), 4(2^2), 2(2^1), 1(2^0)의 가중치를 갖는 가중 코드(Weighted Code)이다. 따라서 10진수 0~9까지를 2진수 4비트로 표시하게 되므로 6개(1010, 1011, 1100, 1101, 1110, 1111)의 2진 4비트는 있을 수 없는 부호로 이 부호가 발생하면 에러(Error)에 해당된다.

표 2.1 10 진수와 BCD 코드

10진수	2진수	BCD 코드	8421 코드
0	0	0000 0000	0000 0000
1	1	0000 0001	0000 0001
2	10	0000 0010	0000 0010
3	11	0000 0011	0000 0011
4	100	0000 0100	0000 0100
5	101	0000 0101	0000 0101
6	110	0000 0110	0000 0110
7	111	0000 0111	0000 0111
8	1000	0000 1000	0000 1000
9	1001	0000 1001	0000 1001
10	1010	0001 0000	0000 1010
11	1011	0001 0001	0000 1011
12	1100	0001 0010	0000 1100
13	1101	0001 0011	0000 1101
14	1110	0001 0100	0000 1110
15	1111	0001 0101	0000 1111
16	10000	0001 0110	0001 0000

(2) Baudot 부호

1880년경에 J.M.E Baudot가 고안한 부호로 1950년에 국제 Telegraph Code No.1 으로

채택되었으며, CCITT의 International Alphabet No.2 라고도 명명된다. 문자는 5비트로 1문자를 구성하며 32가지(2^5=32)의 문자표현이 가능하다. 부족한 문자는 쉬프트라는 특별부호를 사용하여 확장하였으며, 전신에서 표준화를 위해 ITU-TS에서 데이터 통신의 표준으로 권고하고 있다.

(3) ASCII 부호와 EBCDIC 부호

2숫자와 알파뱃 문자들을 표현한 코드를 알파뉴메릭 코드라 한다. 알파뉴메릭 코드는 10진수 숫자 10개와 알파뱃 문자 26개를 합하여 최소한 36개의 항으로 되기 때문에 5비트의 조합(2^5=32)으로는 부족하기에 최소한 6비트 이상이 필요하다.

표 2.2 ASCII 부호

<table>
<tr><th>MSD
LSD</th><th>000
(0h)</th><th>001
(1h)</th><th>010
(2h)</th><th>011
(3h)</th><th>100
(4h)</th><th>101
(5h)</th><th>110
(6h)</th><th>111
(7h)</th></tr>
<tr><td>0000 (0h)</td><td>NUL</td><td>DLE</td><td>SP</td><td>0</td><td>@</td><td>P</td><td>‘</td><td>p</td></tr>
<tr><td>0001 (1h)</td><td>SOH</td><td>DC1</td><td>!</td><td>1</td><td>A</td><td>Q</td><td>a</td><td>q</td></tr>
<tr><td>0010 (2h)</td><td>STX</td><td>DC2</td><td>″</td><td>2</td><td>B</td><td>R</td><td>b</td><td>r</td></tr>
<tr><td>0011 (3h)</td><td>ETX</td><td>DC3</td><td>#</td><td>3</td><td>C</td><td>S</td><td>c</td><td>s</td></tr>
<tr><td>0100 (4h)</td><td>EOT</td><td>DC4</td><td>$</td><td>4</td><td>D</td><td>T</td><td>d</td><td>t</td></tr>
<tr><td>0101 (5h)</td><td>END</td><td>NAK</td><td>%</td><td>5</td><td>E</td><td>U</td><td>e</td><td>u</td></tr>
<tr><td>0110 (6h)</td><td>ACK</td><td>SYN</td><td>&</td><td>6</td><td>F</td><td>V</td><td>f</td><td>v</td></tr>
<tr><td>0111 (7h)</td><td>BEL</td><td>ETB</td><td>’</td><td>7</td><td>G</td><td>W</td><td>g</td><td>w</td></tr>
<tr><td>1000 (8h)</td><td>BS</td><td>CAN</td><td>(</td><td>8</td><td>H</td><td>X</td><td>h</td><td>x</td></tr>
<tr><td>1001 (9h)</td><td>HT</td><td>EM</td><td>)</td><td>9</td><td>I</td><td>Y</td><td>i</td><td>y</td></tr>
<tr><td>1010 (Ah)</td><td>LF</td><td>SUB</td><td>*</td><td>:</td><td>J</td><td>Z</td><td>j</td><td>z</td></tr>
<tr><td>1011 (Bh)</td><td>VT</td><td>ESC</td><td>+</td><td>;</td><td>K</td><td>[</td><td>k</td><td>{</td></tr>
<tr><td>1100 (Ch)</td><td>FF</td><td>FS</td><td>,</td><td><</td><td>L</td><td>\</td><td>l</td><td>|</td></tr>
<tr><td>1101 (Dh)</td><td>CR</td><td>GS</td><td>-</td><td>=</td><td>M</td><td>]</td><td>m</td><td>}</td></tr>
<tr><td>1110 (Eh)</td><td>SO</td><td>RS</td><td>.</td><td>></td><td>N</td><td>∧</td><td>n</td><td>~</td></tr>
<tr><td>1111 (Fh)</td><td>SI</td><td>US</td><td>/</td><td>?</td><td>O</td><td>←</td><td>o</td><td>DEL</td></tr>
</table>

숫자와 문자 외에 많이 쓰이는 기호들, 특수 문자 및 정보를 주기 위한 명령어 등이 필요하다. 가장 많이 쓰이는 알파뉴메릭 코드는 ASCII (American Standard Code for Information Interchange) 부호와 EBCDIC (Extended Binary Coded decimal Interchange Code)가 있다. ASCII 부호는 7 비트 코드로써 10진 숫자는 011 앞에 놓고 BCD 코드로 나타낸다. 알파뱃 문자나 다른 기호 및 명령은 아래 표에 보인 것처럼 다른 부호의 조합에 의해 나타낼 수 있다.

EBCDIC 부호는 IBM PC 기종에서 많이 사용되고 있으며, 8비트 2진 부호로 256(2^8)개의 기호를 포함하고 있다. EBCDIC의 부호표는 다음과 같다.

표 2.3 EBCDIC 부호

MSD \ LSD	0000 (0h)	0001 (1h)	0010 (2h)	0011 (3h)	0100 (4h)	0101 (5h)	0110 (6h)	0111 (7h)	1000 (8h)	1001 (9h)	1010 (Ah)	1011 (Bh)	1100 (Ch)	1101 (Dh)	1110 (Eh)	1111 (Fh)
0000 (0h)	NUL	DLE	DS		SP	&										0
0001 (1h)	SOH	DC1	SOS						a	j			A	J		1
0010 (2h)	STX	DC2	FS	SYC					b	k	s		B	K	S	2
0011 (3h)	ETX	TM							c	l	t		C	L	T	3
0100 (4h)	PF	RES	BYP	PN					d	m	u		D	M	U	4
0101 (5h)	HT	NL	LF	RS					e	n	v		E	N	V	5
0110 (6h)	LC	BS	ETB	UC					f	o	w		F	O	W	6
0111 (7h)	DEL	IL	ESC	EOT					g	p	x		G	P	X	7
1000 (8h)		CAN							h	q	y		H	Q	Y	8
1001 (9h)		EM							i	r	z		I	R	Z	9
1010 (Ah)	SMM	CC	SM		¢	!		:								
1011 (Bh)	VT	CU1	CU2	CU3	·	$	,	#								
1100 (Ch)	FF	IFS		DC4	<	*	%	@								
1101 (Dh)	CR	IGS	ENQ	NAK	(	)	–	'								
1110 (Eh)	SO	IRS	ACK		+	;	>	=								
1111 (Fh)	SI	IUS	REL	SUB	|	¬	?	"								

2.2 데이터 전송기술

2.2.1 데이터 흐름에 의한 전송방식

2개의 DTE간에 데이터의 흐름 방향에 의한 통신방식으로 다음과 같은 3가지 방식이 있다.

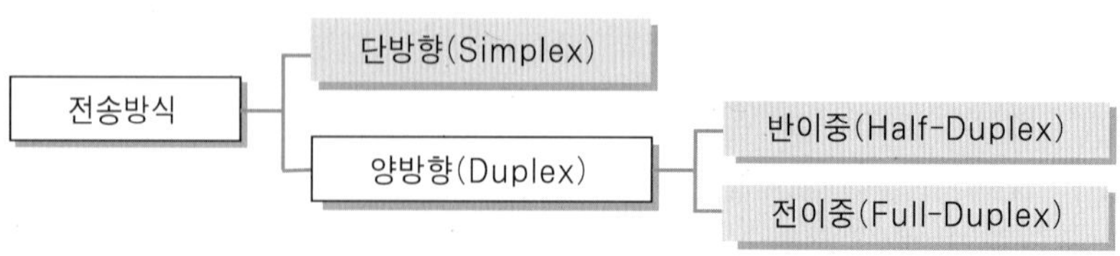

그림 2.4 전송방식의 분류

(1) 단 방향(Simplex) 통신방식

송·수신간에 데이터의 흐름이 한 방향으로만 전송이 가능하여 송신만 일방적으로 이루어지는 방식으로 반대방향으로 전송이 불가능하므로 수신측에서 응답할 수 없는 경우이다. 이 방식은 단일 CPU의 가장 간단한 형태로 구성되며, 라디오, TV 및 전광판 등이 이 방식이다.

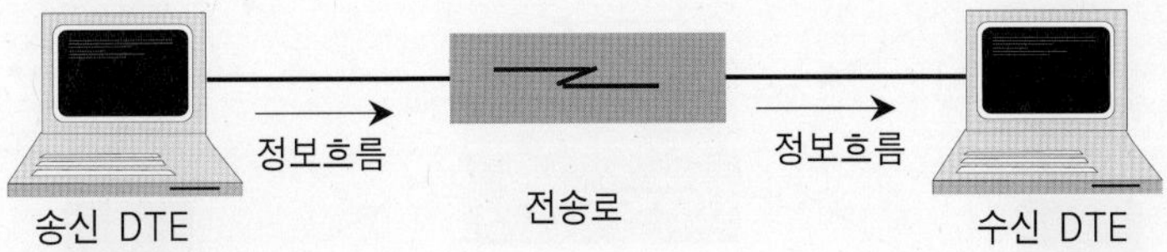

그림 2.5 단방향 통신방식

(2) 반이중(Half Duplex) 통신방식

데이터 전송의 흐름이 양방향으로 전송이 가능하지만, 동시에 양방향으로 전송할 수 없으므로 정보의 흐름을 전환(전환 스위치)하여 한 순간에는 반드시 한 방향으로만 전송된다. 전송 데이터가 적고 통신회선 용량이 적을 때 사용하는 방식으로 무전기 등이 이에 속한다.

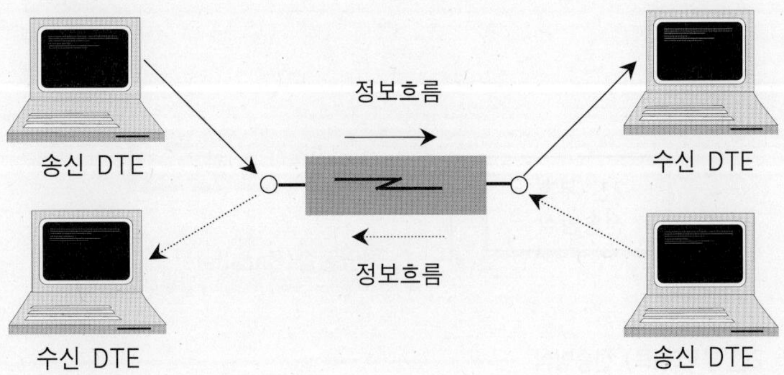

그림 2.6 반이중 통신방식

(3) 전이중(Full Duplex) 통신방식

전이중 방식은 동시에 양 방향 전송이 가능한 방식으로 두 개의 전송 채널을 갖는다.

이 방식은 정해진 시간에 많은 양의 데이터를 전송하거나 통신회선의 용량이 많을 때 사용된다. 그러나 전 이중방식은 전송효율이 높은 반면, 회선 비용이 다른 방식에 비해 2배가 소요되는 단점이 있다.

이 방식은 일반 데이터통신이나 전화 등 대부분 장치에서 사용되는 방식이다.

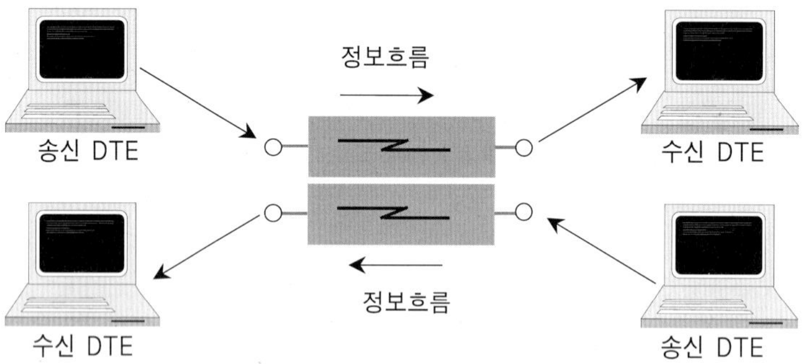

그림 2.7 전이중 통신방식

2.2.2 직렬전송과 병렬전송

2진 정보 부호(비트)를 전송하는 방법에는 하나의 통신회선을 사용한 직렬전송과 전송 비트수 만큼 통신회선이 필요한 병렬 전송이 있다.

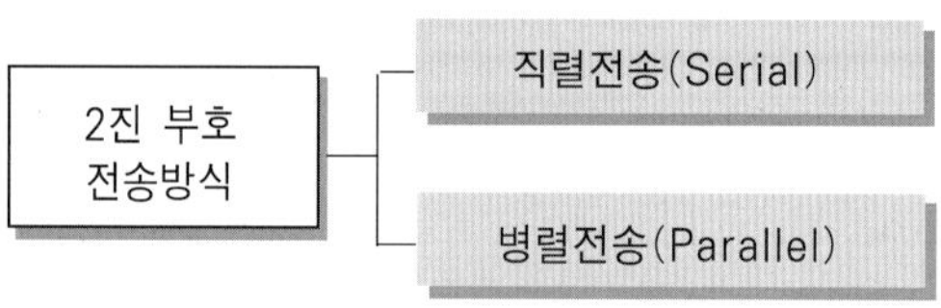

그림 2.8 2진 부호(비트) 전송방식

(1) 직렬전송

문자 정보를 나타내는 각 데이터 비트를 직렬로 나열한 후에 하나의 통신 회선을 이용하여 한 비트씩 순차적으로 전송하는 방식이다.

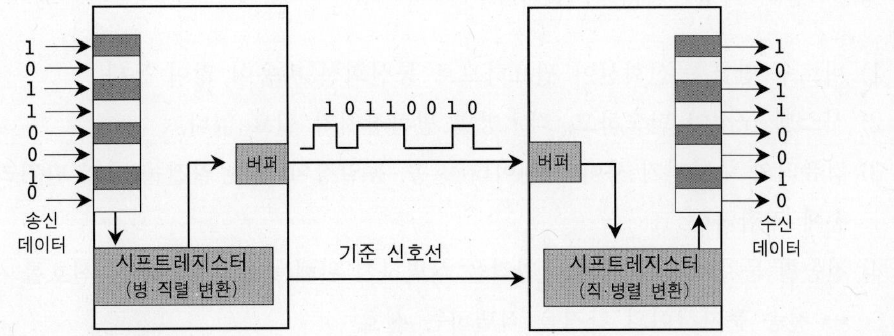

그림 2.9 직렬 전송방식

일반적으로 컴퓨터나 단말장치는 데이터를 병렬처리하므로 송신측에서 시프트 레지스터를 통해 데이터를 직렬로 변환하여 통신회선을 통해 직렬로 전송하면, 수신측에서는 통신회선을 통해 수신한 직렬 데이터를 시프트레지스터를 통해 반대로 병렬로 변환하여야 한다. 직렬전송의 특징은 다음과 같다.

1) 원거리 전송에 적합하다.
2) 하나의 데이터 전송회선을 사용함으로 회선비용이 경제적이다.
3) 송수신간에 동기가 필요하며, 대부분 데이터 통신에 이용된다.
4) 직·병렬 변환기가 필요하므로 시스템이 복잡하다.
5) 데이터 전송회선이 하나이므로 병렬전송에 비해 전송 속도가 느리다.

(2) 병렬전송

문자 정보를 나타내는 각 데이터 비트별로 통신 회선을 따로 두고 동시에 복수 비트를 한꺼번에 전송하는 방식이다.

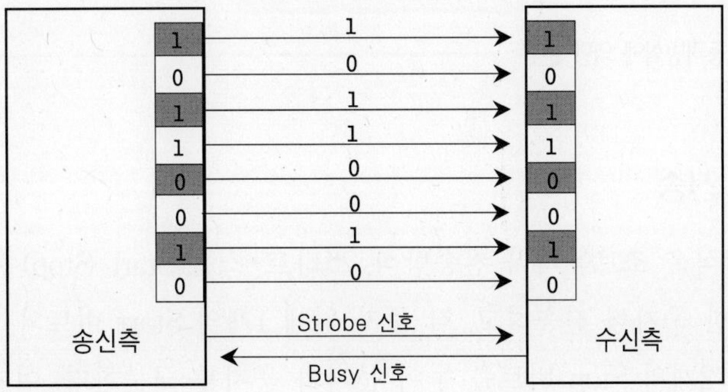

그림 2.10 병렬 전송방식

병렬전송의 특징은 다음과 같다.

1) 비트수 만큼 통신회선이 필요하므로 통신회선 비용이 많이 든다.
2) 시스템 구성이 단순하고, 직·병렬 변환장치가 필요 없다.
3) 컴퓨터와 주변기기 사이의 데이터 전송, 동일장치 및 동일건물 내의 단거리 고속전송에 적합하다.
4) 전송할 문자와 문자 사이의 간격을 식별하기 위해 스토로브(Stroe) 신호를 사용한다. ← 전송 문자사이의 간격을 식별하는 신호
5) 수신측에서 현재 데이터를 수신하고 있다는 것을 송신측에 알려주기 위해 비지(Busy) 신호를 사용한다. ← 오류방지 목적

2.2.3 동기 방식에 의한 데이터 전송

연속적으로 데이터를 전송할 때, 데이터 신호를 정확하게 전송하기 위해서는 송·수신간에 정확한 약속을 통해서 데이터를 송·수신하게 된다. 즉, 수신측은 기본적으로 전송 시작시간과 수신되는 데이터의 지속시간을 알아야 하는데, 데이터 전송방식에서 데이터의 전송을 알려주는 방법에 따라 다음과 같이 분류된다. 송·수신간에 동기를 취해서 각 비트간의 타이밍을 정확히 일치시키는 동기식전송방식, 동기와 상관없이 전송되는 비동기식 전송방식 및 이 둘을 잘 혼합한 혼합형 동기식 전송방식이 있다.

그림 2.11 동기방식에 의한 분류

(1) 비동기식 전송

비동기 전송방식은 조보동기식 전송방식, 스타트-스톱(Start-Stop) 전송방식이라고도 부른다. 한번에 한 문자씩 전송하고, 각 문자 앞에 1개의 Start 비트와 데이터의 맨 마지막에 1, 1.5 혹은 2개의 Stop 비트를 두어 문자와 문자를 구분한다. 여기에서 Start 비트는 문자의 시작을 알리며, Stop 비트는 문자의 끝을 알리는 신호이다. Start/Stop 신호가

없을 시에는 일정하지 않은 휴지시간(Idle Time)이 있다. 비동기 전송은 Start 비트에 의해 한 문자 단위로 동기(조보동기)가 이루어지며, 항상 동기상태에 있을 필요는 없다.

또한 문자와 Stop 비트 사이에 1 비트의 패리티 비트(Parity Bit)를 두어 전송오류를 검출할 수 있다.

예를 들어 7비트를 문자 부호를 전송할 경우에 Start/Stop 비트(2~3비트)와 패리티 비트(1비트)를 포함하여 전체 한문자의 길이는 10~11 비트가 된다.

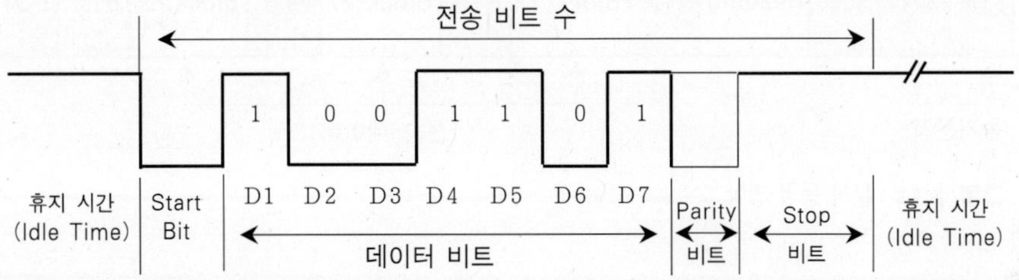

그림 2.12 비동기식 전송방식

데이터 전송이 없을 시에는 항상 High 상태("1")를 유지하므로 수신측에서 처음에 "0"이 들어오면 Start 비트로 간주하고 송신 데이터로 판단하여 정보를 수신할 수 있다.

비동기식 전송방식의 전송 속도는 300bps~1,200bps 의 저속 데이터 전송에 사용하며, 전송효율이 나쁘므로 주로 단거리에 이용된다.

(2) 동기식 전송

동기식 전송방식은 전송된 데이터를 정확히 수신하기 위하여 송・수신측의 각 비트간에 정확한 타이밍이 취해져야 하는데, 이때 송・수신측간에 타이밍을 일치시켜 전송하는 방식이다. 즉, 데이터 전송시 송・수신측 사이에 미리 정해진 숫자만큼의 문자열을 한 묶음(Block)으로 만들어 일시에 전송하는 방식이다.

데이터 블록은 앞쪽에 반드시 동기 문자(혹은 동기 비트)가 나오며, 정확한 전송이 이루어지도록 모뎀, 단말, FEP 및 다중화기 등에 의해 타이밍(Timing) 신호가 공급되기도 한다.

동기식 전송방식에서는 정확한 동기 신호가 필요하며, 한 블록으로 구성되는 문자들 사이에는 휴지시간(Idle Time)이 필요 없다. 또한 동기식은 비동기식에 비해 전송효율이 좋고, 주로 장거리 전송에 사용되며, 2000bps 이상의 고속 데이터 전송에 적합하다.

동기식 전송방식을 분류해보면 문자 동기식과 비트(프레임) 동기식이 있다.

1) 문자 동기 방식

송신측과 수신측간에 동기를 맞추기 위해 데이터 블록 앞에 특정 문자를 붙여 동기를 취하는 방식이다. 동기 문자는 일반적으로 사용하고 있는 문자의 부호와 관련이 없는 비트 형식을 사용하여야 하며, 보통 SYN(00010110)을 데이터 블록 선두에 붙여 문자 동기를 취한다.

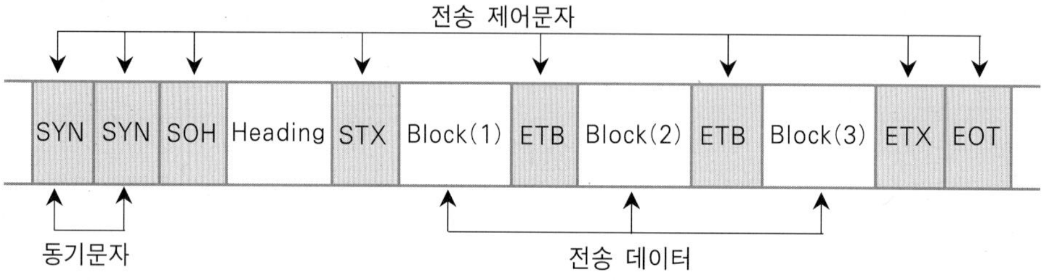

그림 2.13 문자 동기 방식

전송제어 문자는 데이터 통신 회선에서 정보의 흐름을 제어하기 위해 사용되며, 단지 데이터 통신을 위해 만들어진 문자로 2진 동기 통신인 BSC(Binary Synchronous Control) 전송제어 문자는 다음과 같다.

표 2.4 전송제어 문자

부 호	명 칭	내 용
SYN	SYNchronous iddle	동기식 전송시스템의 수신측에서 문자 동기를 이루고 유지하기 위하여 사용하는 제어문자
SOH	Start Of Heading	정보 메시지 헤딩의 시작 표시하는 제어문자
STX	Start Of Text	데이터의 시작과 헤딩의 종결을 표시하는 제어문자
ETX	End Of Text	데이터의 종결을 표시하는 제어문자
ETB	End of Transmission Block	전송 데이터가 여러 개의 블록으로 나뉘어 질 경우, 전송 블록의 종결을 표시하는 제어문자
EOT	End of Transmission	전송 종결을 표시하면, 데이터 링크 초기화를 의미하는 제어문자
ACK	Acknowledge	수신측이 송신측에 데이터를 오류 없이 수신하였음을 알려주는 긍정적 응답의 제어문자
NAK	Negative AcKnowledge	수신측이 송신측에 데이터 수신시 오류가 발생하였음을 알려주는 부정적 응답의 제어문자
ENQ	ENQuiry	상대측에 데이터 링크의 확립 및 응답을 요구하는 제어문자
DLE	Data Link Escape	다른 전송문자와 조합되어 의미를 바꿀 때 사용되는 제어문자로 데이터 링크제어 기능을 추가하여 부호확장을 하기 위해 사용된다.

2) 비트(프레임) 동기 방식

비트 동기방식은 송신측과 수신측간에 동기를 맞추기 위해 데이터 블록의 앞·뒤에 특수 비트열인 플래그(Flag)를 두는 방식이다. 즉, 데이터의 처음과 끝에 플래그 비트 (01111110)를 추가하여 데이터의 처음과 끝을 표시하는 방식이다.

수신측에서 6개의 연속된 1의 값이 수신되면 이것이 시작 비트임을 알게되고, 프레임의 마지막에 "01111110"이 나타나면 수신측은 이것이 프레임의 종료임을 인지하게 된다.

이 방식은 HDLC(High-level Data Link Control)에 사용되며, 중간에 플래그 비트 (01111110)와 같은 비트열이 존재할 때 전송오류를 방지하기 위해 송·수신단에서 비트 삽입과 제거과정의 비트 스터핑(Bit Stuffing)이 수행된다.

비트 스터핑이(Bit Stuffing)란 데이터 프레임 중간에 1의 개수가 6개 이상이면 송신측에서 5개의 연속된 1의 값 후에 무조건 0을 삽입하여 전송하고, 수신측에서도 5개의 1이 수신된 후 다음 비트가 0이면 이를 무조건 제거하는 방법이다. 또한, 오류검출을 위한 방법으로 잉여비트(FCS, Frame Check Sequence)를 둔다.

플래그비트	주소	제어문자	데이터	오류체크	플래그비트
01111110	A (Address)	C (Control)	Data	FCS	01111110
8 비트	8 비트	8 비트	최대 128 Byte	16 비트	8 비트

← 프레임 →

그림 2.14 비트 동기 방식

3) 혼합형 동기방식

전송할 각 데이터에 비동기식의 경우처럼 스타트(Start) 비트와 스톱(Stop)비트를 갖고 있으며, 동기식의 경우처럼 송·수신측에서는 동기상태에 있어야 한다. 한 데이터와 다음 데이터 사이의 휴지시간은 한 데이터의 길이나 혹은 그 정수배 이상을 갖게 되는데 그 이유는 송·수신측이 정확한 동기를 이루게 하기 위해서이다.

그림 2.15 혼합형 동기 방식

2.3 데이터 전송 형식

데이터 전송형식은 전송로의 종류나 이에 따른 신호변환 장치에 따라 베이스밴드(Baseband) 전송, 대역(Carrier) 전송 및 펄스부호 전송으로 구분할 수 있다.

표 2.5 데이터 전송형식

구 분	종 류	변환장치의 예
베이스밴드 전송	단류 RZ/NRZ, 복류 RZ/NRZ, Bipolar, AMI, CMI, 다이코드, 차분방식	DSU
대역 전송	AM, FM, PM (아날로그 변조)	전화기
	ASK, FSK, PSK, QAM (디지털 변조)	모 뎀
펄스부호 전송	PCM, PPM, PWM, PAM, DM(펄스 변조)	코 덱

그러면 먼저 데이터 및 전송회선에 따른 신호변환 및 장치에 대하여 알아보고, 전송형식에 대하여 논하기로 하자.

2.3.1 데이터 및 전송회선에 의한 신호변환

내가 원하는 데이터를 전송하고자 할 때 전송하고자 하는 데이터의 특성 및 데이터의 송·수신 장치에 따라 전송 방식이 다르며, 또한 통신회선의 전송로의 신호에 따라 변환 및 전송방법이 다르다. 이들 신호의 변환에는 다음과 같이 4가지 종류가 있다.

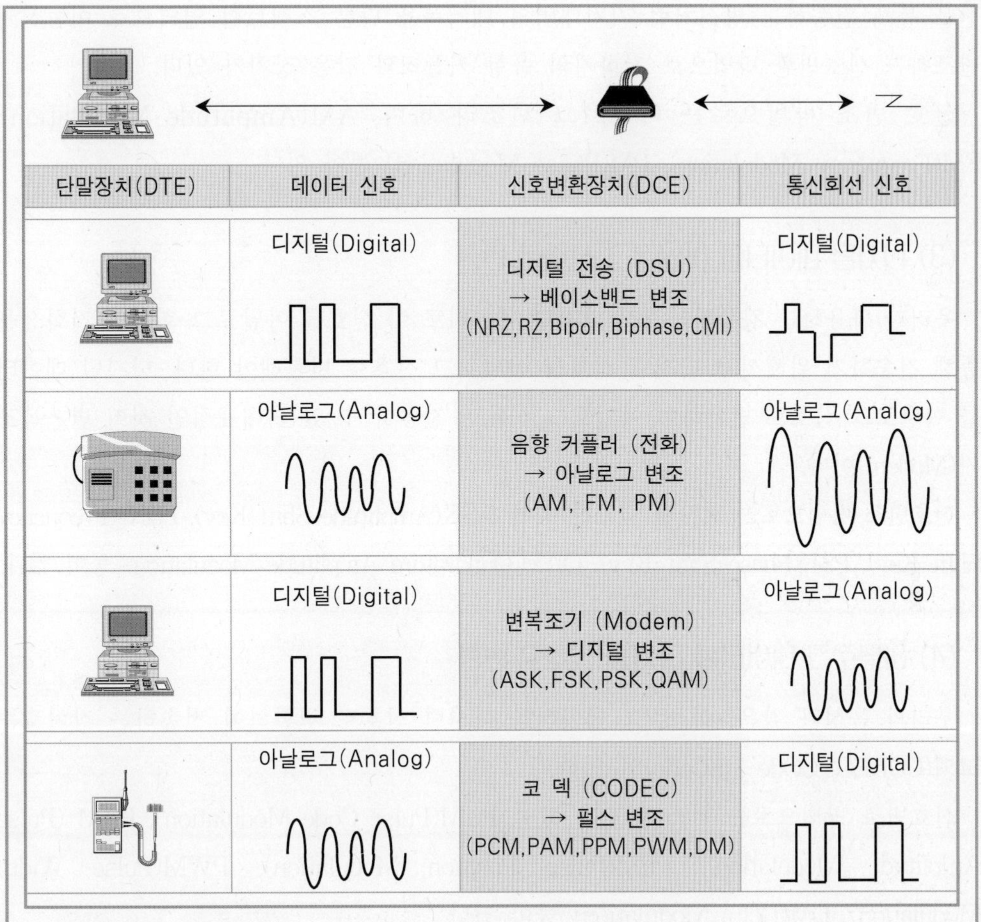

그림 2.16 신호변환 방식

(1) 디지털 데이터를 디지털 신호로 변환

디지털 데이터를 디지털 통신회선에 전송하는데 있어서 원래의 신호를 그대로 전송하는 것이 아니라 일정한 부호화 과정을 거쳐 전송하게 된다.

디지털 데이터를 디지털 신호로 부호화하는 신호 변환기로는 DSU(Digital Service Unit)가 있으며, 디지털 데이터를 아날로그 신호로 변조하는 것보다 단순하며 비용도 싸다.

신호변조 방법으로는 베이스밴드 전송의 변조방법을 사용하며, NZ(Return Zero), NRZ(Non Return Zero), Bipolar, Dicode, CMI(Code Mark Inversion), 차등펄스 방식 등이 있다

(2) 아날로그 데이터를 아날로그 신호로 변환

이 방법의 예로는 아날로그 데이터인 우리의 음성신호를 아날로그 통신회선인 전화회

선을 통해 전송하는 방식처럼 기저대역의 대역폭을 다른 스펙트럼 영역으로 이동시켜 변조하는 신호변환 방법으로 전화기의 음향 커플러와 같은 장치가 있다.

신호 변조 방법으로는 아날로그 변조라 하며, AM(Amplitude Modulation), FM(Frequency Modulation), PM(Phase Modulation) 등이 있다.

(3) 디지털 데이터를 아날로그 신호로 변환

우리가 사용하는 컴퓨터는 2진 디지털 데이터로 이 신호를 아날로그 회선인 전화선을 통해 전송하기 위해서는 디지털 신호를 아날로그 신호로 변환해야 한다. 디지털 데이터를 아날로그 신호로 변환하여 아날로그 신호만 전송할 수 있는 대표적인 것이 변·복조기(Modem)이다.

신호변조 방법으로는 디지털 변조라 하며, ASK(Amplitude Shift Key), FSK (Frequency Shift Key), PSK(Phase Shift Key), QAM(Quadrature Amplitude Modulation) 등이 있다.

(4) 아날로그 데이터를 디지털 신호로 변환

우리의 음성과 같은 아날로그 데이터를 디지털 신호로 변환하여 전송하는 장치로는 코덱(CODEC, COde+DECode)이 있다.

신호변조 방법으로는 펄스 변조라 하며, PCM(Pulse Code Modulation), PAM (Pulse Amplitude Modulation), PPM(Pulse Position Modulation), PWM(Pulse Width Modulation), DM(Delta Modulation) 등이 있다.

2.3.2 베이스밴드(Baseband) 전송

베이스밴드 전송은 데이터 신호인 베이스밴드 신호(직류신호)를 변조하지 않고 그대로 전송하는 전송방식으로 변조형식은 파형의 정형이나 신호 레벨정도이다. 베이스밴드 전송방식은 데이터 신호 자체인 직류신호를 사용하므로 감쇠 등 여러 문제가 있어 장거리 전송보다는 근거리 전송에 주로 사용된다. 베이스밴드 전송(직류신호)에 사용되는 기본 방식에는 전압의 한쪽 극성(+ 혹은 -)만 사용하는 단류 방식과 양쪽 극성(+,-) 모두를 사용하는 복류 방식이 있다. 이 두 방식 중에서 하나를 선택하여 2진 신호를 다음과 같이 여러 가지로 표현하는데, 데이터 전송에서는 바이폴라(Bipolar) 방식이 많이 사용된다.

■ 단류방식

① 전압의 극성 중 한쪽으로만 구성된 파형이다.

② “0” → 0V, “1” → -E (혹은 +E)

③ 수신측에서 “0”과 “1”의 판별은 전압의 최적치인 $\pm\frac{1}{2}E$ 를 기준으로 판별한다.

④ 가장 단순한 방법인 반면, 잡음에 약하므로 근거리 전송에 사용한다.

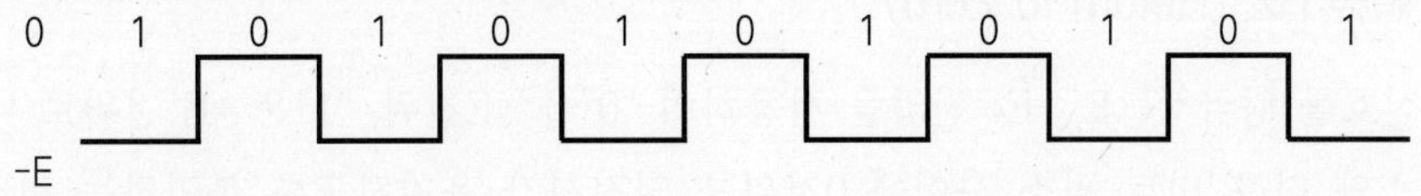

그림 2.17 단류 방식

■ **복류방식**

① 전압의 +, - 두 극성을 사용하는 파형으로 널리 사용되는 방식이다.

② “0” → +E(혹은 -E), "1" → -E(혹은 +E)

③ 수신측에서 “0”과 “1”의 판별은 0전위를 기준으로 가능하므로 정확하고 안정된 전송이 가능한 장점이 있다.

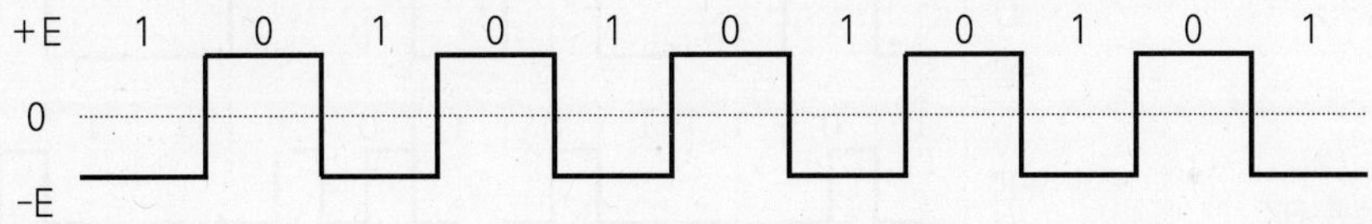

그림 2.18 복류 방식

(1) 단류 NRZ (Non Return to Zero)

단극성 전압을 사용하여 “0”을 0전위, “1”은 -E 전압(혹은 +E 전압)에 대응시킨 신호방식으로 비트간격 사이에 한 펄스를 모두 사용하도록 부호화하는 방식이다.

송・수신 회로가 간단하고 디지털 논리를 쉽게 표현할 수 있는 반면에, 잡음에 약하고 동기 능력이 부족하다.

(2) 단류 RZ (Return to Zero)

단류 NRZ처럼 단극성 전압을 사용하여 “0”을 0전위, “1”은 -E 전압(혹은 +E 전압)에 대응하되, 비트펄스와 다음 비트 펄스 사이에 0전위를 일정시간 유지하도록 복귀하는 방식이다.

RZ은 NRZ 보다 동기가 용이하지만 넓은 대역폭이 필요하다.

(3) 복류 NRZ (Non Return to Zero)

2진 신호를 양극성(+E, -E) 전압을 사용하여 "0"을 +E전위, "1"은 -E 전위로 나타내며, 비트간격 사이에 한 펄스를 모두 사용하도록 부호화하는 방식이다.

(4) 복류 RZ (Return to Zero)

2진 신호를 양극성(+E, -E) 전압을 사용하여 "0"을 +E전위, "1"은 -E 전위로 나타내며, 비트펄스와 다음 비트 펄스 사이에 0전위를 일정시간 유지하도록 복귀하는 방식이다.

표 2.6 베이스밴드 신호의 여러 가지 형태

신호 방식	전압	파형
단류 NRZ	0 -E	1 0 1 1 0 1 0 0 1 1 0 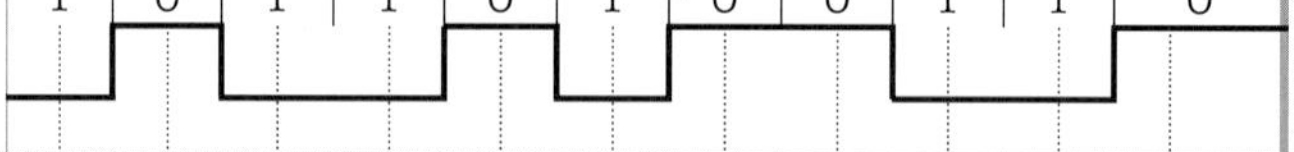
단류 RZ	0 -E	1 0 1 1 0 1 0 0 1 1 0 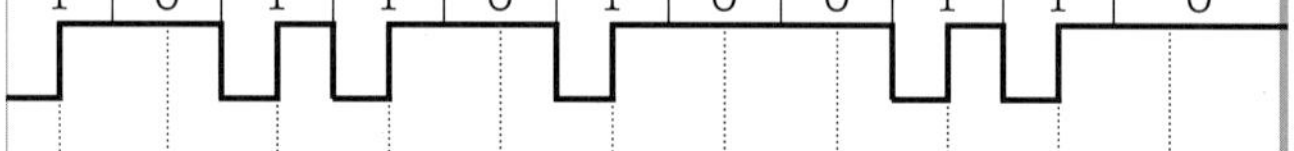
복류 NRZ	+E 0 -E	1 0 1 1 0 1 0 0 1 1 0 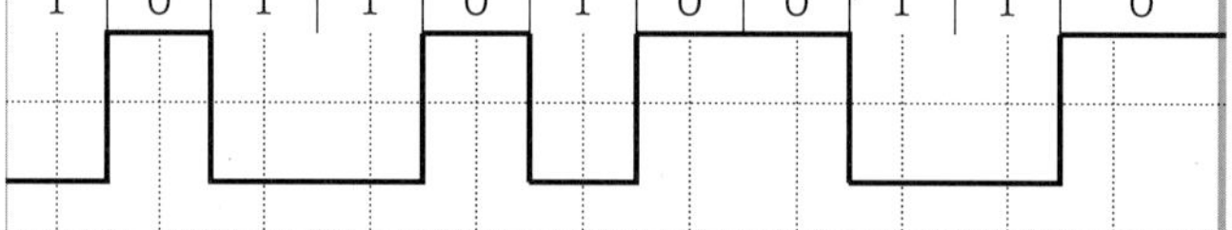
복류 RZ	+E 0 -E	1 0 1 1 0 1 0 0 1 1 0 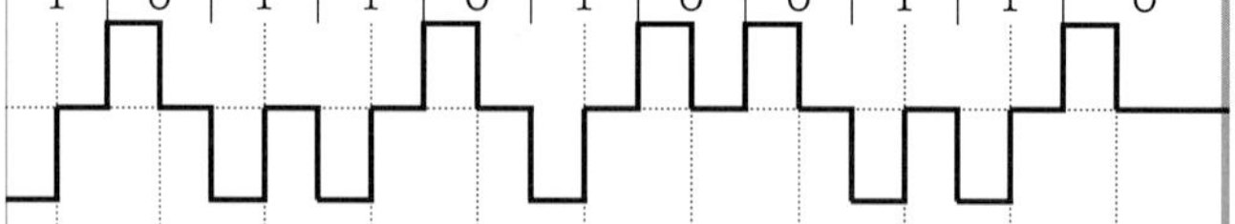
바이폴라 (RZ-AMI)	+E 0 -E	1 0 1 1 0 1 0 0 1 1 0 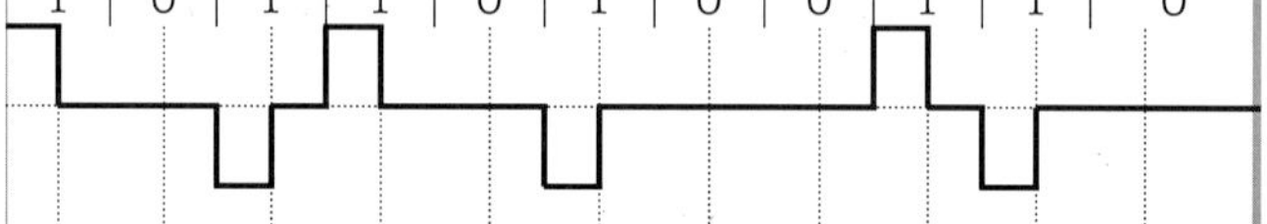
CMI 방식	+E 0 -E	1 0 1 1 0 1 0 0 1 1 0 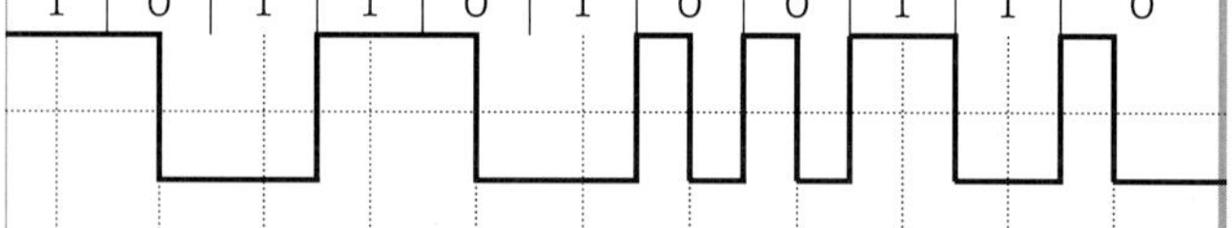
차분 방식	+E 0 -E	1 0 1 1 0 1 0 0 1 1 0 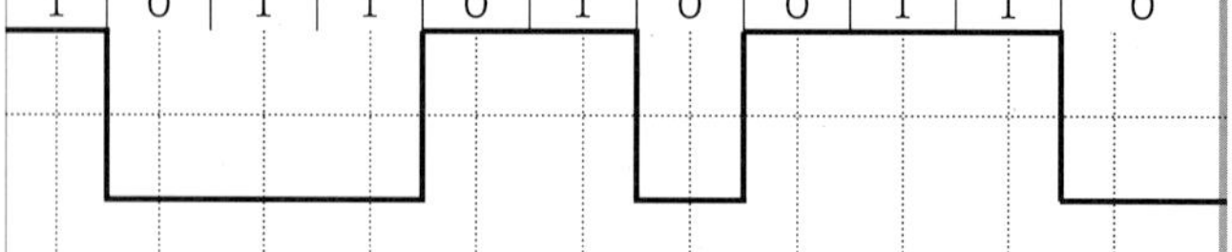
다이코드 방식	+E 0 -E	1 0 1 1 0 1 0 0 1 1 0 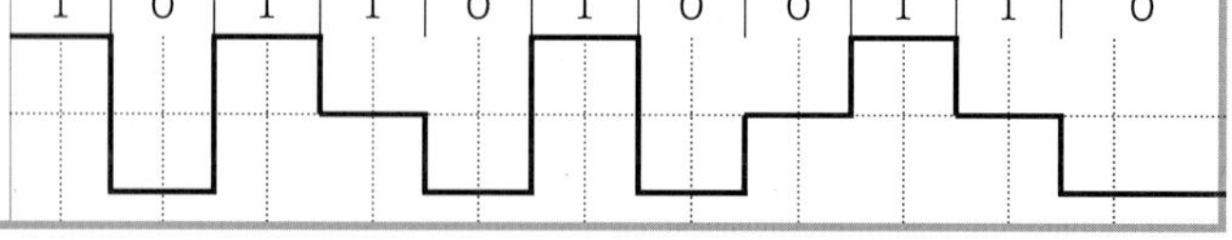

(5) 바이폴라 (Bipolar)

바이폴라 방식은 RZ-AMI(Return to Zero - Alternative Mark Inversion)이라고도 부르며, "0"일 때는 0 전위, "1"일 때는 +, - 전위를 교대로 변환시키는 방식이다.

이 방식은 +, - 부호가 2개 이상 연속되지 않는 특징이 있으며, +, - 전압을 교대로 전송하여 회선의 평균 전압을 0 으로 유지시키는 장점이 있다. 또한 디지털 신호방식 중에서 잡음을 줄일 수 있은 방식이며, 교대로 반대 전위가 나타나 직류 및 저주파 성분이 감소하므로 전송로의 저주파 차단에 영향을 받지 않는다.

(6) CMI (Coded Mark Inversion)

"1"이 입력되면 비트의 시작점부터 +E, -E가 교번하여 상태변화를 하며, "0"이 입력되면 비트의 중간에서 +E 전위에서 -E 전위로 상태 변화를 하는 방식이다.

(7) 차분펄스 방식

"1"이 입력되면 현 상태를 그대로 유지하고, "0"이 입력되면 극성이 +, - 교번으로 변하는 방식이다.

(8) 다이코드 방식 (Dicode)

연속되는 입력 비트가 "0"에서 "1"로 변하면 +E, "1"에서 "0"으로 변하면 -E 이며, 변화가 없으면 0 전위로 나타내는 방식이다.

단류 파형을 만들고, Bipolar와 동일하게 +, - 전위를 교대로 나타나 직류성분과 저주파 성분이 감소한다.

2.3.3 대역(Carrierband) 전송

대역전송은 전송로의 주파수 대역에 전송이 가능하도록 변환하여 전송하는 방식이다. 일반적으로 전송로의 주파수 대역은 전송 신호(정보)의 주파수 보다 훨씬 높은 주파수 대역을 지니고 있다. 따라서 전송로에서 사용하는 이 높은 주파수는 정보를 포함하여 변조한 후 이동하기 때문에 이를 반송파 주파수(Carrier Frequency)라 한다.

여기에서 변환 방식은 반송파의 진폭(Ampiltude)변환, 주파수(Frequency)변환 및 위상(Phase)변환 등을 이용하여 신호변환(변·복조) 장치가 행하게 된다.

변조(Modulation)란 전송하고자 하는 원래의 정보 신호(음성, 화상, 데이터)를 반송파(Carrier)에 함께 중첩시켜 통신 회선에 적합하도록 다른 형태의 신호 파형으로 생성하는 과정을 말한다. 반면에, 복조(Modulation)란 반송파에 실려 전송된 신호 파형을 수신측에서 원래의 정보 신호만 남기고 반송파를 제거하는 과정을 말한다.

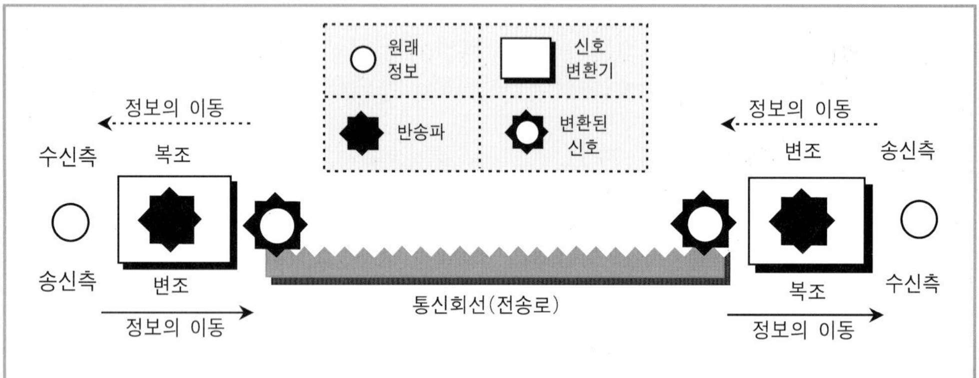

그림 2.19 변조와 복조의 개념

대역전송을 위한 변환 방식에는 원래발생 정보가 아날로그인 신호를 아날로그 전송로에 적합한 신호로 변환하는 아날로그 변조방식과 원래발생 정보가 디지털인 신호를 아날로그 전송로에 맞는 적합한 신호로 변환하는 디지털 변조방식이 있다.

(1) 아날로그 변조방식

아날로그 데이터를 다양한 형태의 아날로그 신호로 변조하는 방법에는 진폭변조, 주파수변조, 위상변조의 3가지 방식이 있다.

1) 진폭 변조 (AM, Amplitude Modulation)

반송파의 진폭(Amplitude)을 변조 파형의 크기에 따라 변환시키는 방식으로 주파수와 위상은 변화시키지 않고 진폭만 변화시키는 방식이다. AM은 주파수 대역이 좁고 회로가 비교적 간단하지만, 외부잡음 특성이 나빠 현재는 잘 사용되지 않는다.

2) 주파수 변조 (FM, Frequency Modulation)

반송파의 주파수(Frequency)를 변조 파형의 크기에 따라 변환시키는 방식으로 진폭과 위상은 변화시키지 않고 주파수만 변화시키는 방식이다. FM은 AM에 비하여 잡음에 강하고, 레벨 변화에 의한 영향도 적으며 비교적 회로도 간단한 특징을 지니고 있다.

3) 위상 변조 (PM, Phase Modulation)

반송파의 위상(Phase)을 변조 파형의 크기에 따라 변환시키는 방식으로 진폭과 주파수는 변화시키지 않고 위상만 변화시키는 방식이다. PM을 수식적으로 분석해보면 FM과는 변조 지수만 다를 뿐 나머지는 똑 같은 수식이 되므로 본질적으로 동일한 형태가 된다. PM의 경우 FM의 90° 위상차를 가지므로 신호전압이 커지면 주파수가 높게(조밀하게)되고, 신호전압이 낮아지면 주파수가 낮아진다.

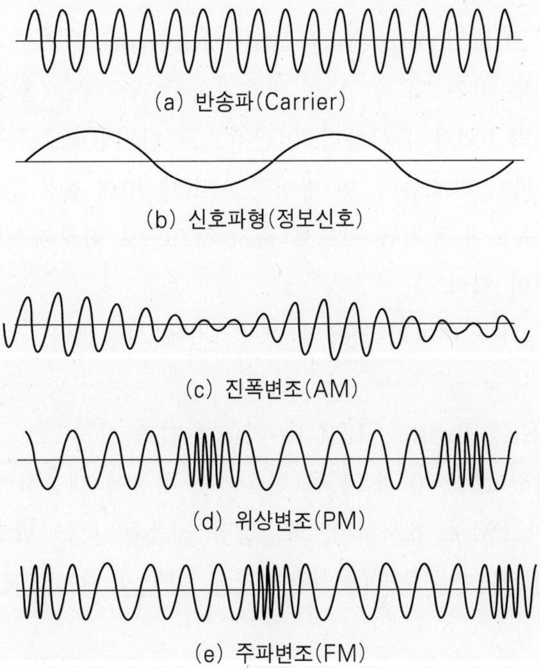

그림 2.20 아날로그 변조 방식

(2) 디지털 변조방식

일반적으로 정보통신 시스템에서 발생하는 원래의 신호는 디지털 신호가 대부분이며, 이 디지털 신호를 아날로그 전송로에 바로 전송할 수 없다. 따라서 디지털 정보 신호를 아날로그 전송에 적합한 신호로 변환해 주어야 하는데, 이와 같이 디지털 신호의 값에 따라 아날로그 신호인 반송파(Carrier)를 변화시키는 것을 디지털 변조라 한다. 디지털 변조는 아날로그 변조와 마찬가지로 반송파를 변조하기 때문에 같은 방법으로 디지털 값에 따라 진폭 편이, 주파수 편이, 위상 편이, 진폭·위상 편이 등의 변조 방식이 있다.

1) 진폭 편이 (ASK, Amplitude-Shift Keying) 변조

ASK 변조는 디지털 값인 "0"과 "1"을 반송파의 진폭에 대응하여 변화시키는 방식으로 아날로그 변조의 AM과 유사하다. 즉, 반송파의 진폭에 디지털 "0"과 "1" 값을 싣는 방식으로 진폭을 2가지 혹은 4가지 등으로 정하여 데이터가 "0"과 "1"로 변함에 따라 정해진 진폭의 크기로 상대에게 보내고, 수신측에서는 원래의 "0"과 "1" 값으로 변환하는 방식이다.

가장 초기의 변조방식으로 회로가 간단하며 가격도 저렴하지만, 다른 방식에 비해 잡음에 약하므로 많이 사용되지 않고 위상편이 변조와 혼합하여 사용한다.

2) 주파수 편이 (FSK, Frequency-Shift Keying) 변조

FSK 변조는 디지털 값인 "0"과 "1"을 반송파의 주파수에 대응하여 변화시키는 방식으로 아날로그 변조의 FM과 유사하다. 일반적으로 디지털의 "1"은 낮은 주파수, "0"은 높은 주파수로 할당하여 변조한다. 이 방식은 ASK에 비해 잡음 등의 레벨 변동에 영향을 받지 않고 신호 속도에 동기를 필요로 하지 않으므로 회로가 간단하지만, 넓은 대역폭을 차지하는 단점이 있다.

2000(bps) 이하의 저속 데이터 전송의 변복조기에 사용된다.

3) 위상 편이 (PSK, Phase-Shift Keying) 변조

PSK 변조는 디지털 값인 "0"과 "1"을 반송파의 위상에 대응하여 변화시키는 방식으로 아날로그 변조의 PM과 유사하다. 즉, 일정 진폭을 갖는 반송파의 위상을 2등분(DPSK), 4등분(QDPSK), 8등분(ODPSK) 등으로 나누어 디지털 값이 위상차를 갖도록 변조하는 방식이다.

데이터 전송에 가장 적합한 방식으로 중속·고속의 변복조기에 사용된다.

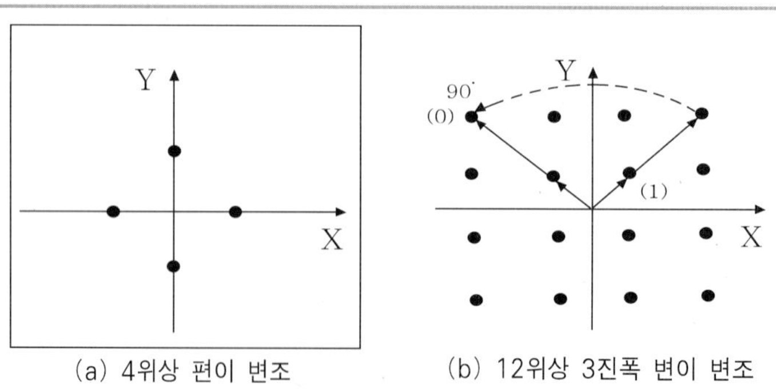

그림 2.21 위상편이 변조방식(다중레벨 변조)

4) 진폭 · 위상 편이 변조(QAM, Quadrature Amplitude Modulation)

QAM은 ASK와 PSK 변조를 혼합한 변조 방식으로 반송파의 진폭과 위상을 산호 변환하여 신호를 얻는 방식이다. 예를 들어 4위상 2진폭(3 비트), 8위상 1진폭(3비트) 등은 한번에 3비트씩 전송할 수 있다.

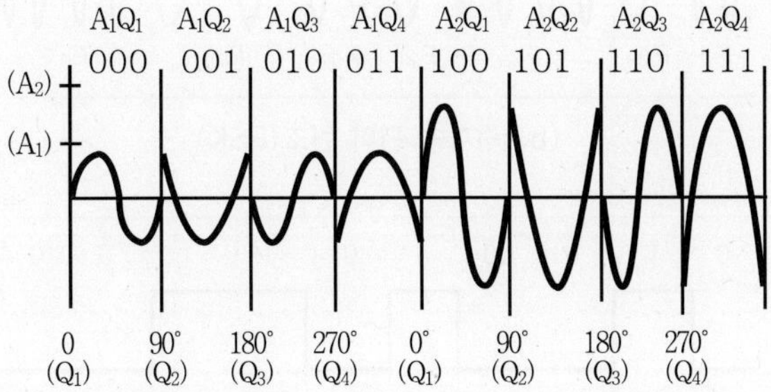

그림 2.22 QAM 변조 방식(4위상 2진폭)

디지털 변복 방식에 대하여 그림으로 종합해 보면 다음과 같다.

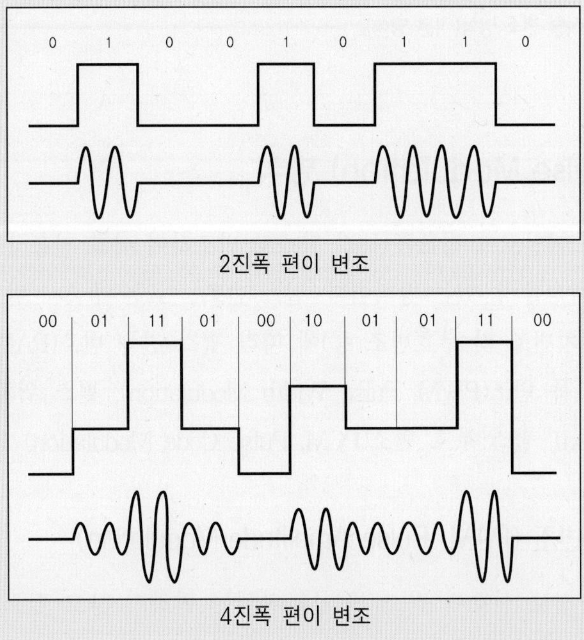

(a) 진폭 편이 변조 (ASK)

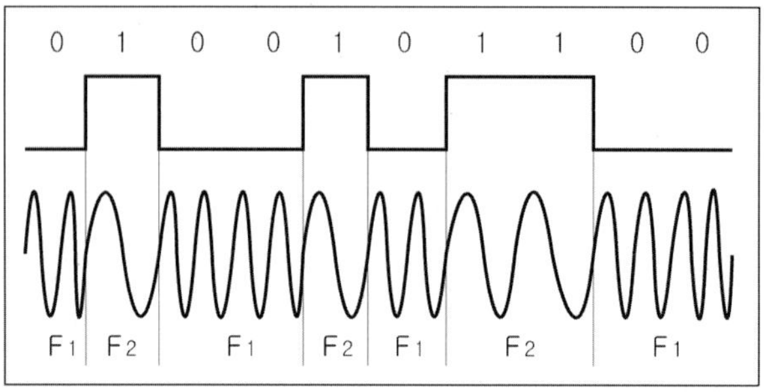

(b) 주파수 편이 변조(FSK)

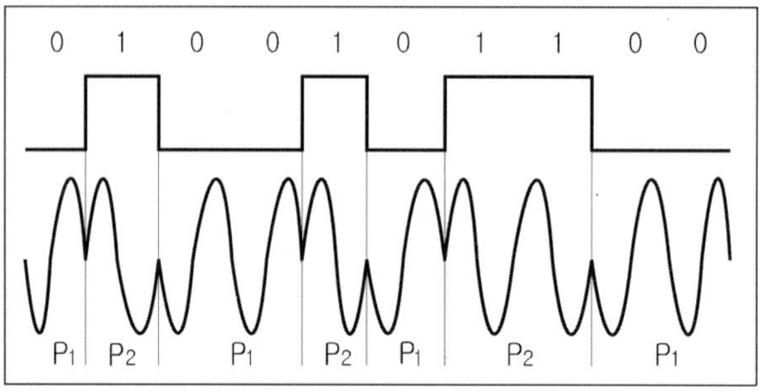

(c) 위상 편이 변조(PSK)

그림 2.23 디지털 변조 방식(기본 방식)

2.3.4 펄스 변조(Pulse Modulation) 방식

펄스변조 방식은 아날로그 정보를 특정 펄스로 변조하여 이를 전송하고 수신측에서 다시 아날로그 정보로 재생할 수 있는 방식이다. 펄스 변조는 표본 추출시 펄스의 변조방법(진폭변조, 넓이변조, 위치변조 및 부호변조 등)에 따라 펄스 진폭 변조(PAM, Pulse Amplitude Modulation), 펄스 폭 변조(PWM, Pulse Width Modulation), 펄스 위치 변조(PPM, Pulse Position Modulation), 펄스 부호 변조(PCM, Pulse Code Modulation) 등이 있다.

(1) 펄스 진폭 변조 (PAM, Pulse Amplitude Modulation)

PAM은 전송할 정보 신호에 펄스 폭이나 위치는 변하지 않고 펄스의 진폭만 대응 시켜 변조하는 방식, 즉 정보 신호에 비례하는 진폭 펄스를 주기적으로 전송하는 방식으로 PCM 변조의 기본 펄스가 된다.

(2) 펄스 폭 변조 (PWM, Pulse Width Modulation)

PWM은 전송할 정보 신호에 펄스의 폭(넓이)만 대응 시켜 변조하는 방식으로 펄스의 위치와 진폭은 변하지 않는 방식이다.

(3) 펄스 위치 변조 (PPM, Pulse Position Modulation)

PPM은 전송할 정보 신호에 펄스의 시간적 위치만 대응 시켜 변조하는 방식으로 진폭과 펄스 폭(넓이)은 변하지 않는 방식이다.

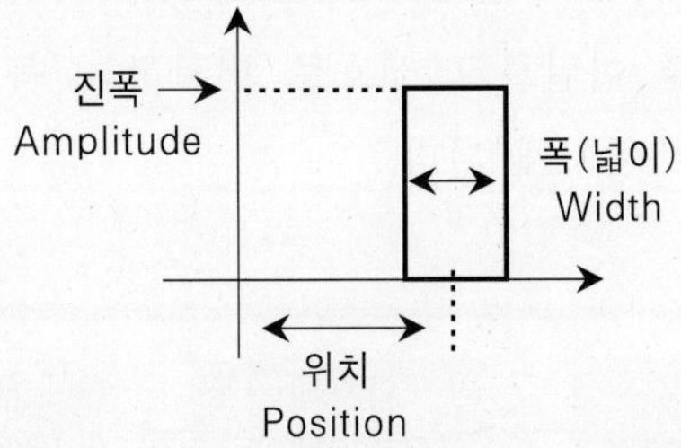

그림 2.24 펄스 변조의 변수

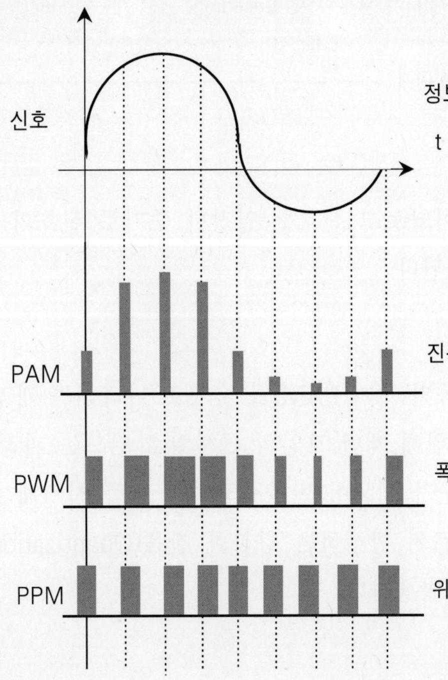

그림 2.25 펄스 변조 방식

(4) 펄스 부호 변조 (PCM, Pulse Code Modulation)

PCM은 전송할 정보 신호를 이산적인 PAM의 값으로 변조하여 이를 2진 비트로 대응시켜 비트 열(Bit stream)로 부호화하는 방식, 즉 음성과 같은 아날로그 정보를 디지털 정보인 펄스부호로 바꾸어 전송하고, 수신측에서는 이것을 다시 아날로그 정보로 바꾸어 통신하는 방식이다.

1) PCM 변조의 단계

PCM 변조의 단계는 아날로그 신호를 표본화(Sampling), 양자화(Quantization) 및 부호화(Encoding) 단계를 거쳐 비트 열(Bit Stream)로 디지털화하여 송신하고, 수신부에서는 수신한 디지털 신호를 아날로그 신호로 변환하는 복호화(Decoding) 및 필터링(Filtering) 단계를 거쳐 이루어지게 된다.

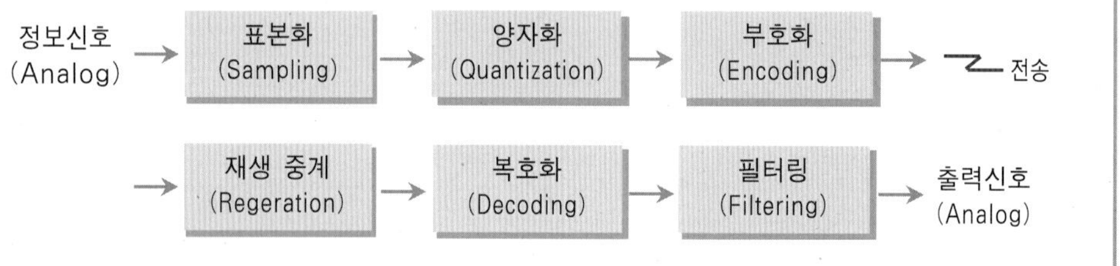

그림 2.26 PCM 변조의 단계

① 표본화 (Sampling)

연속적으로 변화하는 아날로그 신호를 일정한 주기로 신호의 진폭 값을 취하는 단계로서 PAM 펄스 형태가 된다.

② 양자화 (Quantization)

양자화란 표본화된 진폭의 크기(PAM)를 숫자로 나타내는 과정, 즉 아날로그 양을 디지털 양으로 변환시키기 위해 계단 모양의 근사치로 만드는 과정으로 이때 표본치는 미리 정해 놓은 레벨의 정수가 되도록 반올림하여 근사화 시키게 된다. 이와 같이 양자화 과정에서 근사화 시킴으로써 발생하는 양자화 잡음(Quantization Noise)은 아날로그를 디지털로 변환시 반드시 발생한다.

③ 부호화 (Encoding)

부호화란 표본펄스의 진폭을 디지털 신호인 1과 0의 조합으로 변환하는 과정을 말한다. 부호화된 2진수 비트 열(Bit Stream)은 디지털 전송로 및 재생 중계기(Regenerator or Repeater)를 통해 잡음을 제거하면서 전송하게 된다.

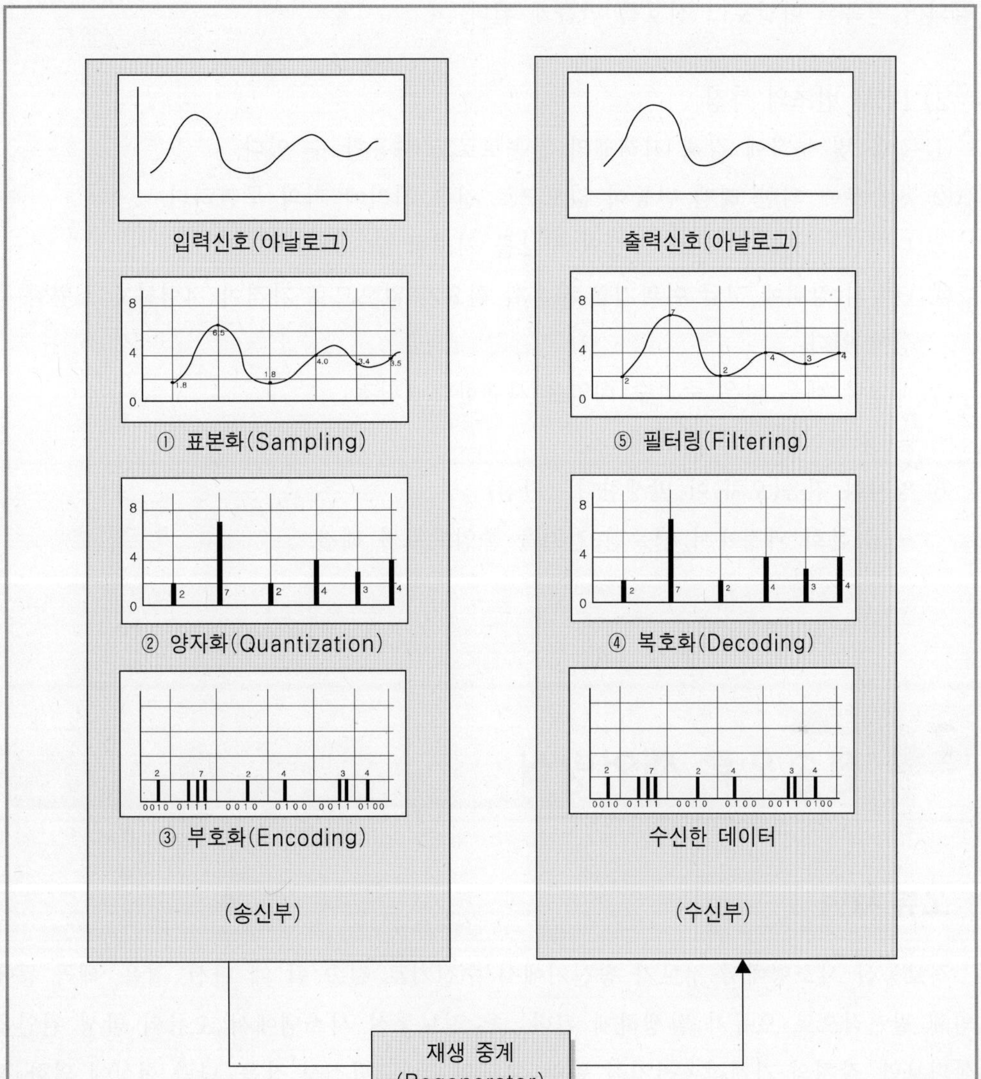

그림 2.27 PCM 변조 과정

④ 복호화 (Decoding)

복호화란 디지털 통신 회선을 통해 수신된 디지털 신호인 2진수 비트열(Bit Stream)을 부호화의 반대 과정, 즉 표준펄스의 진폭 신호로 변환하는 과정을 말한다.

⑤ 필터링 (Filtering)

필터링은 복호화된 표준 펄스 열로부터 아날로그의 입력 신호를 재생하는 마지막 과정으로 저역필터(LPF, Low Pass Filter)를 통과함으로써 진폭크기의 첨두치가 서로 연결되어 연속된 아날로그 신호를 만들게 된다.

2) PCM 변조의 특징

① 잡음 및 누화에 강해 저레벨의 전송로로도 사용할 수 있다.

② 전송로에 의한 레벨 변동이 없으므로 전송 거리에 거의 무관하다.

③ 디지털 기술의 발달로 다량의 정보를 처리할 수 있다.

④ 단국의 장비에 고급 여파기를 사용할 필요가 없으므로 가격이 저렴하고 소형화 특성이 있다.

⑤ 채널당 매우 넓은 주파수 대역을 사용한다. (단점)
→ 광케이블 등으로 해결

⑥ 양자화 잡음(오차)이 발생한다. (단점)
→ 표본화 과정에서 샘플링 간격을 줄임으로써 해결

2.4 전송오류 제어방식

2.4.1 오류 제어

정보통신 시스템에서 정보가 송신기에서 수신기로 전송 될 때 단선, 잡음, 왜곡 등에 의해 필연적으로 오류가 발생하게 된다. 즉, 정보통신 시스템에서 오류의 발생 원인을 살펴보면, 장치의 기계적 · 전기적 원인, 회선의 잡음, 펄스성 잡음, 단락 현상에 의한 경우와 정보를 전송에 적합하도록 변조하는 과정, 전송과정, 전송된 신호를 원래 정보로 복원하는 과정 등과 같이 여러가지 발생할 요인을 지니고 있다. 따라서 정보전송 과정에서 오류가 발했다면, 발생한 오류의 존재 유·무를 검출하고 필요하다면 오류를 정정할 수 있도록 제어하는 것은 정보통신 시스템의 신뢰성을 위해서 매우 중요하다.

일반적으로 데이터를 구성하는 부호를 전송할 때 수신측에서 수신된 신호에서 오류를 검출하고, 이런 오류를 검출하여 정정하는 과정을 오류제어라 한다.

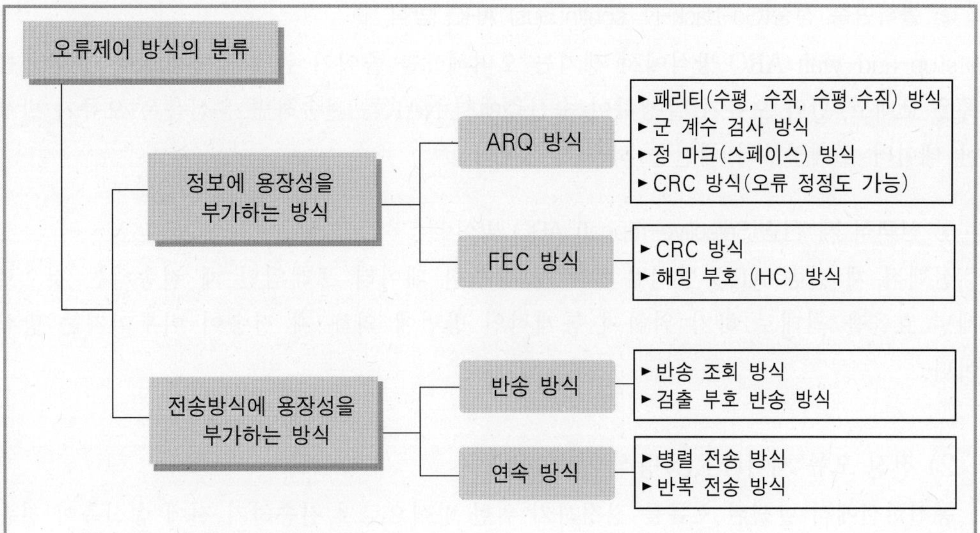

그림 2.28 오류제어 방식의 분류

오류 제어방식은 크게 2가지로 분류할 수 있는데, 오류제어를 위한 제어 정보를 원래의 정보에 부가하여 정보에 용장성(Redundancy : 정보전송이란 측면을 보면 없어도 되는 부가 데이터이지만, 오류제어를 위하여 필요한 데이터를 말함)을 부가하는 방식과 전송 방식에 부가적 동작을 행하도록 전송방식에 용장성을 부가하는 방식으로 분류할 수 있다. 그리고 정보에 용장성을 부가하는 방식은 자동 반복 요청(ARQ, Automatic Repeat reQuest) 방식과 전진 오류 제어(FEC, Forward Error Control) 방식으로 구분하고, 전송방식에 용장성을 부가하는 방식에는 반송 방식(정보 궤환방식)과 연송 방식(연속 전송방식)으로 분류된다.

(1) 정보에 용장성을 부가하는 방식

1) 자동 반복 요청(ARQ)방식

추가 비트들을 데이터와 함께 보내면 수신측에서는 오류를 검출하는데만 사용될 뿐이며, 만약 오류가 검출되면 송신측은 오류가 발생한 프레임을 재 전송하는 방식으로 검출 후 재전송방식이라 하며, 다음 3가지 방식이 있다.

① 기본형(stop-and-wait) ARQ 방식

가장 간단한 형태의 ARQ로서 송신측에서 한 개의 블록을 전송한 후 수신측이 오류 발생을 판정한 응답(ACK, NAK)을 확인 한 후에 다음 블록을 전송하는 방식이다.

② 블록연속 전송(Go-back-N, continuous) ARQ 방식

stop-and-wait ARQ 방식에서 생기는 오버헤드를 줄이기 위해 연속적으로 데이터 블록을 보내고, 만약 오류가 발생하여 수신측에서 NAK를 전송하면 송신측은 오류가 발생한 데이터 프레임부터 재전송 하는 방식이다.

③ 선택적 재 전송(Selective-repeat) ARQ 방식

선택적 재 전송 ARQ 방식은 오류가 발생한 데이터 프레임만 재 전송하는 것으로 채널 효율을 최대로 하기 위하여 통계적인 방법에 의해 재 전송이 이루어지는 방식이다.

2) 전진 오류 제어(FEC)방식

통신회선에서 발생된 오류를 정정하기 위한 방식으로써 전송하기 전에 송신측이 전송할 정보에 오류정정을 위한 비트를 부가하여 전송하고, 수신측에서는 이를 수신하여 오류 발생을 검출하여 정정까지 행하는 것으로 자기 정정방식이라 하기도 한다. 이 방식에는 해밍 부호 방식 (Hamming Code)과 순환 잉여 검사(CRC, Cyclic Redundancy Check)방식이 있다.

(2) 전송 방식에 용장성을 부가하는 방식

1) 반송전송 방식 (정보궤환 방식)

이 방식은 송신측에서 오류를 검출하는 방식으로서 송신측에서 전송된 정보와 수신측을 경유하여 반송된 정보를 비교하여 오류를 검출하는 방식으로 근거리 통신망에서 많이 사용된다.

2) 연속전송 방식

이 방식은 송신측에서 동일한 정보를 2번 이상 연속해서 전송하고, 수신측에서는 연속적으로 전송된 정보를 비교하여 오류를 검출하는 방식이다. 이 방식은 정보전송 효율이 절반 이하로 떨어져 거의 사용하지 않는 방식이다.

2.4.2 오류 율

오류 제어의 평가는 오류 율(Error Rate)에 따라 행해 질 수 있으며, 신뢰성 높은 시스템이 되기 위해서는 오류 율이 적게 되도록 해야 한다.

(1) 비트 오류 율 (BER, Bit Error Rate)

비트 오류 율은 송신 비트 수와 오류가 발생한 수신 비트 수의 비율이다.

$$\text{비트 오류 율} = \frac{\text{오류가 발생한 비트 수}}{\text{총 전송된 비트 수}}$$

어떤 정보통신 시스템에서 2×10^6개의 비트를 전송하여 수신측에서 6개의 오류 비트가 발생하였다면, 3×10^{-6}이 비트 오류 율이다.

(2) 문자(Character) 오류 율

송신된 총 문자 수에 대한 오류 문자 수의 비율로 정의하며, 오자율이라고도 한다.

$$\text{문자 오류 율} = \frac{\text{오류가 발생한 문자 수}}{\text{총 전송된 문자 수}}$$

(3) 블록(Block) 오류 율

블록 단위 데이터 전송시에 오류 발생 정도를 알아보기 위한 것으로 송신블록 수에 대한 잘못 수신된 블록의 수에 대한 비율이다.

$$\text{블록 오류 율} = \frac{\text{오류가 발생한 블록 수}}{\text{총 전송된 블록 수}}$$

2.5 통신 속도

2.5.1 통신 속도의 단위

(1) 비트(bit)

비트는 정보를 표현하는 최소 단위로서 2진수(Binary Digit, Bit)인 '1' 또는 '0'으로 표시하며, 1초 동안에 전송된 비트수를 bps(Bits Per Second)라고 하여 데이터 신호속도의 단위로 사용된다.

(2) 보오(Baud)

매 초당 신호의 상태 변화의 수를 나타내는 변조속도의 단위이다. 1개의 신호단위가 2개(dibit-00,01,10,00), 3개(tribit-000,001,…,111), 4개(quadbit- 0000,0001,…,1111) 등으로 나타내며, 보오와 bps 관계는 다음과 같다.

$$\text{보오 속도 (baud)} = \frac{\text{bps}}{\text{단위 신호당 비트 수}}$$

보오 속도 : dibit ⇒ 1/2[baud], tribit ⇒ 1/3[baud], quadbit ⇒ 1/4[baud]

(3) 패킷

패킷 교환방식에서 데이터를 전송할 때 메시지를 일정한 크기로의 블록 단위로 분할하여 전송 단위로 사용하는데, 이때 분할된 블록 단위를 패킷(packet)이라고 부른다. 즉, 패킷이란 데이터의 전송 제어 신호를 포함한 비트의 한 개 그룹이다.

일반적으로 한 패킷은 128바이트(1,024비트) 또는 256바이트(2,048 비트)이다.

1패킷 = 1 KB
= 128 Byte
= 1,024 Bit

2.5.2 통신 속도의 종류

통신 시스템에서 정보의 전송속도가 얼마인가를 나타내는 척도는 단위 시간(1초)에 전달되는 정보 양으로 표시되며, 변조속도, 데이터 전송속도, 데이터 신호 속도의 3종류가 있다.

(1) 변조 속도(baud)

변조속도는 1초간에 신호의 변조(신호의 변화, 상태의 변화)가 몇 회 행해졌는가를 나타내는 것으로 단위는 보오(baud)이다. 1회에 1 비트가 변조되면 변조 속도[baud]와 데이터 신호 속도[bps]가 같은 값이 된다. 결국, 변조속도는 매 초당 전송할 수 있는 부호 단위 수를 의미하는 것으로 1초에 몇 번의 상태변화가 일어났는가 하는 초당 상태변화의 최대 횟수라고도 한다.

변조된 파형은 진폭, 위상, 주파수가 변화한 점에 정보를 가지고 있으며, 1개 단위 펄스의 지속시간을 T라 하면 변조속도 B는 다음과 같이 T의 역수가 된다.

$$B = \frac{1}{T\ [\text{sec}]}\ [\text{baud}]$$

(2) 데이터 신호속도

데이터 신호속도는 부호를 구성하는 비트 수가 단위 시간당[1초 동안] 얼마나 전송되었는가를 표시하는 것으로 그 단위는 bps[bit per second] 이며, 비트 율(bit rate)이라고도 한다. 직렬전송(ASK, FSK)에서는 한 신호 단위에 한 비트씩밖에 전송할 수 없으므로 변조 속도와 신호 속도가 같지만, 병렬전송이나 PSK 변조의 경우에는 복수개의 비트 전송이 가능함으로 변조속도와 데이터 신호속도는 다르다.

직렬전송에서 1개 단위 펄스에서 상태의 수(레벨 수)가 R이고, 변조된 순간의 지속시간이 T인 경우 데이터 신호 속도 S는 다음과 같다.

$$S = \frac{1}{T} \log_2 R \quad [\text{bps}]$$

병렬 전송 비트의 수(병렬 통신선로 수)가 m인 병렬 전송에서 전송 속도 S는 다음과 같다.

$$S = \sum_{i=0}^{m} \frac{1}{T_i} \log_2 R_i \quad [\text{bps}]$$

m : 병렬 통신로의 수

T_i : i 번째 통신 선로에서 1개 단위 펄스의 최소 간격 시간

R_i : i 번째 통신 선로에서 1개 단위 펄스에서 레벨 수

(3) 데이터 전송속도

데이터 회선을 통하여 단위 시간(초, 분, 시간)당 전송되는 데이터의 양(비트, 문자, 패킷의 수 등)의 속도를 말하는 것으로 [문자/초], 패킷/초], [문자/분] 등으로 나타낸다. 단위는 특별히 정해진 것은 없지만, [문자/분, character/minute]이 많이 사용된다.

예를 들어 데이터 신호속도가 2400 bps인 회선을 8비트 단위(데이터 비트: 7, 패리티 비트: 1)의 비동기식(start, stop 비트: 2)으로 전송한다면 데이터 전송 속도[문자/분]는 얼마인가?

$$\text{데이터 전송속도} = \frac{2400 \times 60}{7+1+2}$$
$$= 14,400 \text{ 문자/분}$$

(4) 베어러 속도

베어러 속도는 베이스밴드 전송방식(디지털 회선) 데이터 신호 외에 동기신호, 상태신호 등을 포함한 전송속도를 말하며, 단위는 bps이다. 즉, 인벨로프(Envelope) 형식으로 전송되는 전송 속도를 베어러속도라고 부른다.

연습문제

제 2 장

1. 아날로그 신호와 디지털 신호에 대하여 비교 설명하시오.

2. 데이터 전송 기술에서 데이터 흐름에 의한 전송방식에 대하여 분류하고 각각에 대하여 설명하시오.

3. 데이터 전송 기술에서 직렬전송과 병렬전송에 대하여 각각 비교 설명하시오.

4. 데이터 전송 기술에서 동기 전송방식과 비동기 전송방식에 대하여 각각 비교 설명하시오.

5. 데이터 전송 형식에서 4가지 방식의 신호변환 방식에 대하여 각각 비교 설명하시오.

6. 데이터 전송 형식에서 베이스 밴드 전송방식에 대하여 각각 비교 설명하시오.

7. 데이터 전송 형식의 대역전송에서 아날로그 변조에 대하여 설명하시오.

8. 데이터 전송 형식의 대역전송에서 디지털 변조에 대하여 설명하시오.

9. 펄스 변조 방식의 종류에 대하여 간략하게 설명하시오.

10. PCM 변조 과정에 대하여 설명하시오.

11. 오류제어 방식에 대한 분류와 각각에 대하여 설명하시오.

12. 통신 속도의 종류와 각각에 대하여 비교 설명하시오.

제3장 정보 전송기기

3.1 모뎀(Modem, Modulator/Demodulator)

3.1.1 모뎀의 기능

(1) 기본 기능

모뎀은 컴퓨터나 단말장치 등에서 사용되는 디지털 신호를 아날로그 전송회선을 통해서 전송할 수 있도록 변조(Modulation)해 주고, 반대로 아날로그 전송회선을 통해서 수신된 신호를 복조(Demodulation)한 다음 원래의 디지털 신호로 변환해 주는 일종의 신호변환기이다. 즉, 컴퓨터와 터미널 등의 송신부에서 사용하는 디지털 신호를 전화선과 같은 아날로그 전송회선에 적합하도록 신호를 변조하여 전송하고, 수신부에서 다시 원래의 단말기(컴퓨터)에 적합하도록 아날로그 신호를 디지털 신호로 복조 시켜주는 변·복조기(Modem)이다.

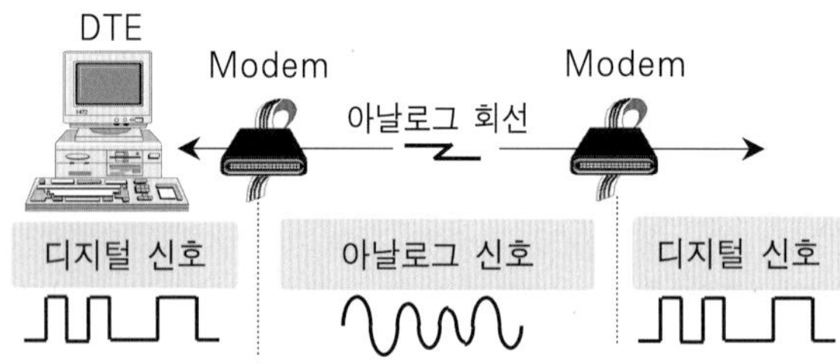

그림 3.1 모뎀의 위치

(2) 스크램블 및 디스크램블 기능

단말기(컴퓨터)에서 나오는 디지털 신호인 0 이나 1이 연속되지 않도록 혹은 도청 방지 및 정보를 숨기기 위해서 스크램블(Scramble)하여 전송하고, 수신된 신호를 원래의 신호로 변환하는 디스크램블(Descramble) 기능이 있다.

(3) 타이밍 회로 및 클록 위상 회로

동기식 모뎀인 경우에는 주 발진기에서 만들어져 송신기를 제어하는 타이밍 회로(Timing Circuit)와 수신출력의 디지털 펄스 신호를 만들기 위한 타이밍 추출 회로인 클록 위상 회로(CPC, Clock Phasing Circuit)가 있다.

(4) 등화(Equalization) 기능

전송선로를 통해서 전송되는 동안 각종 잡음과 진폭의 감쇄 및 위상의 변이 등에 의해 왜곡이 발생되는데 이 왜곡 및 잡음 등을 보상(등화)해주는 기능이 있다.

(5) 자동 이득 조정(AGC) 기능

전송선로를 통해서 수신된 신호의 이득을 자동으로 조정시키는 AGC (Automatic Gain Control) 기능이 있다.

(6) 테스트 기능

외부의 도움 없이 전송선로(디지털 혹은 아날로그) 구간에서 루프 백(Loop back) 시켜 모뎀 자체와 전송 선로의 상태를 시험 및 테스트할 수 있는 기능을 지니고 있다.

3.1.2 모뎀의 구조

(1) 송신부

모뎀의 송신부는 단말기로부터 나온 디지털 신호의 전송을 위해 스크램블링을 위한 회로가 내장된 인코더(Encoder)장치, 변조(Modulation) 및 증폭(AMP, Amplifier) 장치, 대역 제한 여파기(BLP, Band Limited Filter) 등으로 구성된다.

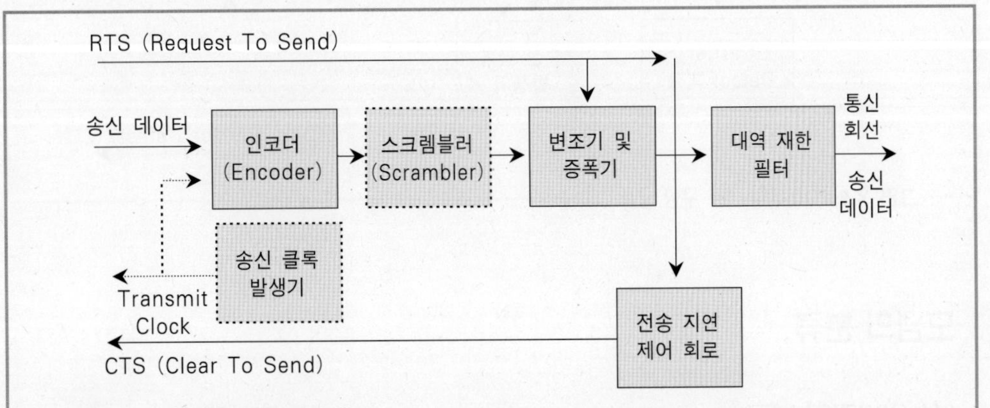

그림 3.2 송신부의 기본 구성 요소

① 단말기 혹은 컴퓨터에서 입력된 디지털 신호는 데이터 인코더에 입력되면서 스크

램블되어 변조기로 입력된다.

② 변조기에 아날로그 신호의 반송 주파수(Carrier Frequency)로 변조된다. 이 변조는 디지털 변조로 ASK, FSK, PSK, QAM 등이 사용된다.

③ 변조기를 통과한 후 합의 주파수만 통과하고 차의 주파수는 제한하는 대역 제한 여파기를 거쳐 증폭기, 변압기를 통과하여 통신회선으로 전송된다.

(2) 수신부

통신 회선을 통해 수신된 아날로그 신호를 원래의 디지털 신호로 재생시키는 기능을 한다.

① 통신 회선을 통해 수신된 아날로그 신호는 대역 제한 여파기(BLP), 등화기(Equalizer), 자동 이득 제어기(AGC) 및 복조기(Demodulator)를 거쳐 원래의 신호인 디지털 신호로 변환된다.

② 디지털 신호는 디스크램블러(Descrambler)와 디코더(Decoder)를 거쳐 본래의 신호로 만들어 컴퓨터 혹은 단말기로 입력된다.

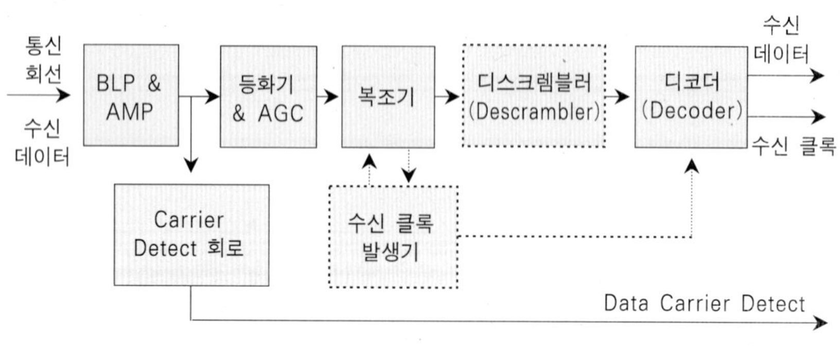

그림 3.3 수신부의 기본 구성 요소

3.1.3 모뎀의 분류

(1) 일반적인 분류

아날로그 전송 선로에서 사용되는 모뎀은 보는 관점에 따라서 동기 방식에 의한 분류, 전송속도에 의한 분류, 이용 대역폭, 사용회선 및 국제적 표준인 ITU-TS의 분류 등이 있다.

표 3.1 모뎀의 분류

항 목	종 류	특 징
동기식	동기식	· 2,400~9,600 bps의 중고속 전송에 사용 · PSK, QAM 변조방식 등을 사용 · 위상 변동에 민감하고 잡음 특성이 양호
	비동기식	· 비교적 저속(1,200 bps 이하) 이하에 사용 · FSK 변조 방식을 주로 사용
전송속도	저속	· 300 bps 혹은 1,200 bps 이하의 단말에 사용 · CCITT 권고: V.21, V.22, V.23 등의 권고 · 전송 특성이 우수, 회로 간단, FSK 변조
	중속	· 1,200~4,800 bps의 단말에 사용 · CCITT 권고 : V.26, V.27 등의 권고
	고속	· 4,800~9,600 bps, 14,400 bps의 단말에 사용 · CCITT 권고 : V.29의 권고
이 용 대역폭	음성대역이하	· 50 bps 정도의 저속 단말 장치에 사용
	음성대역	· 300~3,300Hz의 음성 대역을 이용 · 9,600 bps 이하의 단말 장치에 사용
	광대역	· 48, 96, 240 KHz 등의 대역폭을 이용한 고속모뎀
포트수	단일포트	· 비동기식 혹은 1,200 bps이하의 단말에 사용
	다중포트	· 4,800 bps 이상의 모뎀에 여러개의(2, 4, 6 개) 포트를 내장
사용회선	교환회선	· 다이얼 업(Dial up) 회선을 이용하는 모뎀
	전용회선	· 전용회선(2선식/4선식)을 이용하는 모뎀

또한 모뎀에 대한 표준은 미국의 벨(Bell) 표준과 ITU-T의 표준인 2가지가 있다. 음성 대역의 모뎀에 대하여 벨(Bell)과 ITU-T를 비교해 보면 다음과 같다.

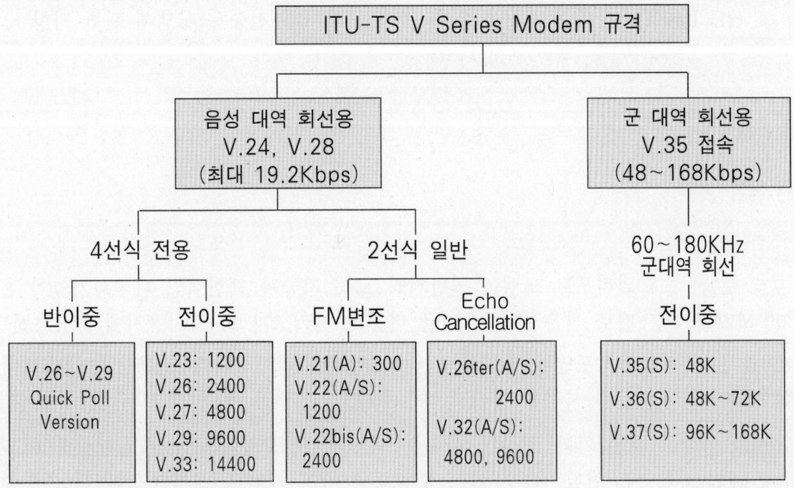

그림 3.4 음성 대역 모뎀의 규격

표 3.2 ITU와 Bell 규격의 비교

ITU 규격	Bell 규격	전송속도	변조방식	전송회선	동기방식	전송방식
V.21	103A	300	FSK	PSTN	비동기	전이중
V.22	212A	300~1200	PSK	〃	〃	〃
V.23	202	600~1200	FSK	〃	〃	반이중
V.26	201B	2400	4상 PSK	전용회선	동기	전이중
V.27	208A	4800	8상 PSK	〃	〃	〃
V.29	209A	9600	QAM	〃	〃	〃

표 3.3 모뎀의 ITU-TS V Series 권고

번 호	내 용
V.15	데이터 전송을 위한 음향 결합기에 관한 사항
V.16	의료용 아날로그 데이터 전송을 위한 모뎀에 관한 사항
V.20	공중회선을 위한 병렬 데이터 전송용 모뎀에 관한 사항
V.21	공중회선을 위한 300 baud 모뎀 표준화에 관한 사항
V.22	공중회선을 위한 1,200 bps 모뎀 표준화에 관한 사항
V.23	공중회선을 위한 600/1,200 baud 모뎀 표준화 규격에 관한 사항
V.26	4 선식 전용회선을 위한 2,400 bps 모뎀의 표준화에 관한 사항
V.26 bis	공중회선을 위한 2,400/1,200 bps 모뎀의 표준화에 관한 사항
V.27	전용회선을 위한 4,800 bps 모뎀의 표준화에 관한 사항
V.27 bis	전용회선을 위한 4,800/2,400 bps 모뎀의 표준화에 관한 사항
V.27 ter	공중회선을 위한 4,800/2,400 bps 모뎀의 표준화에 관한 사항
V.29	전용회선을 위한 9,600 bps 모뎀의 표준화에 관한 사항
V.36	60~108KHz 군대역 회선을 위한 동기식 데이터 전송용 모뎀에 관한 사항

(2) 기타 모뎀

표 3.4 기타 모뎀

종 류	특 징
멀티 포트 모뎀 (Multi Port Modem)	멀티포트 모뎀은 일반적인 모뎀 기능과 제한적인 다중화기능이 혼합된 형태로 적은 수의 채널을 다중화 시키고자 하는 사용자에게 유용하다.
멀티 포인트 모뎀 (Multi Point Modem)	멀티포인트 모뎀은 멀티 포인트(멀티 드롭)의 통신망에서 데이터 링크시 전송 시간을 줄이고 빠른 응답시간(Polling)을 주기 위한 모뎀이다.
라인 드라이버 모뎀 (Line Driver Modem, LDM)	단말기와 컴퓨터 사이를 와이어 콘덕터(Wire Conductor)를 이용하여 직접 연결 할 수 있는 모뎀으로 거리 제한을 받지만, 디지털 전송에서 경제적인 전송거리 확장을 위한 방법으로 사용한다.

종 류	특 징
제한 거리 모뎀 (Limited Distance Modem)	비교적 짧은 거리에서 비용절감을 목적으로 사용하는 모뎀으로 데이터 통신망에서 이용이 늘고 있으며, 2개의 동일한 장비가 쌍으로 사용된다.
음향 결합기 (Acoustic Coupler)	저속의 데이터 전송(음성 대역을 이용함으로)에서 보통의 전화기를 이용하여 다이얼링을 한 다음 회선이 연결된 것이 확인되면 데이터를 오디오 스펙트럼으로 변조한 후, 오디오 신호를 전화의 음향 결합기를 통하여 전송하게 된다.

3.2 DSU와 CSU

3.2.1 DSU(Digital Service Unit)

DSU는 디지털 회선용 댁내/국내 회선 종단 장치라고 부르며 신호변환장치(DCE)의 일종이다.

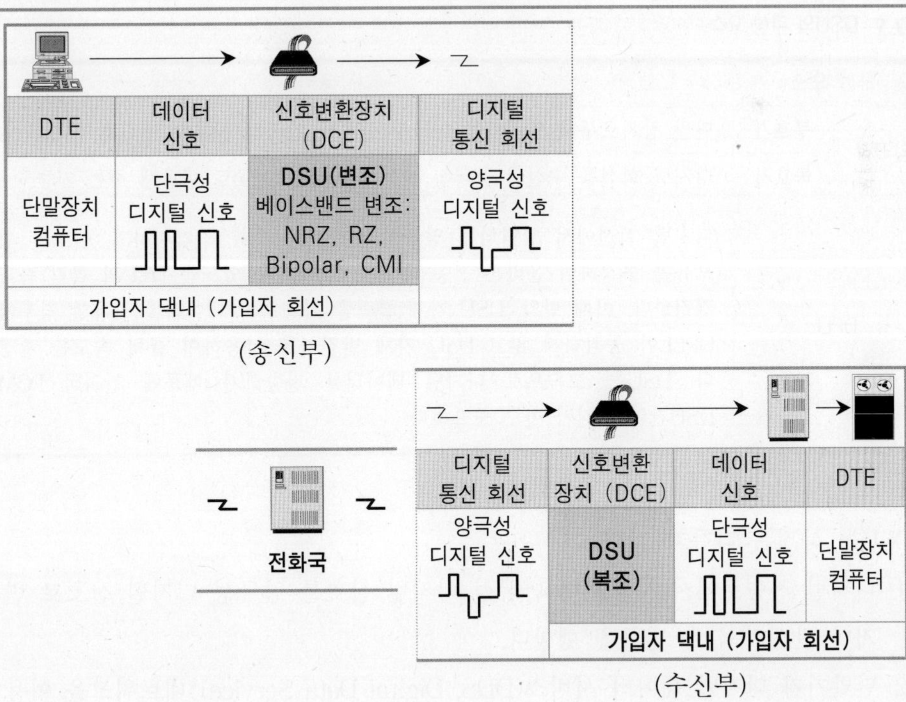

그림 3.5 DSU의 위치

DSU는 가입자 회선 전송용 디지털 신호의 송·수신 회로 뿐만 아니라, 단말 장치와 댁내 배선 케이블을 연결하기 위한 회로를 포함하고 있기 때문에 단말 장치와 통신망과의 접속점이 되는 중요한 장치이다.

전화국으로부터의 가입자 회선은 가입자 댁내에 들어와 DSU에 연결되고, DSU에서 단말장치까지는 댁내용 4선식 케이블로 배선된다.

DSU는 정보통신 단말장치로부터 입력되는 디지털 단극성(Unipolar) 신호를 전화국까지 전송하기 위하여 베이스 밴드 변조를 통하여 양극성(Bipolar) 신호로 변환하고, 이 변환된 디지털 신호가 전송되는 동안 오류를 줄이기 위해 적절한 신호 변환을 하여 전송한다. 그리고 DSU는 4가닥 회선을 이용하여 가입자와 전화국 PCM 장비간에 디지털 양극성 신호로 데이터를 전송한다. 마찬가지로 수신측에서는 수신한 디지털 양극성(Bipolar) 신호를 원래의 디지털 단극성(Unipolar) 신호로 변환시켜 주는 기능을 갖는다.

DSU는 신호의 변조 과정이 없이 단순히 단극성 신호를 양극성 신호로 변환하여 주는 기능만 제공하기 때문에 모뎀에 비하여 상당히 단순하다.

DSU의 주요 구성 요소는 양극성 부호기/복호기(Bipolar Encoder/Decoder)와 디지털 위상 동기 루프(DPLL, Digital Phase Locked Loop) 등이 있다.

표 3.5 DSU의 구성 요소

구성 요소		기 능
양극성	부호기	단말 장치로부터 입력되는 단극성 신호를 양극성 신호로 변환해 주는 기능
	복호기	디지털 회선을 수신된 양극성 신호를 단극성 신호로 변환해 주는 기능
DPLL		디지털 회선에서 입력되는 양극성 신호에서 오류를 감지하고, 신호의 위상 오류를 수정하여 올바른 전송 속도를 산출할 수 있도록 DSU의 클럭 속도를 결정한다. 이때 만약, DSU 자체 클럭을 사용하여 데이터를 사용할 경우에는 DPLL이 동작하지 않고 DSU 자체 발진기를 사용하여 클럭 속도를 결정한다. DSU는 고속으로 디지털 데이터를 전송하기 때문에 전화국 PCM과 DSU간의 동기가 아주 중요하다.

DSU는 특징은 다음과 같다.

① 디지털 전송로에서 사용하며 단극성 디지털 신호를 양극성 디지털 신호로 변환하거나 반대의 신호 변환을 행한다.

② 단말기가 디지털 데이터 서비스(DDS, Digital Data Service) 네트워크을 이용하고자 할 때에는 반드시 DSU를 사용해야 한다.

③ 디지털 전송로에 양극성 신호 전압이 실리기 때문에 오류 제거가 쉽다.
④ 정확한 동기 유지를 위한 클럭 추출회로가 있으며, 선로상태 시험을 위한 루프 (Loop) 시험 기능이 있다.
⑤ 비용이 모뎀보다 저렴하다.

DSU의 종류는 다음과 같다.
① DSU-SR : 2400, 4800, 9600 bps의 데이터 전송이 가능
② DSR-56 : 56,000 bps 데이터 전송이 가능
③ D (Desk) 형 : 점 대 점 (point-to-point) 방식에 사용
④ S (Shelf) 형 : 최대 16대 단말기 접속이 가능한 멀티용으로 사용

3.2.2 CSU(Channel Service Unit)

CSU(Channel Service Unit)는 전화국의 다중화기 채널에 가입자를 직접 수용하기 위하여 사용한다. CSU에서 채널은 T1/E1 프레임의 64Kbps 타임 슬롯(Time Slot)을 의미한다. T1인 경우 24개의 64Kbps 타임 슬롯으로 구성되어 1.544Mbps의 속도를 제공하며, E1의 경우에는 32개의 64Kbps 타임 슬롯으로 구성되어 2,048Mbps의 속도를 제공한다. 그러므로 CSU의 회선 속도는 항상 T1 혹은 E1이며, 채널 속도는 가입자 장비가 원하는 만큼 T1/E1 속도 범위 내에서 $N\times56$ 또는 $N\times64$로 자유롭게 조정할 수 있다. 실제적인 전송에서 각각 독립 채널들이 별도로 전송되는 것이 아니고, 다중화기(MUX)라고 부르는 장비가 여러 개의 채널을 모아 하나의 대용량 전송로를 통하여 한꺼번에 전송되는 트렁크 방식으로 전송된다. CSU는 바로 이러한 트렁크 라인(T1 이나 E1)을 그대로 수용할 수 있는 장비이다.

CSU의 주요 기능은 가입자 DTE 장비(다중화기, 라우터 등)의 단극성 신호를 양극성 신호로 변환해 주는 기능과 CSU 회선을 전화국의 T3 다중화기에 직접 접속할 수 있도록 T1/E1 프레임을 생성한다. 이러한 CSU의 기능은 가입자 장비에서 선택적으로 제공하는 경우도 있다. 가입자 장비에서 이러한 기능을 제공하는 모듈은 채널화된 T1 또는 E1 이며, 이 모듈은 CSU가 필요없이 가입자 장비를 직접 회선으로 접속할 수 있다.

3.3 다중화기와 집중화기

3.3.1 다중화기(Multiplexer)

다수의 단말기들을 하나의 컴퓨터에 연결되어 있는 경우 각 단말기마다 하나의 통신회선이 필요하게 되므로 비경제적이다. 따라서 다수의 단말기들로부터 데이터를 수신하여 하나의 고속 통신회선에 실어 보낼 수 있다면 단위 시간에 하나 이상의 신호를 전송할 수 있어 매우 경제적인 통신 방법이 될 것이다.

다중화기(Multiplexer)는 하나의 고속 통신회선에 다수의 단말기가 공유하여 동시에 다수의 가입자가 데이터를 전송하고, 수신측에서 역 다중화기(Demultiplexer)를 통해 다시 다수의 단말기 신호로 분리하여 컴퓨터에 입력할 수 있도록 하는 것이다.

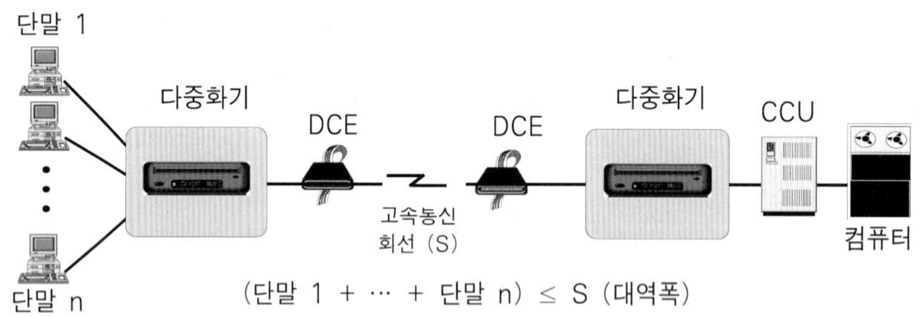

그림 3.6 다중화기의 위치

다중화 방식에는 아날로그 전송에 주로 사용하는 주파수 분할 다중화기(FDM, Frequency Division Multiplexer)와 디지털 전송에 주로 사용되는 시분할 다중화기(TDM, Time Division Multiplexer) 및 이 둘을 보완한 지능형 다중화기(Intelligent Multiplexer) 등이 있다.

(1) 주파수 분할 다중화기(FDM, Frequency Division Multiplexer)

FDM은 한 전송로의 대역폭을 몇 개의 작은 대역폭으로 나누는 방식으로 신호 파형을 변형시키지 않고 각 채널의 주파수를 조금씩 겹치지 않도록 분할하여 다수의 터미널이 동시에 이용할 수 있도록 하는 방식이다.

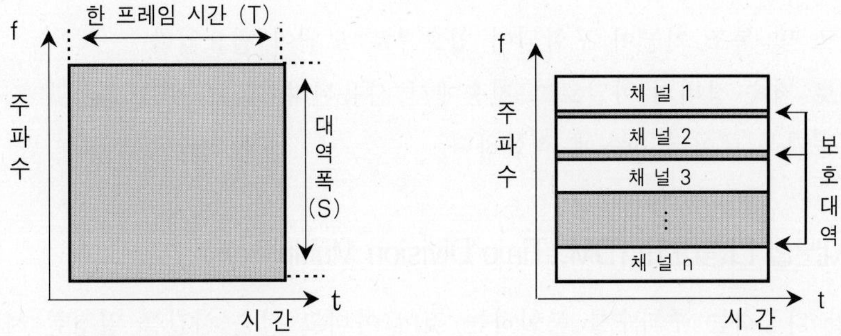

그림 3.7 주파수 분할 다중화의 구조

FDM의 구조에서처럼 채널과 채널간 상호 간섭을 막기 위해 각 신호들의 대역폭이 겹치지 않도록 일정한 간격의 보호대역을 사용하기 때문에 전송 대역폭에서 유효 대역폭이 각 채널 대역폭의 합보다 클 때만 가능한 방식이다. 즉, 위의 그림에서처럼 [(채널1)+(채널2)+ ··· +(채널 n)] $\leq S$ 의 주파수를 만족하는 대역폭을 유지해야 한다. 이 방식은 보호대역을 둠으로 인해 대역폭을 낭비하는 결과를 초래하여 채널의 이용률을 낮게 하는 요인이 되며, 주로 아날로그 전송 매체에서 사용되는 방식이다. 예를 들어 라디오나 텔레비전 방송에서 같은 안테나로 수신하면서 여러 방송을 선택할 수 있는 것은 각 방송국의 프로그램이 주파수 분할 다중화 되어 송신하고, 수신측에서 다이얼 혹은 채널장치에 의해 원하는 채널의 주파수만 필터링(Filtering)하여 들려주거나 보여준다.

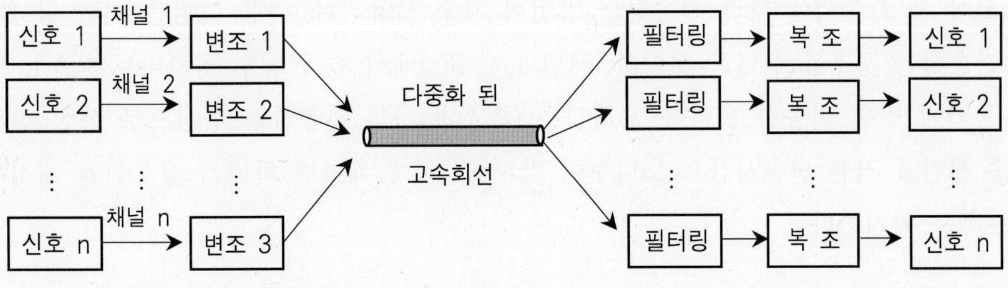

그림 3.8 주파수 분할 다중화 과정

주파수 분할 다중화기의 특징은 다음과 같다.

① 변조 및 복조가 간단하고 가격이 저렴하다.

② 변조 및 복조 기능이 포함되어 있으므로 모뎀이 필요없다.

③ 주로 저속 장비의 아날로그 전송에서 사용된다.

④ 비동기식 데이터 전송에 적합하다.

(2) 시분할 다중화기(TDM, Time Division Multiplexer)

시분할 다중화는 주파수를 분할하는 것이 아니고 전송 시간을 일정한 시간 폭(Time Slot)이라는 작은 단위로 각 채널에 할당함으로써 그 시간 동안에 주파수 전대역을 사용할 수 있도록 다중화하는 방식이다. TDM에서도 전송 선로의 속도가 $[(채널1)+(채널2)+\cdots+(채널n)] \leq T$의 시간을 만족해야 한다.

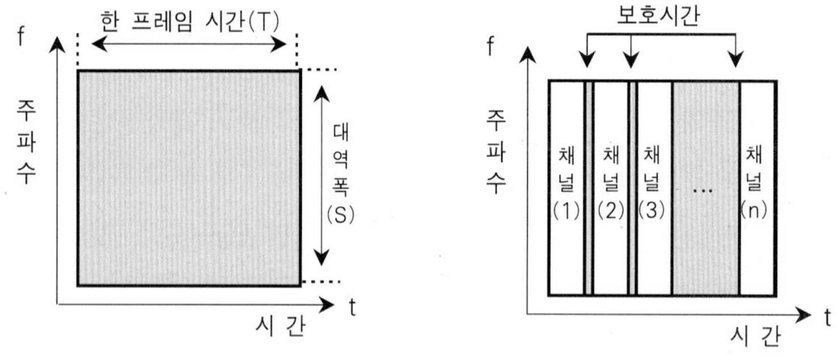

그림 3.9 시분할 다중화의 구조

시분할 다중화에서 각 채널은 펄스를 1비트씩 하는 경우도 있지만 일반적으로 8 비트씩 모아 채널 순서에 다라 전송하는 방법이 자주 사용된다. 다음 그림은 채널 당 1비트씩 전송하는 경우를 설명한 것이다. 채널 1, 2, 3, 4에서 한 프레임 당 1비트씩(A,1,가,ㄱ)을 동기에 맞춰 전송하고 다음 프레임은 (B,2,나,ㄴ)을 전송하는 방식으로 통신 선로의 전송 시간을 작은 전송시간으로 나누어 각 시간 대에 채널별 하나씩 신호원을 배정하여 전송하는 원리이다.

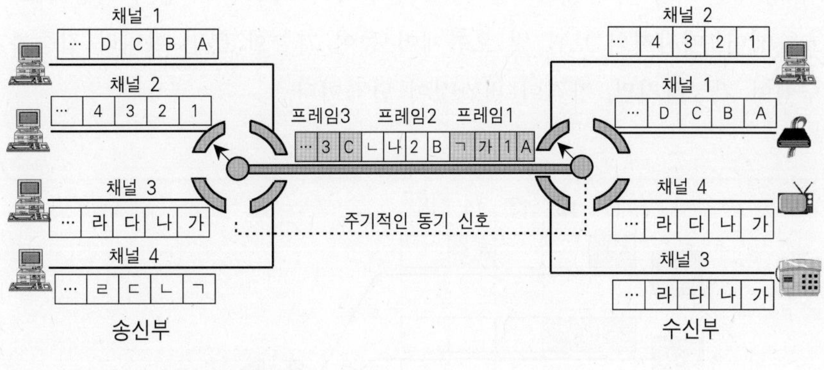

그림 3.10 시분할 다중화기의 원리

시분할 다중화기의 특징은 다음과 같다.

① 각 채널들은 고속통신 선로를 독점한 것처럼 보이나 실제로 분배된 시간만 이용한다.

② 다중화기 내부는 고속 전송이므로 저속도의 각 단말 데이터를 완충시켜주기 위한 임시 기억장치인 버퍼(Buffer)가 필요하다.

③ 저속 및 고속의 단말장치에서도 이용 가능하며, 음성 대역을 이용할 경우 9,600 bps까지 전송이 가능하다.

④ 고속 단말의 고속 전송의 경우에는 동기 전송을 이용함으로 정확한 시간 동기가 필수적이다.

(3) 지능형 다중화기(Intelligent Multiplexer)

지능형 다중화기는 마이크로 프로세서를 이용하여 각 단말의 채널에 시간 폭(Time Slot)을 제어하고, 실제로 전송할 데이터가 있는 단말에만 시간을 할당해주기 때문에 전송효율을 높일 수 있는 방식이다.

지능형 다중화기의 특징은 다음과 같다.

① 이 지능형 다중화기를 사용하면 전송 과정에서 발생하는 오류나 몇거지 현상에 관하여 통계적인 추측이 가능하여 시스템 확장시 이를 이용하여 오류 등을 줄일 수 있다.

② 이 방식을 비동기식 시분할 다중화(비동기식 TDM) 혹은 통계적 다중화(Statistical Multiplexing) 방식이라고도 부른다.

③ 이 방식은 전송 회선을 효율적으로 이용할 수 있으므로 일반 다중화기 보다 더 많은 데이터 전송이 가능하다.

④ 이 방식은 지능형 다중화기를 상호 연결하여 시스템 구성이 가능하고, 주소제어, 흐름제어, 메시지의 보관 및 오류제어 등이 가능할 뿐만 아니라 집중화기의 기능 수행이 가능하지만, 가격이 비싼것이 단점이다.

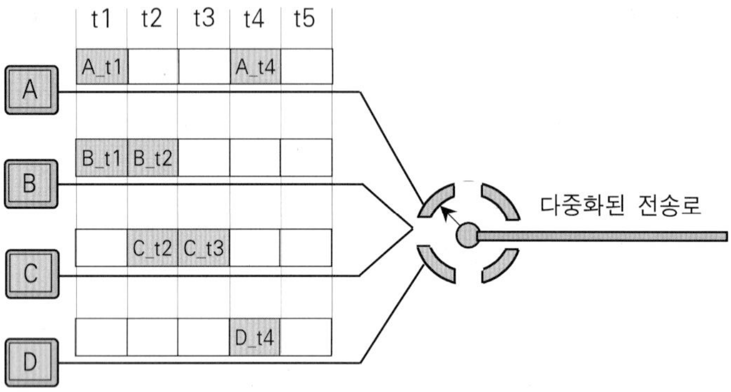

그림 3.11 지능형 다중화기의 원리

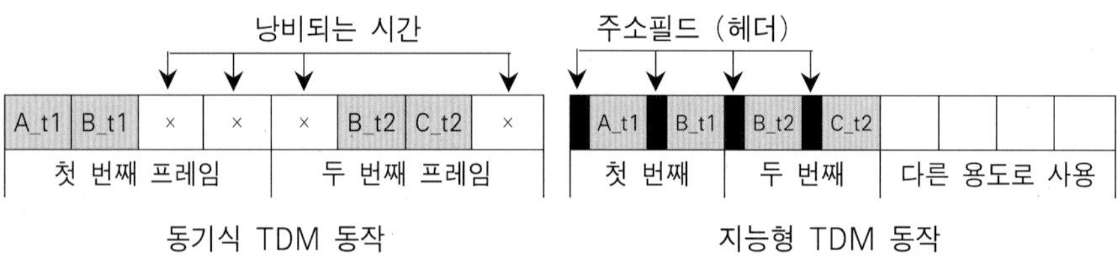

그림 3.12 동기식 TDM 및 지능형 TDM의 비교

동기식 시분할 다중화기는 수신측에서 동기 클럭을 검출하여 동기에 맞춰 각 단말에 데이터를 전송한다. 따라서 동기식 시분할 다중화기에서는 채널에 보낼 데이터가 없어도 그 할당된 시간에는 빈 데이터를 보내야 하는 단점이 있다. 반면에 지능형 다중화기는 데이터 앞에 주소필드를 추가하여 낭비적인 요소가 있지만 전체를 보았을 때 추가되는 부분이 매우 적은 시간이므로 전체의 효율에는 크게 영향을 미치지 못하고. 실제로 전송할 데이터가 있는 단말에만 시간을 할당해주기 때문에 전송 효율이 높다.

3.3.2 집중화기(Concentrator)

집중화기는 m 개의 입력 채널을 n 개의 출력 회선을 집중화시키는 장비로 일반적으로 입력회선의 수가 출력회선의 수와 같거나 많다.($m \geq n$) 즉, 여러 개의 입력 회선을 집중화하여 입력회선의 수보다 적은 출력회선으로 통합화 한 것을 말한다.

집중화기의의 특징은 다음과 같다.

① 이 하나의 고속 통신회선에 다수의 저속 부 채널을 접속하기 위한 통신 장비로 다수의 단말회선을 소수의 회선으로 통합화하는 기기이다. 즉, 입력회선 수는 출력회선 수와 같거나 많다.

② 다중화기는 입력과 출력측의 전체 대역폭이 거의 같은 정적인 방식인 반면, 집중화기는 입력과 출력 측이 서로 다른 동적인 방식이다.
즉, 집중화기는 다중화기의 단점을 개선 시켜 입·출력 전체 대역폭이 선로를 공동 이용하는 동적인 방식으로 실제 데이터를 전송할 단말기에만 시간을 할당해 주는 방식이다.

③ 데이터 압축 기능을 이용하여 더욱 효율적으로 고속의 데이터 전송이 가능하다.

④ 집중화기는 프로세서와 기억 기능을 포함하여 일종의 교환기 역할을 수행할 수도 있다.

⑤ 소프트웨어를 통해 단말장치의 속도, 데이터 형태 및 통신과정 등을 제어할 수 있다.

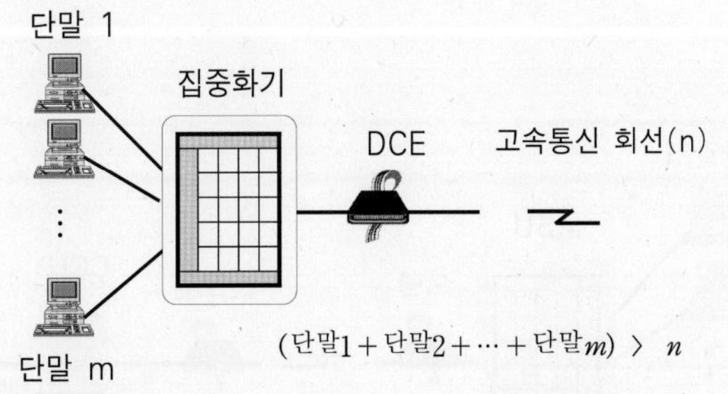

그림 3.13 집중화기의 원리

표 3.6 다중화기와 집중화기의 비교

항 목 \ 방 식	다중화기	집중화기
채널 할당	정적인 할당 (고정) $\sum$(저채널 속도) ≒ $\sum$(고속채널 속도) (1:1)	동적인 할당(가변적) $\sum$(저채널 속도) 〉 $\sum$(고속채널 속도) (보통 4:1)
회선 연결	물리적 연결	논리적 연결
종 류	• 주파수 다중화기(FDM) • 시분할 다중화기 (TDM) • 지능형 자중화기	• 메시지교환 집중화기 • 패킷교환 집중화기 • 회선교환 집중화기

3.4 공동 이용기(Sharing Unit)

3.4.1 모뎀 및 선로 공동 이용기

(1) 모뎀 공동 이용기 (MSU, Modem Sharing Unit)

모뎀 공동 이용기(MSU)는 하나의 모뎀을 다수의 단말들이 공동으로 이용하는 경우에 사용하는 통신기기로 자체에 타이밍 신호 발생기가 없기 때문에 타이밍 신호를 모뎀으로부터 얻는다. 컴퓨터의 제어인 폴(Poll) 상태에서 통신망 제어가 이루어지며(Multi-drop, Multi-point), 이 때는 다중화기를 이용하는 경우와 유사한 효과를 갖는다. 따라서 채널 몇 개의 단말장치가 모뎀을 공동으로 이용함으로 기기가 간단해지고 비용이 적게 들기 때문에 통신망 구성에 널리 이용된다. 그러나 선로 또는 모뎀의 고장시 모든 단말들이 운영 불능상태에 빠지며, MSU와 단말들간의 근거리에 있어야하는 거리제한을 지니고 있다.

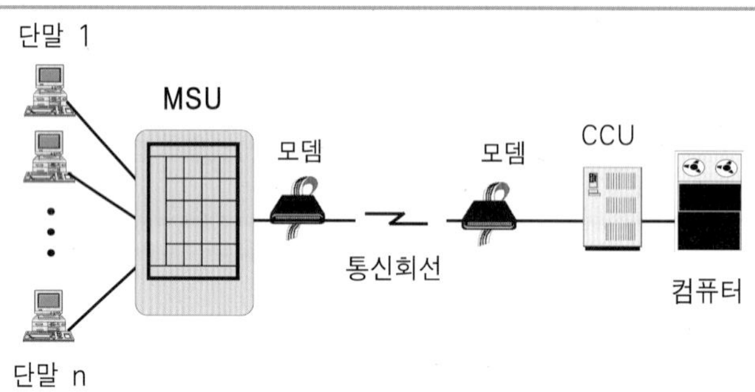

그림 3.14 모뎀 공동 이용기(MSU)의 배치

(2) 선로 공동 이용기 (LSU, Line Sharing Unit)

선로 공동 이용기(LSU)는 중앙(Host) 컴퓨터가 설치되어 있는 장소에서 다수의 단말들이 밀집되어 있는 경우에 선로를 공동으로 사용하는 기기이다. 그리고 선로 공동 이용기(LSU)는 모뎀 공동 이용기와 같은 기능을 지니는 것으로 폴(Poll)에 의해 망이 이루어지며, 중앙 컴퓨터가 단말 하나하나를 폴(Poll)한다. 또한 LSU는 내부에 타이밍 발생기를 지니고 있어 모뎀 없이도 데이터의 정확한 타이밍 판정이 가능하다.

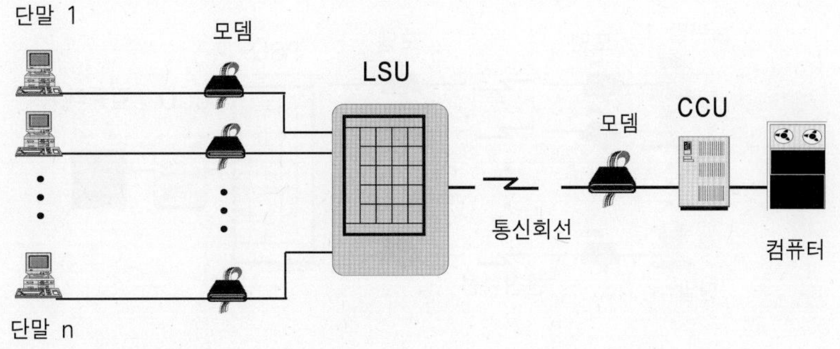

그림 3.15 선로 공도 이용기(LSU)의 배치

3.4.2 포트 공동 이용기와 포트 선택기

(1) 포트 공동 이용기

포트 공동 이용기(PSU, Port Sharing Unit)는 중앙 컴퓨터(Host Computer)와 모뎀 사이에 설치되어 다수의 단말들이 하나의 포트를 공동으로 이용함으로써 이용효율의 증대와 비용절감 효과가 있다. 모뎀 공동 이용기는 폴링 네트워크(Polling Network)의 원거리에서, 선로 공동 이용기는 근거리에서 사용하지만, 포트 공동 이용기는 근거리와 원거리 모두에서 사용할 수 있다. 포트 공동 이용기는 변복조기가 별도이기 때문에 비용은 높으나 터미널의 설치 장소에 전혀 제한을 받지 않으므로 컴퓨터 설치 장소와 관계없이 단말들을 설치할 수 있다. 그리고 포트 공동 이용기는 다수의 단말에서 들어오는 데이터를 소수의 포트로 연결해 주기 위해 경쟁적으로 선택하여 연결 시켜 주어야 한다.(폴/셀렉트 프로토콜, Poll/Select Protocol)

(2) 포트 선택기 (PS, Port Selector)

포트 선택기는 중앙 컴퓨터(Host Computer) 포트를 단말의 요구가 있을 때만 사용하지 않는 포트를 선택하여 연결 시켜주는 장치이다. 따라서 단말의 수보다도 적은 수의 포트를 이용하여 다수의 단말과 연결하여 사용할 수 있는 장점이 있다. 포트 선택 방법에는 속도별 포트 경쟁(먼저 신청한 단말에 먼저 연결) 혹은 그룹별 포트 경쟁(그룹별로 경쟁 비율을 정하여 단말 중에서 우선 순위가 높은 단말부터 우선 연결) 등 폴링에 의한 경쟁선택 방식을 사용한다. 포트 선택기는 다중화기에 내장되어 사용할 수도 있으며, 별도의 독립된 기기로도 사용할 수 있다.

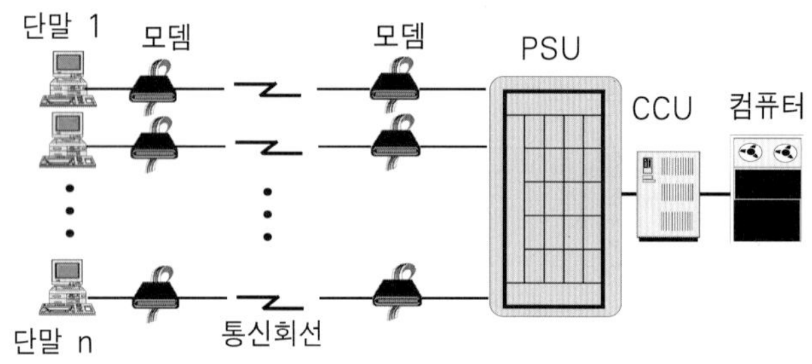

그림 3.16 포트 공동이용기(PSU)의 배치

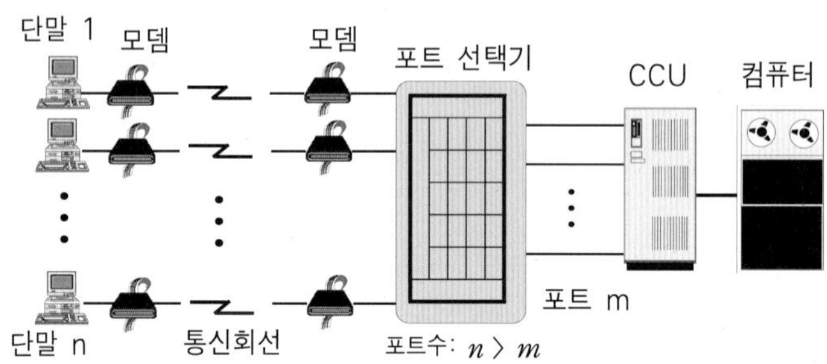

그림 3.17 포트 선택기의 배치

3.5 자동 응답기와 호출기

3.5.1 자동 응답기

자동 응답기(Automatic Answering Unit)는 일반적으로 모뎀에 내장되어 있으며, 통신상에서 작업자(Operator)의 간섭을 줄이기 위해 사용한다. 즉, 전화의 호출 신호(Ring Indicator)를 감지하면 즉시 응답모드로 전환하여 어떤 조작도 거치지 않고 호출한 장치의 단말과 컴퓨터가 연결되어 자동으로 데이터를 송·수신할 수 있으며, 통신이 완료 된 후에는 통신 회선을 정상 상태로 환원 해주는 역할을 수행한다.

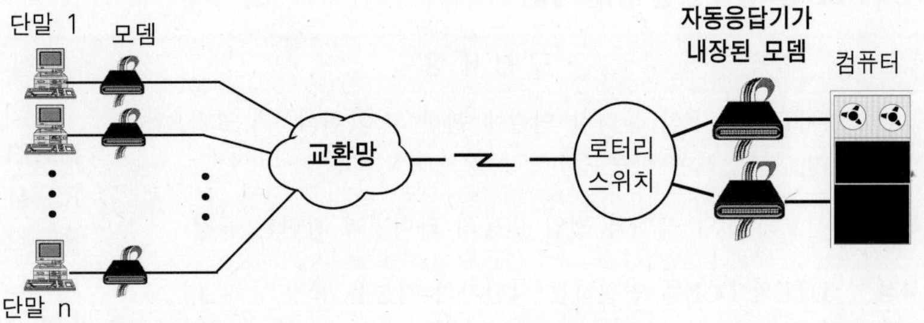

그림 3.18 자동 응답기의 배치

3.5.2 자동 호출기

자동 호출기(Automatic Calling Unit)는 컴퓨터나 다른 단말장치가 교환 회선을 통해 데이터를 전송하고자 할 때, 상대방을 호출하여 연결해 주는 기기이다. 즉, 전화의 호출 신호(Ring Indicator)를 감지하면 다른 컴퓨터의 전화번호를 자동적으로 호출하는 장치로 전화 번호와 호출의 회수는 컴퓨터에 내장된 프로그램에 의해 제어할 수 있다.

3.6 DTE와 DCE 접속

3.6.1 DTE/DCE 접속의 개요

데이터 단말 장치(DTE)는 정보통신기기와 외부를 상호 연결 시켜주는 장치로 정보통신 시스템에서 외부와의 접속점에 위치하여 최종적으로 데이터를 송·수신하는 역할을 담당하고, 신호변환 장치(DCE)는 단말장치로부터 발생한 신호를 통신회선에 적합한 신호로 변환하거나 반대로 통신회선에 흐르고 있는 신호를 단말 장치에 적합한 신호로 변환하는 장치이다. 따라서 단말(DTE)과 모뎀(DCE), 중앙 컴퓨터(Host Computer)와 모뎀 사이의 데이터를 주고받기 위한 규정이 필요한데 이것이 접속규격(Interface)이다. 이 접속 규정은 어떤 기준 없이 독자적인 규격으로 생산된 다면 다른 업체의 제품과 호환성이 없어 혼란이 발생하기 때문에 이를 방지하기 위해 ITU(국제 전기통신 연합)뿐만 아니라 ISO(국제 표준 기구) 및 EIA(미국 전자 공업회) 등에서 접속규정을 제정하여 권고하고 있다.

DTE와 DCE 접속을 위한 물리적 계층의 4가지 특성은 다음과 같다.

표 3.7 DTE와 DCE 접속을 위한 물리적인 계층

접속 특성	규 정 내 용	실 예
기계적 특성	DTE와 DCE의 물리적 연결에 관한 규정(핀의 수, 크기, 위치, 형상, 레이 아웃 등)	· RS-232C · RS-449 · RS-422A · RS-423A · EIA-232D · X.21 등
전기적 특성	신호의 전압 레벨과 전압 변동의 타이밍과 관련된 규정	
기능적 특성	DTE와 DCE를 연결하는 각단자의 기능을 규정	
절차적 특성	기능적 특성을 기준으로 하여 데이터를 전송하기 위해 각 단자간에 주고받는 신호의 순서를 규정	

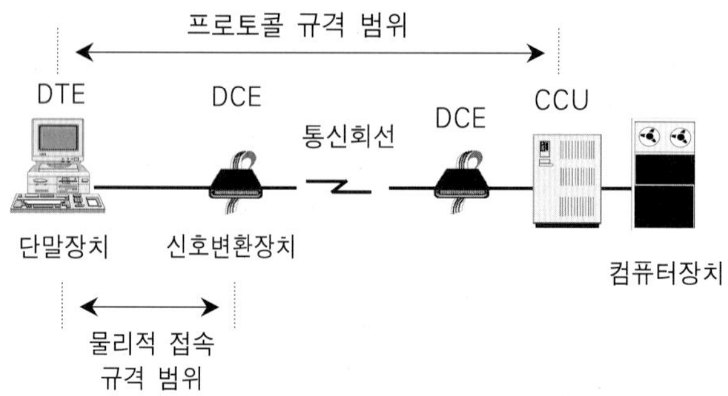

그림 3.19 DTE/DCE 접속규격 범위

3.6.2 DTE/DCE 접속 규격

ITU는 V 시리즈(기존의 공중 전화망을 이용한 데이터 전송에 관한 표준)와 X 시리즈(공중 데이터망을 이용한 데이터 전송에 관한 표준) 및 I 시리즈(ISDN과 LAN에서 사용자망 접속에 관한 표준)를 권고하고 있다. 즉, V 시리즈는 아날로그 데이터 전송회선(PSTN, 기존의 공중 전화망)으로 통신하기 위한 단말접속에 관한 표준이고, X 시리즈는 디지털 데이터 전송회선(PSDN, 공중 데이터망)으로 통신하기 위한 단말접속에 관한 표준이다. 또한, 데이터 통신을 위한 DTE/DCE 접속은 PC의 RS-232C가 주로 사용된다.

표 3.8 DTE/DCE 접속 규격의 예

접속 특성	규 격	번 호
기계적 특성	· 15핀 DTE/DCE 접속(컨넥터의 핀 배열) · 25핀 DTE/DCE 접속(컨넥터의 핀 배열) · 34핀 DTE/DCE 접속(컨넥터의 핀 배열) · 35핀 DTE/DCE 접속(컨넥터의 핀 배열)	ISO 4903 ISO 2110 ISO 2593 ISO 4902
전기적 특성	· 불평형 상호접속회로의 전기적 특성 · 평형 상호접속회로의 전기적 특성 · 불평형 복류 상호접속회로의 전기적 특성	V. 10 V. 11 V. 28
기능적 특성	· DTE와 DCE간의 상호접속회로의 기능 · PSDN과 PSTN간의 상호접속회로의 기능 · PSDN에서 DTE/DEC간의 상호접속회로의 기능	V. 24 V. 100 X. 24

(1) RS-232C 인터페이스 (V. 24)

미국의 전자공업협회(EIA, Electrical Industries Association)에서 표준안으로 정의한 RS-232C는 ITU-T에서 정의한 V.24와 내용이 같다. RS-232C는 공중 전화망(PSTN)을 이용한 DTE/DCE(컴퓨터와 모뎀) 접속을 위한 표준안으로 특징은 다음과 같다.

① DTE와 DCE 사이의 거리가 2~3 [m]이내의 짧은 거리에서 사용한다.

② 데이터 전송속도가 빠르지 않은 공중 전화망을 통한 접속 규격으로 신호 레벨도 감쇄 영향을 크게 받지 않는다.

③ 직렬 통신, 동기/비동기, 전용/교환 회선, 2/4 선식, 점 대 점(Point to Point)/멀티 포인트(Multi Point) 등의 데이터 통신에 사용되며, 데이터 전송 속도는 20 [kbps] 이하에서 사용된다.

④ RS-232D는 RS-232C에서 근거리 궤환 시험과 원거리 궤환 시험 등의 모뎀의 시험 기능을 추가한 것이다.

⑤ 케이블은 리본 형식의 케이블을 사용하거나 멀티 코어 케이블을 사용하며, 케이블의 콘넥터는 25핀 D-형을 사용한다.

⑥ 1984년 IBM에서는 병렬 프린터와 함께 PC에 장착하기 위해 직렬 포트에 9핀 콘넥터를 개발하였으며, 일반적으로 15 [m]이내의 거리에서 주로 사용된다.

표 3.9 25핀 상호접속 회로의 기능

핀 번호	신호명	기능	기 호		신호방향 (DTE-DCE)
			RS-232C	V.24	
1	FG (Frame Ground)	보안용 접지	AA	101	
2	TD (Transmitted Data)	데이터의 송신	BA	103	→
3	RD (Received Data)	데이터의 수신	BB	104	←
4	RTS (Request To Send)	송신 요구	CA	105	→
5	CTS (Clear To Send)	송신 준비 완료	CB	106	←
6	DSR (Data Set Ready)	데이터 셋 준비 완료	CC	107	←
7	SG (Signal Ground)	신호용 접지	AB	102	
8	DCD (Data Carrier Detect)	수신 캐리어 검출	CF	109	←
9	DMT (Data Modem Test)	데이터 모뎀 테스트	-	-	←
10	DMT (Data Modem Test)	데이터 모뎀 테스트	-	-	←
11	EM (Equalizer Mode)	이퀄라이저 모드	-	-	←
12	SDCD (Secondary DCD)	궤환 채널의 수신 신호 검출 완료	SCF	122	←
13	SCTS (Secondary CTS)	궤환 채널의 송신 준비 완료	AA	101	←
14	STD (Secondary TD)	궤환 채널의 송신 데이터	BA	103	→
15	TC (Transmitter Clock)	송신기의 타이밍	BB	104	←
16	SRD (Secondary RD)	궤환 채널의 수신 데이터	CA	105	←
17	RC (Receiver Clock)	수신기의 타이밍	CB	106	←
18	DCR (Divided Clock Receiver)		CC	107	→
19	SRTS (Secondary RTS)	궤환 채널의 송신 요구	AB	102	→
20	DTR (Data Terminal Ready)	데이터 단말 준비 완료	CF	109	→
21	SQD (Signal Quality Detect)	데이터 신호 품질 검출	-	-	←
22	RI (Ring Indicator)	링 감지 신호	-	-	←
23	DRS (Data Rate Selector)	데이터 신호속도 선택	-	-	↔
24	ETC (External TC)	외부 송신기의 타이밍	SCF	122	→
25	Busy	Busy	-	-	→

표 3.10 IBM PC의 RS-232C에서 25핀과 9핀과의 관계

25 핀	9 핀	신호명	기능	신호방향 (DTE-DCE)
2	3	TD (Transmitted Data)	데이터의 송신	→
3	2	RD (Received Data)	데이터의 수신	←
4	7	RTS (Request To Send)	송신 요구	→
5	8	CTS (Clear To Send)	송신 준비 완료	←
6	6	DSR (Data Set Ready)	데이터 셋 준비 완료	←
7	5	SG (Signal Ground)	신호용 접지	
8	1	DCD (Data Carrier Detect)	수신 캐리어 검출	←
20	4	DTR (Data Terminal Ready)	데이터 단말 준비 완료	→
22	9	RI (Ring Indicator)	링 감지 신호	←

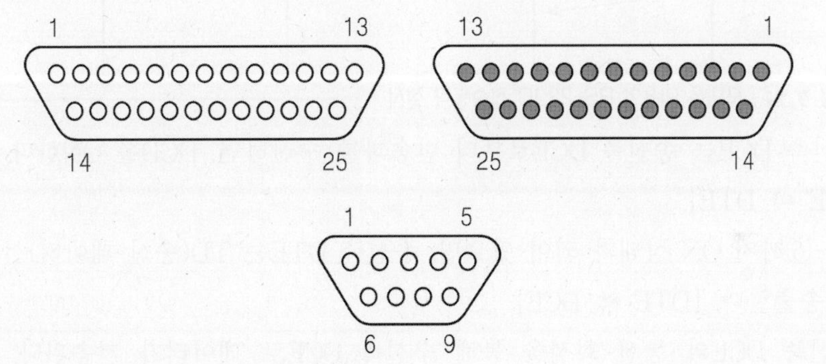

그림 3.20 25핀형과 9핀형의 RS-232C 콘넥터

모뎀을 이용한 RS-232C 접속의 동작 절차를 살펴보면 다음과 같다.

① DTE(컴퓨터)가 통신가능 상태의 동작이 준비 완료되면, DTR 이 ON된다. [DTE ➡ DCE]
② DCE(모뎀)가 수신 준비 완료되면, DSR을 ON 시킨다. [DTE ⬅ DCE]
③ DCE의 DSR이 ON 되면, DTE는 송신하기 위해 RTS를 ON 시킨다. [DTE ➡ DCE]
④ DTE의 RTS가 ON 되면, 전송로에 반송파를 송출하여 전송로의 상태를 점검한다. [송신측 : DCE ➡ 수신측 : DCE]
⑤ 전송로가 송신 가능 상태가 되면, CTS를 ON 시킨다. [DTE ⬅ DCE]

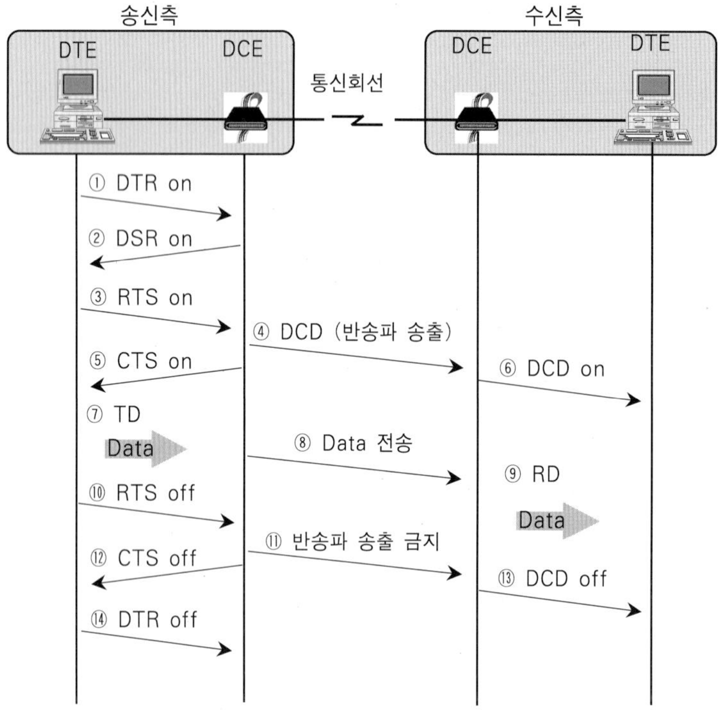

그림 3.21 모뎀을 이용한 RS-232C 접속동작 절차

⑥ 수신측 DCE는 송신측 DCE로부터 반송파를 수신하면, DCD를 ON한다. [수신측 : DCE ➡ DTE]

⑦ ①~⑥까지 ON 상태가 되어 있으면, 송신측 DTE는 TD(송신 데이터)선에 데이터를 송출한다. [DTE ➡ DCE]

⑧ 송신측 DCE와 통신 회선을 통해 수신측 DCE로 데이터가 전송된다. [송신측 : DCE ➡ 수신측 : DCE]

⑨ 수신측 DCE는 데이터를 수신하여 RD(수신 데이터)선을 통해 수신측 DTE로 보낸다. [수신측 : DCE ➡ DTE]

⑩ 통신을 종료하기 위해서 송신측의 DTE는 RTS에 대하여 Off를 지시하고, 비 전송 모드로 전환한다.

⑪ 송신측의 DTE의 RTS가 Off되면, 반송파 송출이 중지된다.

⑫ 송신측의 DCE가 반송파 송출을 중지하여 비 전송 모드가 되면, DCE는 CTS를 Off 시킨다. [DTE ⬅ DCE]

⑬ 수신측 DCE는 송신측 DCE로부터 반송파를 수신되지 않게 되면, 수신측 DCE는 DCD를 Off 시킨다. [수신측 : DCE ➡ DTE]

⑭ 송신측 DTE, DCE는 통신의 완료로서 DTR과 DSR를 Off 시킨다.

(2) 기타 인터페이스

표 3.10 기타 인터페이스의 비교

항목 종류	V 시리즈	특 징
RS-232C	V.24	·공중 전화망(PSTN)을 이용한 데이터 전송에 필요한 DTE/DCE(컴퓨터와 모뎀) 접속을 위한 규격
RS-232D		·RS-232C에서 근거리 궤환 시험과 원거리 궤환 시험 등의 모뎀의 시험 기능을 추가
RS-422	V.11	·RS-232C(V.24) 보다 빠른 데이터 송·수신 및 원 거리 전송에 사용 ·100 [m]의 거리에서 1 [Mbps]의 전송속도로 사용
RS-449	V.35	·DTE와 DCE간에 쌍으로 연결되어 통신 장비의 시험용으로 사용 ·단말장치에서 보낸 신호를 모뎀이 컴퓨터 측으로 송신한 내용이 자동적으로 루프백하는 기능을 갖고 있기 때문에 더미 단말 장치와 컴퓨터의 연결에 사용

연습문제

제 3 장

1. 모뎀의 기본 기능에 대하여 설명하시오.

2. 멀티 포트와 멀티 포인트 모뎀, 라인 드라이버 모뎀과 제한거리 모뎀에 대하여 각각 비교 설명하시오.

3. DSU와 CSU의 특징을 각각 비교 설명하시오.

4. 다중화기와 집중화기를 각각 비교 설명하시오.

5. 다중화기의 종류와 각각의 특징을 비교 설명하시오.

6. 집중화기의 특징에 대하여 설명하시오.

7. 모뎀 및 선로 공동 이용기에 대하여 비교 설명하시오.

8. 포트 선택기와 포트 공동 이용기에 대하여 비교 설명하시오.

9. DTE와 DCE 접속 규정의 물리 계층의 4가지 특성을 설명하시오.

10. V.24(RS-232C 인터페이스)의 특징에 대하여 설명하시오.

11. 모뎀을 이용한 RS-232C 접속의 동작 절차에 대하여 설명하시오.

제4장 음성 통신기기

4.1 전화기

4.1.1 전화기의 개요

전화기는 먼 곳에 있는 상대방과 대화를 나누는 수단으로 정보를 교환할 때에 전기적 진동을 이용하여 음성(정보)과 전기에너지를 상호 변환시켜 정보를 교환하는 단말장치로서, 전기변환 → 전송 → 음성변환의 수단으로 정보를 교환하는 기기이다.

4.1.2 전화기의 구성

전화기의 기본적인 구성은 통화 회로, 신호 회로 및 출력 회로로 대별된다.

① 통화 회로는 송화기와 수화기가 있고 음성 신호를 전기 신호로, 전기 신호를 음성 신호로 변환하는 부분이다.

② 신호 회로는 통화하고자 하는 상대방을 선택하여 호출하는 신호 즉 교환기를 작동시키는 신호를 내는 다이얼 또는 푸시버튼, 교환기에서 호출을 알려주는 벨 또는 부저가 있다.

③ 출력 회로는 전화기와 통신 회선을 접속을 위해 필요하며, 가입자와 교환국 사이는 2선으로 접속된다.

④ 송화 회로와 수화 회로를 분리하여 효율을 좋게 통화하기 위한 유도 선륜(induction coil)과 통화 상태와 신호 상태를 분리하는 훅 스위치(hook switch) 등이 있다.

(1) 송화기

송화기(transmitter)는 음성(공기의 진동)을 전기신호(음성전류)로 변환한다. 송화기가 기능을 발휘하려면 가입자 회로로부터 전화기에 전류를 공급할 필요가 있다. 지금까지는 탄소형 송화기가 사용되었지만 현재는 진동판에 압전소자의 박막을 붙여 음압에 따라 진동판이 진동함으로써 압전 소자의 일그러짐을 직접 전기신호로 변환하는 압전형 송화기가 많이 사용되고 있다.

1) 송화기의 종류

송화기의 종류는 전자형, 정전형, 자의형, 압전형, 동전형, 탄소형 등과 같이 많으나 지금까지는 감도 등 모든 특성이 우수한 탄소(carbon)형이 주로 이용되었지만, 요즈음은 압전형이 많이 사용되고 있으며, 형별로 보면 T-4 형과 T-70형이 주로 사용된다.

한편 송화기를 원리상으로 분류하면 자석식, 축전기식 및 가변 저항식이 있다.

2) 송화기의 원리

음파에 의해 송화기의 진동판이 진동하고 이 진동판의 진동에 의해 송화기 내의 탄소 입자에 음파의 진동의 크기, 진동 주파수에 비례한 압력이 가해지는 구조이며, 음성 신호를 전기 신호로 바꾸어 주는 장치이다.

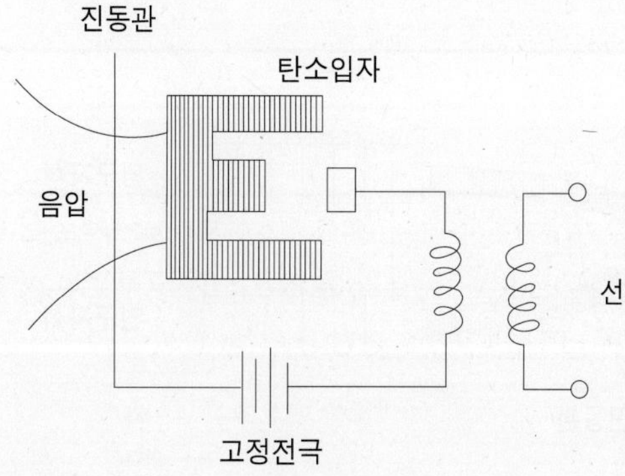

그림 4.1 송화기의 원리

3) 송화기의 특성

송화기의 감도(S)는

$$S = 20\log_{10}\frac{\sqrt{W}}{P_f}[dB] \text{ 또는 } S = 20\log_{10}\frac{e}{P\sqrt{R_T}} \text{ 이다.}$$

단, P_f는 자유음장의 음압[μbar], W는 송화기 저항의 전력, R_T는 동저항 [Ω], e는 송화기 유기전압이다.

(2) 수화기

수화기(receiver)는 가입자선으로부터 수신한 음성전류에서 음성정보를 재생한다. 요즘의 수화기에는 송화기의 반대 원리로 음파를 발생하는 압전형 수화기가 이용되고 있다. 또 송화기와 수화기는 함께 핸드 세트(hand set, 송수화기)로 조립되어 있다.

1) 수화기의 종류

전화기에 사용되는 수화기는 진동판의 재질에 따라 두가지로 구분할 수 있는 데, 하나는 진동판을 자성체로 하는 전자형 수화기이고, 다른 하나는 진동판을 비자성체로 하는 로킹 아마추어(rocking armature)형 수화기이다.

2) 수화기의 원리

송화기에서 보내 온 신호 전류에 의해 전자석의 자력이 변화하기 때문에 이 변화되는 자력에 의해서 수화기의 진동판이 진동하여 음파를 재생시키며 전기 신호를 음성 신호로 바꾸어 주는 장치이다.

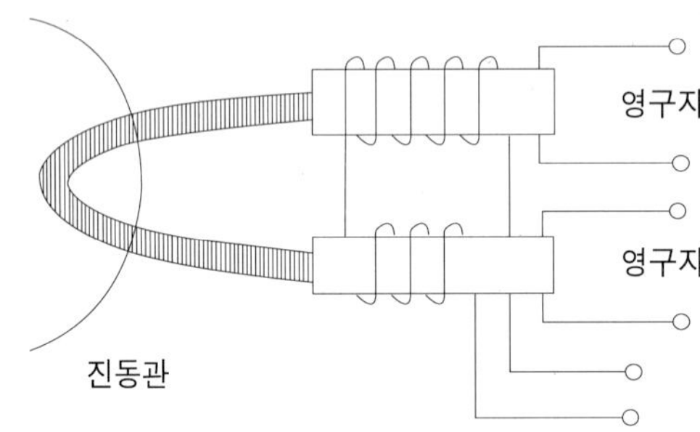

그림 4.2 수화기의 원리

3) 수화기의 특성

수화기의 감도(S)는 $S = 20\log_{10}\left|\frac{P}{\sqrt{W}}\right|[dB]$ 또는 $S = 20\log_{10}\left|\frac{e}{P\sqrt{Z_R}}\right|[dB]$이다.

단, P는 수화기내의 음압[μbar], W는 피상전력, Z_R은 내부 임피던스, e 는 단자전압이다.

(3) 후크 스위치(hook switch)

1) 후크 스위치의 원리

핸드 세트를 들면 가입자선이 닫혀서 통화전류가 흐르고, 이용자의 발호를 교환기에게 알린다. 또, 이 통화전류에 의해서 전화기의 회로가 동작한다. 핸드 세트를 드는 것을 오프 후크(off hook), 핸드 세트를 놓는 것을 온 후크(on hook)라고 한다.

2) 후크 스위치의 기능

후크 스위치는 일종의 개폐 스위치로 평상시는 HS접점을 개방하여 신호회로를 구성한다. 송수화기를 들면 복귀용 스프링에 의하여 접점으로부터 절연된 플런저가 떨어져서 HS 접점이 접속되어 자석식과 공전식에서는 교환수를 접속하여 통화회로를 구성하고, 자동식에서는 다이얼 톤(dial tone)회로를 구성함과 동시에 교환국과 루프(loop)회로를 구성한다. 따라서 후크 스위치는 통화회로와 신호회로의 전환 스위치 또는 자동식 교환국 전원 공급회로의 루프 회로 개폐 스위치 역할을 한다.

(4) 다이얼(Dial)

전화의 상대방 번호(선택신호)를 발생하는 기구로, 다이얼 신호에는 DP (dial pulse) 신호 와 PB (push button) 신호가 있다.

1) DP 신호

회전식의 다이얼 번호를 돌림으로써 다이얼 접점에 의해 교환기로부터 공급되는 직류 전류를 온/오프시켜 번호를 펄스로써 교환기에 알린다. 다이얼 펄스의 속도에는 10 PPS(Pulse Per Second)와 20 PPS의 두 종류가 있다. 다이얼 펄스의 발생 방법에는 회전 다이얼을 손가락으로 직접 돌리는 것과 이용자가 누른 다이얼 버튼의 숫자를 전화회로 속의 다이얼 펄스 IC에 기억시키고, 그 후 이 숫자에 대응한 수만큼 스위치를 개폐하여 다이얼 펄스를 발생시키는 아웃 펄스 다이얼(OPD) 방식이 있다. 최근에는 조작성이 좋고 20 PPS로 다이얼할 수 있는 OPD방식이 전화기의 주류를 이룬다.

2) PB 신호

푸시 버튼 신호에 의한 다이얼에서는 아래그림과 같이 네개의 고군 주파수와 네개의 저군 주파수를 할당하고, 각 군으로부터 하나씩 주파수를 선택하여 다이얼 숫자에 대응시킨다. 이와 같이 두 개의 주파수를 사용하므로써 전화기의 다이얼 신호가 잡음 때문에 교환기에서 잘못하여 수신되는 것을 방지한다. 이 신호방식을 4X4 신호방식이라고도 한다. PB 신호에는 다음과 같은 특징이 있다.

① 다이얼 조작이 간단하고, 다이얼링의 오류발생확률이 적으며 다이얼 시간이 짧다.
② PB 신호는 음성과 같은 주파수 대역으로 할당되어 있으므로, 컴퓨터에의 통신에 이용하여 좌석 예약이나 외부의 PB 전화기로부터 가정내의 기기를 원격제어(remote control)등을 실현할 수 있다.

③ *나 # 등의 기능 버튼은 단축 다이얼 등의 특수 서비스에 이용할 수 있다.

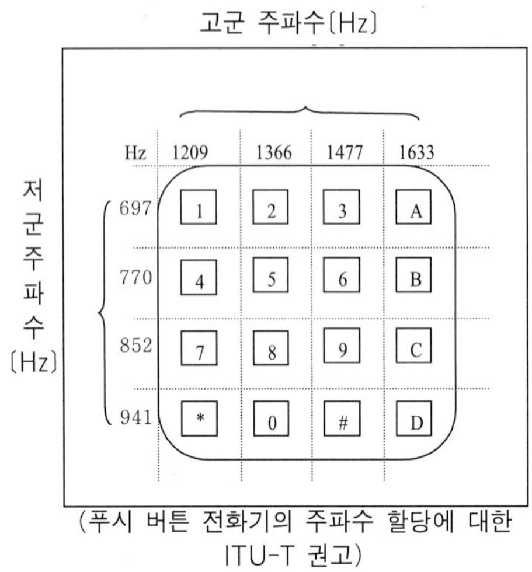

그림 4.3 PB 전화기의 주파수

(5) 벨 (Bell)

옛날의 전화기에서는 교환기로부터 보내오는 16 HZ의 호출음으로 전령(종, bell)을 울렸지만 요즘에는 호출음으로 발진회로를 동작시키고, 그 가청신호를 스피커로 울리게 하는 방법이 사용된다. 이것을 톤 링거(tone ringer) 방식이라고 한다.

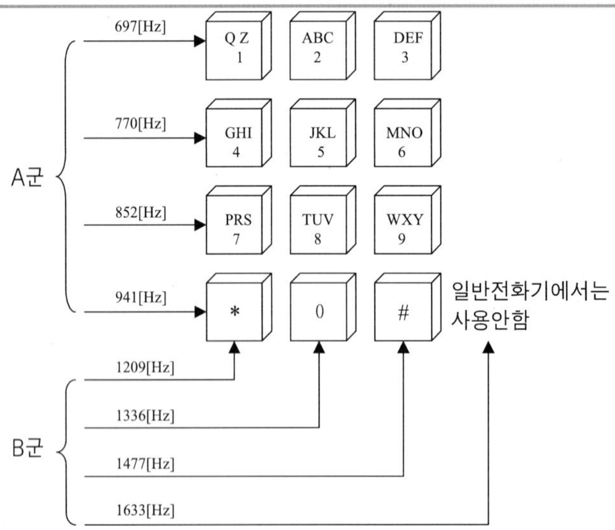

그림 4.4 톤 링거의 주파수

4.1.3 전화기의 종류

(1) 다기능 전화기 (stand alone)

지금까지의 전화기에 마이크로프로세서와 액정 디스플레이, 스피커 등을 조합시켜 원터치 다이얼, 단축 다이얼, 재다이얼, 온 후크 다이얼, 스피커 수신 멜로디음, 표시기능(시각, 발신번호, 통화시간) 등과 같은 기능을 갖추고 있다.

(2) 버튼 전화기

버튼 전화기에는 다이얼과는 다른 버튼이 붙어 있어 여러 가입자선을 많은 전화기로 공용 할 수 있다. 전화기와 이것을 제어하는 버튼 전화의 주장치로 구성되어 있고, 전화기의 버튼에 붙은 램프로 가입자선의 사용상태를 표시한다. 한 줄의 가입자선에 착호가 있으면 주장치는 램프 점등과 호출음으로 모든 전화기에 알린다. 보류 버튼을 누르면 다른 전화기의 램프가 점등되고, 다른 전화기로부터 그 번호의 버튼을 누르면 전화가 전송되어 통화할 수 있다. 또 램프가 점등되지 않은 버튼을 누르면 교환기에 접속되어 다이얼 발신을 할 수 있다.

(3) 무선(cordless) 전화기

전화기 본체와 송수화기의 사이를 코드 대신에 100mW 정도의 소전력 무선으로 연결하여 실내 등의 제한된 범위(전파의 도달거리는 반경 100m 정도)에서 다이얼부를 들고 다니면서 통화를 할 수 있는 전화기이다.

(4) 모뎀 내장 전화기

다기능 전화와 데이터 전송 기능을 복합한 것으로써 전화기, 모뎀 및 망제어 장치(NCU)의 기능을 갖춘 것이다. 모뎀 내장 전화기에 퍼스널 컴퓨터 등의 단말을 접속하여 다이얼함으로써 가정이나 사무실에서 전화회선을 경유하여 먼 곳의 컴퓨터나 단말과도 손쉽게 통신할 수 있다.

4.2 교환기

4.2.1 교환기의 개요

교환기(switching system 또는 exchange)란 임의의 입력선과 임의의 출력선을 접속하고, 입력선의 정보를 출력선으로 교환(switching)하는 장치이다. 즉, "단말이 지시에 따라 지정된 상대단말과 접속하여 양자간의 통신을 가능하게 함과 동시에, 통신이 끝나면 접속을 해방시켜 단말을 다음 통신에 이용 가능하게 한다"는 것이다.

교환기를 사용하는 효과를 다음 그림을 통하여 설명한다.

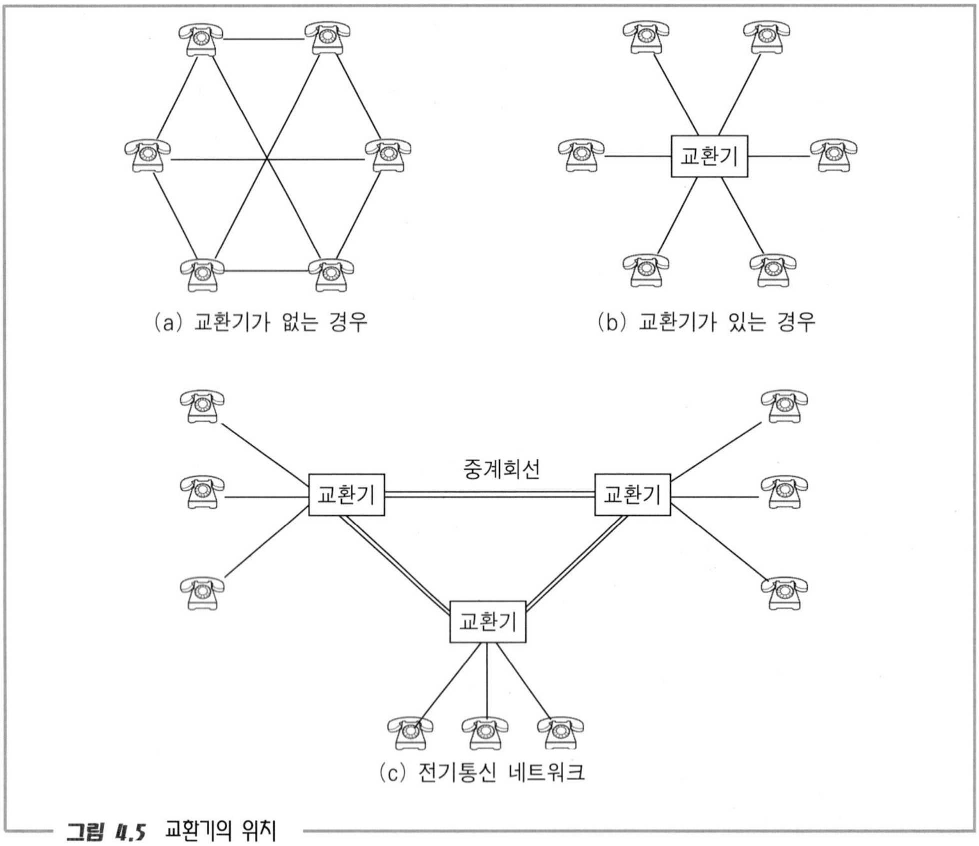

그림 4.5 교환기의 위치

그림 (a)에 나타난 것처럼 n대의 전화기 서로를 임의로 접속가능 하게 하는 방법으로는 각 단말기를 메쉬(mesh)상의 전송로로 연결하는 방법이 있다. 그러나 이 방법으로는 n(n-1)/2개의 전송로가 필요하고, n이 커지면 전송로의 수는 기하급수적으로 증대한다.

또, n대의 단말 전부가 각각 두 사람 사이에 동시에 통신을 하고 있다고 해도, 사용되는 전송로는 최대 n/2개로 대부분의 전송로는 쉬고 있어 상당히 비경제적인 구조가 된다. 또한 메쉬(mesh)의 경우 각 단말에서 n-1개의 전송로를 새로 바꾸는 기능을 가질 필요가 있고, 단말의 구성이 복잡하게 됨과 동시에 단말이 추가되면 전 단말에서 교환기능을 추가할 필요가 있다.

따라서 그림 (b)에서처럼 각 단말을 한 개의 전송로로 교환장치에 수용하여, 필요에 따라 이 교환장치에서 전송로를 바꾸어 임의의 단말을 접속하는 방법으로 전송로를 n개로 대폭 절약 할 수 있다. 또한 단말의 구성이 간단하게 될 수 있고, 동시에 단말의 추가에 따른 기능 변경도 교환장치로만 국한할 수 있게 된다.

그러나 오늘날 일반적인 단말간 통신은 그림 (c)와 같이 교환기와 중계회선으로 구성된 전기통신 네트워크상에서 이루어진다.

(1) 교환방식의 분류

1) 회선교환(line/circuit switching system)

입출력측에 물리적인 단자 혹은 회선 등이 설치되어 있어서 양자간 정보전달을 위해 물리적 접속경로를 설정하여 교환하는 방식이다. 이 방식은 접속경로를 일단 설정하면 입출력 상호간 자유로운 통신을 할 수 있으므로 통과하는 정보의 형식 등에 대한 제약이 적고 정보의 투과성이 높다. 따라서 실시간에서의 전달이 필요한 아날로그형 즉시정보의 교환에 알맞다. 그리고 통신로가 한 번 설정되면 통신중의 교환제어는 불필요하고 통신 경로를 그대로 유지한다. 보통의 전화교환기가 이러한 형식이다.

2) 메시지 교환(message switching)

메시지교환 방식과 패킷교환방식을 축적교환(store switching system, store and forward switching) 방식이라고 하며, 이것은 입출력 상호간에 직접적인 경로를 만들지 않고 교환점에 있는 축적회로를 경유시키면서 순차 중계루트를 골라 정보를 전송하고, 간접적으로 입출력측을 접속하는 방식이다. 이 방식은 전송하는 정보형식에 교환기가 직접 관여하기 때문에 정보의 형식에 제약이 있고 정보의 투과성은 낮아진다. 이 방식에서는 정보전달에 지연이 생기기 때문에 즉시성은 떨어지지만 전송정보의 오류제어, 재

송신 등의 전송제어가 가능하게 되는 동시에, 축적기능에 의한 동보통신 등의 교환 응용기능이 가능하게 되며 출력회선의 사용능률이 높아지게 된다.

축적교환 방식의 기본적인 방식은 메시지교환 방식으로 송신측에서 전송하고자 하는 정보(신호)를 그대로 수신측에 전달하는 방식이다. 따라서 메시지 교환은 전체정보를 그대로 전송함으로 정보의 송수신 시간동안 하나의 채널을 전용하게 되고, 저장 후 전송에 시간이 많이 소요되므로 전송지연이 커지게 된다.

3) 패킷교환(packet switching)

메시지교환 방식의 단점을 보완하기 위해 등장한 것이 패킷교환 방식으로 정보를 일정한 크기로 분할하여 전송하는 방식이다. 일정한 크기의 정보를 패킷(packet)이라고 하며, 정보를 정확하게 전달하기 위하여 패킷에는 송수신측의 주소와 패킷의 길이 등 제어정보가 부가된다. 패킷의 크기는 교환기내 메모리의 사용효율, 교환기의 처리능력(throughput), 망내 지연시간 등을 고려하여 결정되며, ITU-T에서 결정한 국제표준은 128바이트이다.

패킷교환 방식은 또 회선을 어떻게 이용하는가에 따라 가상회선(virtual circuit) 방식과 데이터그램(datagram) 방식으로 나누어진다. 가상회선 방식은 회선교환 방식과 마찬가지로 송수신측에서 정보송신을 요구할 때, 하나의 통신로를 송수신측에 설정하여 통신이 완료될 때까지 설정된 동일경로를 이용하는 방식이다. 데이터그램 방식은 패킷마다 통신경로를 설정해 주는 방식으로 패킷마다 서로 다른 경로를 통하여 전달된다.

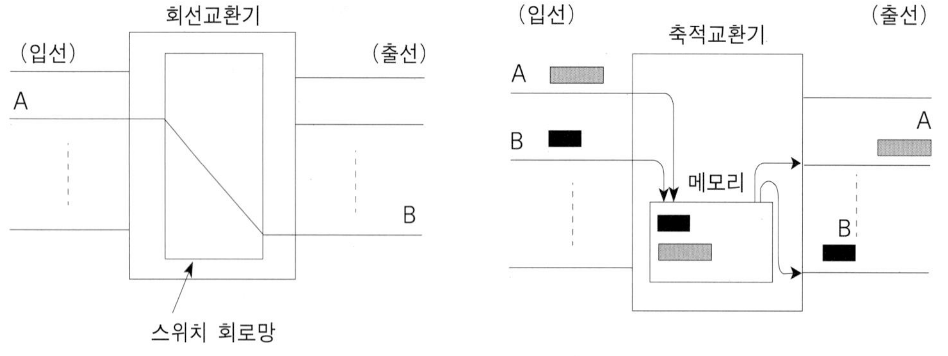

(a) 회선교환 (b) 메시지 교환

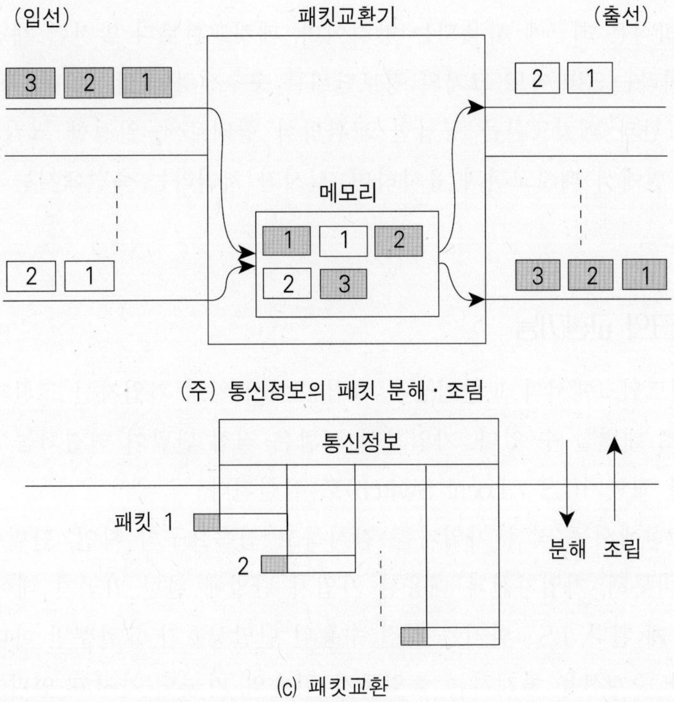

(c) 패킷교환

그림 4.6 교환 방식

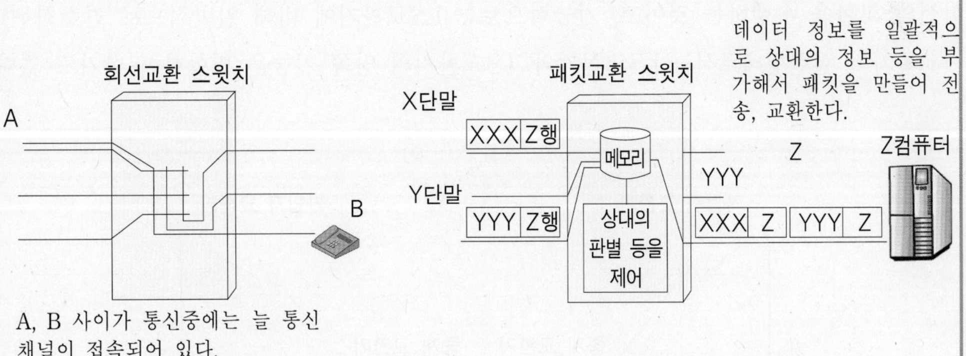

(a) 회선교환 방식
- 회선단위로 교환한다.
- 회선을 점유하고 통신 (호의 접속에서 절단까지)
- 64kb/s 회선이 기본 단위

(b) 패킷교환 방식
- 통신정보를 패킷단위로 교환
- 패킷을 일단 교환기 메모리에 축적한 후 착신측에 전송
- 데이타통신에 적합하다.

그림 4.7 회선교환 방식과 패킷교환 방식

4) ATM 교환방식

ATM 교환방식은 최근에 사용되는 방식이며, 패킷교환보다 발전된 개념으로 패킷 대신에 셀(cell)이라는 53바이트 크기의 정보단위를 송수신하는 방식이다. 특히 ATM 교환방식은 회선교환과 패킷교환을 통합한 교환방식 형태로써, 일정한 크기의 정보단위를 전송한다는 측면에서 패킷교환과 유사하며, 실시간 처리라는 측면에서는 회선교환 방식과 동일하다.

(2) 네트워크의 교환기능

전기통신 네트워크에서의 교환기능은 그림4.8에서 처럼 가입자선 교환과 중계선 교환의 두 기능으로 대별할 수 있다. 가입자선 교환은 직접 단말이 연결되는 가입자선을 수용하는 가입자 교환기(LS ; Local Switch)로 실현된다.

가입자선 교환에서는 직접 가입자를 감시하고 접속요구의 확인, 단말에서의 다이얼 신호 수신을 비롯해, 가입자선과 대응된 가입자 단말에 관한 가입자 데이터 보류 등의 기능이 필요하게 된다. LS교환기는 직접 수용된 단말상호간 교환뿐만 아니고 타국 수용 가입자에 대한 중계선을 중개하는 출입국간 접속의 기능도 가지고 있다.

전기통신 네트워크의 규모가 커지면 LS교환기도 다수 설치되며 이에 대응하여 국간을 연결하는 중계선의 수도 증대된다. 그러므로 중계선의 교환을 전문으로 취급하는 중계교환이 또한 필요하게 된다. 중계교환기(TS ; Transit Switch)는 입력중계회선과 출력중계회선의 교환을 수행하는 것이고, 기능적으로는 LS교환기에 비해 일반적으로 간소화된다.

교환기의 실현형태로서는 LS교환기와 TS교환기의 양쪽 기능을 병합한 교환기도 있다.

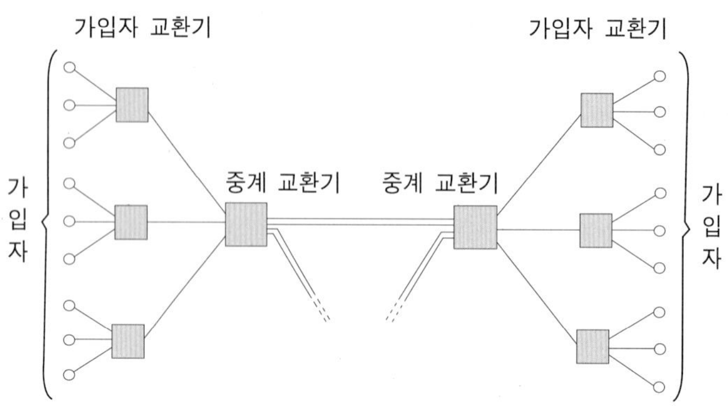

그림 4.8 가입자 교환기와 중계교환기

4.2.2 교환기의 기본기능

모든 교환기는 다음과 같은 기본기능을 갖는다.

(1) 발호 검출

가입자가 전화기의 송수화기를 들면 교환기가 이를 검출한다.

(2) 발신 접속

전화를 건 사람 즉, 발호자에게 신호(dial tone)를 보내서 교환기가 다이얼 수신 준비 상태라는 것을 알린다. 또한 이중접속 방지를 위해 입선을 폐쇄시킨다.

(3) 다이얼 수신

전화기에서 보내온 다이얼의 숫자를 수신한다.

(4) 숫자 번역

수신한 숫자에 따라 다음의 동작을 결정한다. 예를 들면 같은 교환기에 수용되어 있는 전화기에의 접속, 다른 교환기에의 접속, 특별 서비스 접속, 사용하지 않는 전화번호의 수신 등 수신 전화번호에 따라 다음에 동작할 내용이 달라진다.

(5) 호출 접속

동작이 결정되면 많은 교환 스위치에서 구성되는 통화로중에서 경로의 선택과 예약을 한다. 이 때 선택하고자 하는 경로가 사용중이거나 상대가 통화중인 경우에는 통화중 신호를 발호자에게 보낸다.

상대방과 연결이 가능하면 상대방 즉, 피호자에게는 호출신호(ringing signal)를 보내고 발호자에게는 호출음(ring back tone)을 보낸다.

(6) 응답 검출

상대가 송수화기를 들어서 응답하면 이것을 검출한다.

(7) 응답 접속

응답을 검출하고 양자간의 통화로를 접속하면 통화가 개시된다.

(8) 절단 검출

통화가 끝나고 한사람이 송수화기를 놓으면 이것을 검출한다. 이것을 절단검출 혹은 종화검출이라고 한다.

(9) 종화

절단을 검출하면 상호 접속로를 개방하고 통신을 종료시킨다. 만일 한쪽의 전화기가 송수화기를 내리지 않으면 통화중 신호를 보내고 (8), (9)의 동작을 반복한다.

(10) 과금

호출자에게 요금을 부과하기 위하여 통화횟수와 통화시간 및 거리 등 필요한 항목을 기록한다. 사설교환기는 대개 이 기능을 가지지 않는다.

4.2.3 트래픽 기술

(1) 호(call)

통신시설의 이용자가 정보의 교환을 위하여 시설을 점유하는 것, 즉 전화회선을 사용하는 것을 "호"라고 하며, 통신시설의 효율과 호의 이용도 등을 연구하는 것을 트래픽(traffic) 이론이라고 한다. 호는 다음과 같은 기본성질을 가지고 있다.

1) 호의 우연성 : 호는 이용자의 요구에 따라 예측할 수 없이 우연적으로 발생된다.
2) 호의 규칙성 : 호는 충분히 긴 시간을 두고 관찰하면 이용자의 습성 및 사회적 환경에 의하여 일정하게 반복된다.

(2) 최번시(busy hour)

하루중 호가 가장 많이 발생하는 1시간을 최번시라고 하며, 시내전화의 경우 보통 오전 9시에서 11시 사이가 된다. 또한 최번시의 호수와 1일 총 호수와의 비율을 최번시 집중률(busy hour ratio)이라 하며 다음 식으로 나타낸다.

$$\text{최번시 집중률} = \frac{\text{최번시 호수}}{\text{1일 총 호수}} \times 100[\%]$$

일반적으로 시내통화의 경우 최번시 집중률은 12~15 [%] 정도이다.

(3) 트래픽량

트래픽량(traffic volume)이란 어떤 시간상의 원점으로부터 일정한 시간내에서 호가 시설을 점유하는 총 연장시간을 말한다. 또한 단위시간내의 트래픽량을 "트래픽 밀도(traffic intensity)" 또는 "호량"이라고 한다.

트래픽량은 다음과 같이 나타낸다.

$$\text{트래픽량} = \frac{\text{운반호수} \times \text{평균보류시간(sec)}}{3600\text{(sec)}} \text{ [Erl]}$$

여기서,

$$\text{평균보류시간} = \frac{\text{발생한 호의총보류시간}}{\text{발생한 총호수(완료호수} + \text{불완료호수)}}$$

가 되며, 관련용어로서

$$\text{종합보류시간} = \frac{\text{완료호의 보류시간} + \text{불완료호의 보류시간}}{\text{발생한 완료호수}}$$

이 된다.

(4) 트래픽의 단위

트래픽의 단위로서는 얼랑(Erlang ; Erl)과 100초호(Hundred Call Second ; HCS)가 있다.

1) 얼랑 : 트래픽 유니트(Traffic unit ; TU)라고도 하며, 1얼랑은 호가 1시간동안 계속해서 1회선을 보류하였을 때의 트래픽량이다.
2) 100초호 : 보류시간을 초로 나타내는 실용단위로서 1회선을 100초간 보류하는 트래픽량이다.
3) 트래픽 단위의 관계는 다음과 같다.

   1 Erl = 1 TU

   1 HCS = 1 CCS(Cent Call Second) = 1 UC(Unit Call)

   1 Erl = 36 HCS

   1 HCS = 1/36 Erl

4.2.4 신호 방식

(1) 신호방식의 개요

신호방식(signaling)에 대해서, 우리가 가장 친숙한 전화통화 서비스를 예를 들어 설명하면 다음과 같은 순서로 전개된다.

1) 전화기의 송수화기를 들면 직류 루프의 구성에 따라 교환기에서는 발호요구가 감지되고 이에 응답을 하게 된다. 다이얼(직류 루프의 단속 혹은 누름버튼 신호)에 따라 접속을 원하는 상대 번호가 전달된다. 또한 송수화기를 놓음(직류 루프의 개방)에 따라 절단과 대화의 끝이 표시된다.
2) 교환기에서 전화기로 귀로 식별이 가능한 주파수의 교류(가청음)를 송출하여 다이얼 가능, 호출중 혹은 통화중 등을 발호측에 알려주고, 피호측에는 저주파 교류를 송출하여 전화기 벨을 울려준다.
3) 발착 양전화기가 서로 다른 교환기에 수용되어 있는 경우에는 기동, 응답, 다이얼 신호 등을 교환기 서로에게 전달하여 필요한 교환동작을 재촉한다.

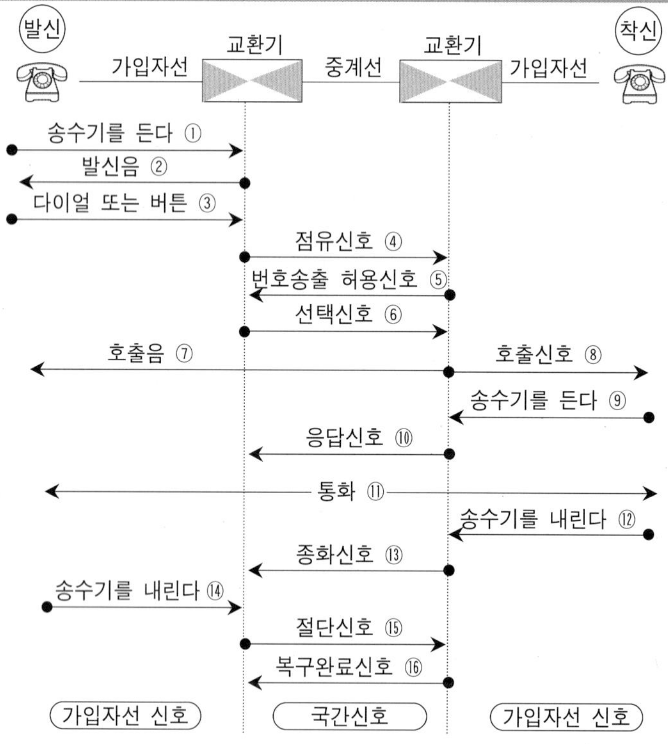

그림 4.9 통화를 위한 기본신호의 흐름

신호의 종류는 크게 전화기와 교환기 사이의 가입자선 신호(subscriber line signal)와 교환기 상호간에 적용되는 국간신호(office-to-office signal)로 구분할 수 있다. 국간 신호는 다시 선택신호(Selective signal) 또는 레지스터 신호(register signal)와 감시신호(supervisory signal) 또는 라인신호(line signal)로 구분할 수 있다.

또한 신호통로상의 분류로는 개별선 신호방식(individual line signaling) 혹은 통화로 신호 방식(channel associated signalling)과 공통선 신호방식(CCS ; Common Channel Signaling)으로 구분된다.

(2) 신호 방식의 발전

신호 방식은 전화교환기술의 기본적인 기술이고 전화 네트워크의 발전에 대응해서 개량과 진보가 이루어졌지만 국제전화교환의 실현을 위한 상호접속을 확보할 필요성에서 국제적인 표준화가 필요하게 되었다.

그 최초의 소산이 1934년에 표준화된 No.1 신호방식이다. 이것은 당시의 기술수준에 입각해서 교환원이 개재하여 교환을 돕는 수동교환방식에 대응하는 것이었다.

그 이후 다이얼 펄스를 사용하는 자동교환에 대응하는 No.2 방식, 음성대역 내의 1주파를 사용해서 신호를 송수하는 No.3 방식, 2주파를 사용해서 신호를 송수하는 No.4 방식으로 발전했다. 또한 6개의 주파수중 2개를 조합하여 각종 신호로 사용하는 다주파 방식인 No.5 방식이 개발되어 현재까지도 실용되고 있으며, No.1, 2, 3 신호방식은 폐쇄되었다.

이 후 CCITT(현 ITU-T)에서 신호기능의 고도화를 목표로 각 통신회선에 대응하는 신호를 묶어서 별도의 신호전송로에 공통화시킨 공통선 신호방식이 연구되어 No.6 신호방식으로 1968년에 표준화되었다. 공통선 신호방식은 통신회선과 신호회선을 분리시켜서 신호전송의 고속화, 통신중의 신호전송 등 종래의 개별선 신호방식에 비해 고도의 기능을 실현 할 수 있는 특징을 가진다. No.6 공통선 신호방식은 28비트 고정길이의 신호유니트를 채용하고 신호속도는 2,400bps로 아날로그 전화용으로서 국내 및 국제간에도 사용되고 있다.

No.7 신호방식은 디지털 네트워크용 공통선 신호방식으로 연구되어 1980년에 표준화된 것으로 가변길이의 신호유니트 채용, 64kbps 속도, 신호기능의 확장성 등의 특징을 가진다. 이것은 ISDN의 국간 신호방식용이며, ISDN 가입자선 신호방식으로 개발된 DSS-1과 인터페이스 된다.

(3) ITU-T 권고 표준신호방식

ITU-T에서 권고하는 표준 신호방식은 다음과 같다.

1) ITU-T No.1 신호방식

ITU-T의 전신인 CCIF에서 제정하여 1934년 표준화된 국제 수동회선용 신호방식으로 ring down 방식이라고 한다. 정현파의 500Hz를 20Hz로 변조한 신호를 사용하였으며, 현재는 사용하지 않는다.

2) ITU-T No.2 신호방식

CCIF에서 제정하여 1938년에 표준화되었으며, 600Hz와 750Hz의 신호를 사용하여 수동 발신의 직통회선으로 사용하였다. 현재는 사용하지 않는다.

3) ITU-T No.3 신호방식

역시 CCIF에서 제정하였으며 1954년에 표준화되었고 1VF(One Voice Frequency) 방식이라고도 한다. 감시신호, 선택신호 대역내 2280Hz를 사용한 2진 부호형태의 신호방식이며, No.2 방식의 단점을 보완하여 반자동 및 전자동 방식의 단방향 회선에 사용하였다. 현재는 사용하지 않는다.

4) ITU-T No.4 신호방식

1954년에 표준화되었으며 2VF(two Voice Frequency) 또는 국제회선용 신호방식이라고 한다. 대역내 주파수인 2040Hz와 2400Hz를 사용하는 2진 부호방식으로 반자동 방식 및 전자동 방식의 한 방향 회선으로서 직통회선이나 중계회선에 사용하는 신호방식이다. 해저케이블이나 마이크로 회선에 사용된다.

라인신호는 두 주파수의 조합과 길이에 의해 정보를 표시하며, 순방향 신호 4개, 역방향 신호 7개이다. 레지스터 신호는 2040=X, 2400=Y로 하여 이들을 각각 2진 부호인 1과 0에 대응시켜 4bit 부호화하는 방식으로 16개의 신호를 갖는다.

5) ITU-T No.5 신호방식

ITU-T(구 CCITT)에서 1964년에 표준화한 신호방식으로 최초의 국제간 MFC(Multi-Frequency Code) 방식이다. No.5 신호방식은 대륙간의 장거리 국제회선에 적용되는 표준신호 방식으로 반자동 및 전자동 방식의 양방향 회선에 사용되고 있다.

감시회로와 레지스터 신호를 분리하였으며, 감시회로는 음성대역내의 1 또는 2주파

(2400 및 2600Hz)를 이용한 링크 바이링크(link-by-link) 방식이다.

레지스터 신호는 700, 900, 1100, 1300, 1500, 1700 Hz의 6개 주파수를 2 out of 6 방식으로 15개를 조합한다.

6) ITU-T R1 신호방식

1968년에 표준화되었으며 북미에서 사용중인 국내신호방식이다. 레지스터 신호의 주파수는 No.5와 동일하며 15개의 신호를 갖고 양방향 트래픽(both way traffic) 및 터미널 트래픽에 적합하며 전환트래픽(transit traffic)용으로 가능하다. 감시신호는 2600Hz의 대역내신호를 사용하고 선택신호는 다주파수 신호를 전진방향으로 사용하는 방식이다.

7) ITU-T R2 신호방식

1968년 유럽의 표준신호방식으로 사용중인 것을 ITU-T에서 표준화하였으며, MFC Bern 신호방식이라고도 한다. 레지스터 신호에는 콤펠드(compelled) 방식을 채택하여 신뢰도가 높아 최근에는 국내망에도 도입하는 국가가 있다.

선택신호는 순방향 주파수 6개와 역방향 주파수 6개를 조합하여 만들어지는 15개의 순방향 신호(forward signal)와 15개의 역방향 신호(backward signal)로 구성되며, 이것을 다시 그룹 Ⅰ,Ⅱ 및 그룹 A, B로 하여 각각 30개씩 도합 60개의 신호를 만들 수 있다.

8) ITU-T No.6 신호방식

1968년 표준화된 공통선 신호방식이다. 현재 국제간에 사용하고 있으며, SPC 방식의 교환기 도입과 더불어 사용되고 있다.

이 방식은 양방향 트래픽(both way traffic)에 적합하고 전환 트래픽(transit traffic)에도 사용되고 있으며, R2 신호방식보다 신호용량이 많은 방식이다. 최초로 미국-일본-호주간 국제회선에 사용되었다.

9) ITU-T No.7 신호방식

1980년에 표준화되었으며 새로운 통신망을 위해 고안된 신호방식이다. 이 방식은 전화, 데이터 통신망, ISDN에서 사용할 수 있는 유일한 신호방식이다. 지역내, 국내, 국제망에 모두 적용될 수 있고, 64kbps의 신호전달 속도를 갖는 디지털 채널에 최적이지만 아날로그 채널과 같은 낮은 속도에서도 사용 가능한 신호방식이다.

(4) 공통선 신호방식

다이얼 펄스 신호방식이나 다주파 신호방식과 같이 가입자선, 국간 모두 개개의 통화회선을 통해서 송·수신되는 신호방식을 개별선 신호방식이라고 한다. 이에 비해 통화회선과 별도로 신호전용 회선을 두어서 복수의 통화회선을 위한 신호를 하나의 신호회선으로 운반하는 것이 공통선 신호방식이다.

국간에 있어서 개별선 신호방식과 공통선 신호방식은 다음 그림과 같다.

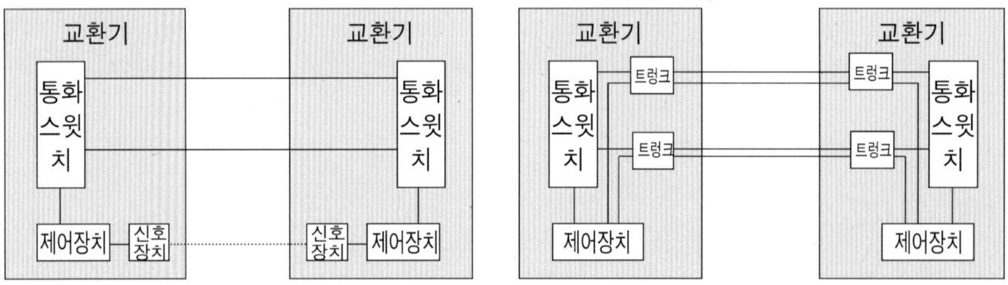

(a) 개별선 신호방식(MF 신호방식) (b) 공통선 신호방식(No.7 신호방식)

그림 4.10 개별선 신호방식과 공통선 신호방식(국간)

공통선 신호방식은 축적 프로그램식 전자교환기의 도입에 의해 가능해진 신호방식으로 신호는 통화회선과는 별도의 전용신호회선을 통해 송·수신된다. 여기에서 디지털 가입자선 신호방식은 통화회선과 신호회선이 반드시 별도의 물리적 선으로 분리될 필요는 없지만, 하나의 회선상에 존재하는 복수의 통신채널(B채널이라고 한다)을 1개의 신호채널(D채널)로 제어한다는 의미에서 공통선 신호방식이라고 한다.

공통선 신호방식에 있어서 신호는 패킷형식의 디지털 비트열로 정의되고 전송속도가 고속이며 다음과 같은 특징이 있다.

1) 고속의 비트 열에 의한 패킷 형식의 전송방식을 채용하고 있으므로 비트의 조합에 의해 신호의 종류를 풍부하게 취할 수 있다. 그러므로 종래의 선택신호와 감시 신호외에 부가 서비스용 신호를 확보할 수 있다.
2) 고속 데이터 링크를 사용하여 선택신호를 일괄해서 송·수신하기 때문에 개별선 신호에 비해 호접속 시간을 대폭 단축할 수 있다.
3) 통화회선(채널)과 신호회선(채널)을 분리하고 있기 때문에 통화중에도 순방향/역방향 신호전송을 할 수 있다.

4) 신호회선(채널)을 통화의 제어정보뿐만 아니라 네트워크 내의 보수센터와 데이터 베이스 등과 같은 정보 수수에도 사용할 수 있다.
5) 통화회선은 신호기능을 갖지 않기 때문에 통화회선의 쌍방향 운용이 용이하게 되고 회선사용 능률의 향상을 꾀할 수 있다.
6) 개별선 신호방식과 비교해서 보다 다양한 통신서비스를 실현할 수 있다.

공통선 신호방식에 대한 각 신호방식의 기능과 성능을 다음 그림에 비교하였다.

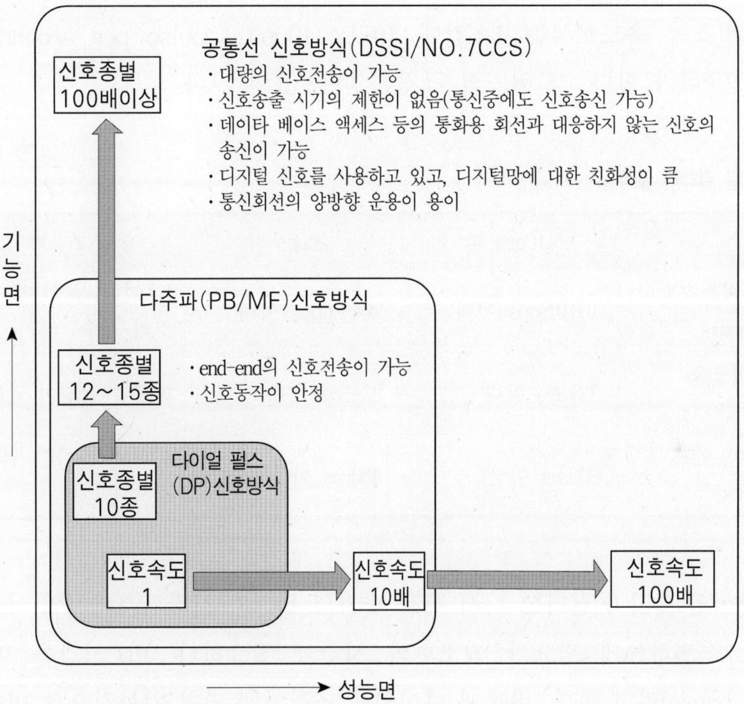

그림 4.11 각종 신호방식의 기능/성능의 비교

(5) 가입자선 신호방식

가입자 전화기와 교환기 사이의 신호중 교환기에서 전화기로 보내는 신호로는, 발신가입자에게 보내는 발신음(dial tone), 호출음(ringback tone), 폭주신호 또는 화중음(busy/congestion tone), 송수화기 방치신호(howling tone), 결번음(NU tone ; Number Unobtainable tone) 등이 있으며, 착신가입자에게 보내는 신호는 전화기의 벨을 울리는 기능을 하는 AC 50~100V, 15~25Hz의 호출신호(ringing signal)가 있다.

전화기에서 교환기로 보내는 신호는, 호 발생 및 절단을 표시하는 hook on/off 신호와 숫자정보 전달을 위한 다이얼(dial) 또는 푸시버튼(push button) 신호가 있다.

1) 회전형 다이얼 방식

회전형 다이얼(DP ; Dial Pulse) 신호방식은 전화기의 회전형 다이얼을 돌리면 가입자선의 직류전류가 단속되어 다이얼 펄스로 교환기에 전해진다. 이 펄스의 수는 다이얼 숫자와 일치하며, 예를 들어 "1"을 다이얼하면 1개의 펄스신호가 전송되고 "2"를 다이얼하면 2개의 펄스가 전송된다.

다이얼 펄스의 속도로서는 1초간에 10펄스(10pps : pulse per second)와 20펄스(20pps)의 2종류가 있다. 각 펄스의 규격은 다음 표와 같다.

표 4.1 다이얼 펄스의 규격

종류 \ 항목	10pps 식	20pps 식	비 고
다이얼 펄스속도 (pps)	10±0.8pps 이내	20±1.6pps 이내	1초간에 끊어지는 다이얼 펄스의 회수
메이크율 (%)	33±3% 이내	33±3% 이내	다이얼 접점이 닫혀있는 비율
미니멈 포즈 (ms)	600ms 이상	450ms 이상	인접한 다이얼 펄스열간의 최소시간

1개의 다이얼 숫자가 끝나고 나서 다음 숫자의 펄스가 시작되기까지의 사이에는 숫자의 단락을 식별하는데 필요한 최소한의 시간이 필요하다. 이 시간을 미니멈 포즈(minimum pause)라고 한다. 바르게 다이얼을 조작하게 되면 자동적으로 미니멈 포즈를 확보할 수 있도록 하는 기구가 다이얼 장치 내에 설치되어 있다.

2) 누름버튼 다이얼

누름버튼 다이얼(PB : Push Button dial) 신호방식은 다이얼 버튼 1개를 누르면 그 버튼에 할당된 특정한 2개의 주파수 신호를 발신하여 보낸다. 이 주파수는 아날로그 전화회선의 전송 주파수 대역안에 들어가 있고, 고군 주파수(3종류)와 저군 주파수(4종류)의 2군으로 구분되어 있다. 그리고 1개의 버튼을 누르면 고군 주파수 신호 1개와 저군 주파수 신호 1개의 합인 2개의 다른 주파수 신호를 발신한다.

표 4.2 다주파(PB) 신호의 규격

항목 / 시간	규 격	비 고
신호계속시간(ms)	50ms 이상	
미니멈 포즈(ms)	30ms 이상	근접하는 신호간 중지시간의 최소치
주기(ms)	120ms	신호 계속시간과 미니멈 포즈의 주기

표 4.3 ▸ 다주파 신호의 주파수 구성

고군 / 저군	1,209Hz	1,336Hz	1,477Hz
697Hz	1	2	3
700Hz	4	5	6
852Hz	7	8	9
941Hz	*	0	#

예를 들어 "1"의 버튼을 누르면 697Hz와 1,209Hz의 신호가 발신된다. 누름버튼 다이얼의 주파수는 전화기의 송화기에서 나오는 음성에 의한 오동작, 또는 낮은 쪽 주파수의 고주파 간섭에 의한 오동작이 최소가 되도록 정해져 있다.

누름버튼 다이얼을 사용할 때는 교환기측에는 PB 신호에 대응한 다주파 신호 수신기가 필요하다. 따라서 회전형 다이얼 전화기를 누름버튼 다이얼 전화기로 바꿀 때는 교환기측도 누름버튼 다이얼 신호를 수신할 수 있게 하지 않으면 접속할 수 없게 된다.

최근의 누름버튼 다이얼 부착 전화기에는 신호방식 교환 스위치가 부착되어 있어 PB, DP 어느쪽의 신호방식에도 대응할 수 있도록 되어 있는 것이 많다. 이것은 DP용의 가입자선으로 사용하는 경우 전화기 안의 메모리가 눌러진 버튼의 숫자를 기억하여 다이얼 펄스로 변환하여 송출하고 있는 것이다.

3) 디지털 가입자선 신호방식

아날로그 가입자선 신호방식과 디지털 가입자선 신호방식의 차이는 다음 그림과 같다. 아날로그 가입자선 신호는 아날로그 직접 신호인 것에 비해 디지털 가입자선 신호는 D채널상에서 메시지의 형태로 전송된다.

아날로그 가입자선 신호방식에 있어서 직류신호와 음성주파수대역의 신호주파를 사용하기 위한 디지털 교환기측의 신호 송·수신기는 간단한 회로로 구성할 수 있다. 또 신호방식의 종류로는 개별선 신호방식에 속한다.

디지털 가입자선 신호방식 DSS-1(Digital Subscriber Signalling System-1)은 회선교환을 위한 D채널상의 레이어 2와 레이어 3의 프로토콜 기능을 실현하고 있다. 이 프로토콜은 LAPD(Link Access Procedure on the D-channel)라고 불리는 것이다. LAPD는 패킷교환을 위해 표준화되고 또 ISDN B채널의 정보전송 프로토콜로서 적용되고 있는 LAPB (Link Access Procedure Balanced) 수순을 개량한 것이다. 개량의 주 요점은 하나의 D채널상에서 접속되는 최대 8대의 단말에 대응하는 신호를 개별적으로 송·수신하는 것과 패킷교환에 대응할 수 있도록 신호기능을 고도화한 점이다.

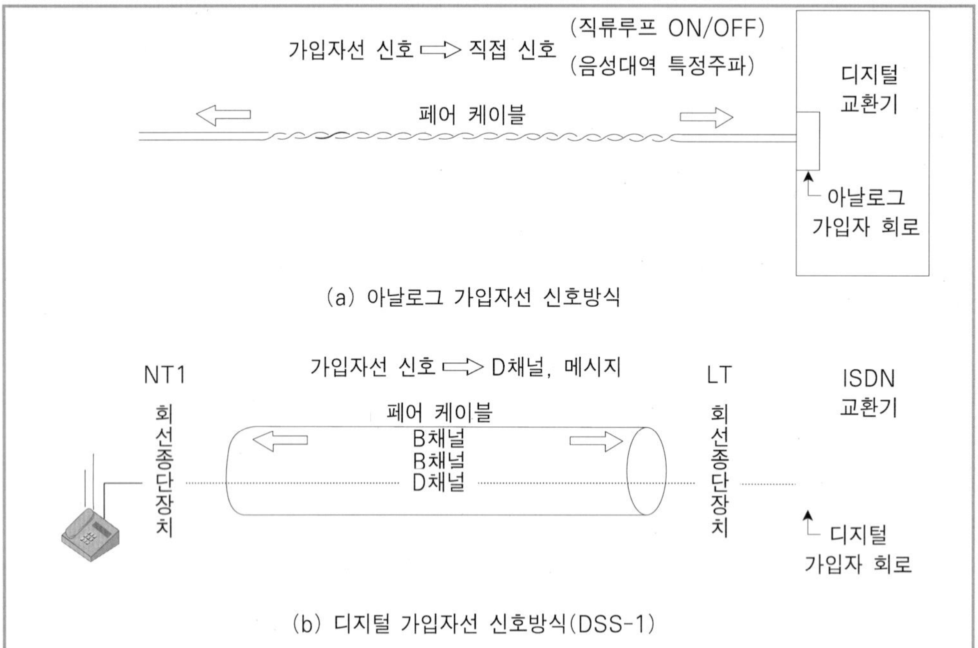

그림 4.12 아날로그/디지털 가입자선 신호방식

(6) 국간 신호방식

다음 그림 4.13은 ISDN 사용자·망 인터페이스에 있어 레이어 구성과 D채널, B채널의 신호 기능과 정보전송 기능의 관계를 정리해서 나타낸다.

D채널 레이어 3은 회선교환의 경우 호 제어신호가 전송된다. 이 호 제어신호는 디지털 가입자선 신호방식-1(DSS-1)로서 교환의 신호방식을 취급하는 SG (Study Group)의 I.441에서 권고되고 있다. 즉 D채널의 기능은 사용자·망 인터페이스로서 레이어 2, 레이어 3 모두 SG XIII의 Q.921과 Q.931에서 권고되고 있지만, 동시에 교환기 기능에 직접 관계되는 규정이기 때문에 SG에서도 각각 I.441과 I.451로 권고하고 있다.

국간 신호방식은 교환기와 교환기간에서 전송되는 신호이며, ITU-T 권고에서 공통되는 신호의 명칭과 기능은 다음과 같다.

<table>
<tr><td rowspan="2">레이어 3
(네트워크레이어)</td><td rowspan="2">호제어*
신호
I.451
(Q.931)</td><td>X.25
패킷
레벨</td><td rowspan="3">정 보
채 널</td><td rowspan="2">X.25
패킷
레벨</td></tr>
<tr><td>ISDN
부가기능</td></tr>
<tr><td>레이어 2
(데이터 링크
레이어)</td><td colspan="2">LAPD
I.441
(Q.921)</td><td>LAPB
X.25
프레임레벨</td></tr>
<tr><td rowspan="2">채널 / 통신모드</td><td colspan="2">D 채널</td><td colspan="2">B 채널</td></tr>
<tr><td>회선교환</td><td>패킷교환</td><td>회선교환</td><td>패킷교환</td></tr>
<tr><td>레이어 1
(물리레이어)</td><td colspan="4">시분할다중전송 (I.430, I.431)</td></tr>
</table>

LAPD (Link Access Procedure on the D-channel)
(D 채널 링크 엑세스 순서)
LAPB (Link Access Procedure Balanced)
(평형형 링크 엑세스 순서)
* Q.921, Q.931을 합쳐 D 채널 프로토콜이라 부르는 경우도 있다.
I.451(Q.931)을 디지틀 가입자선 신호방식 DSS-1이 있다.

그림 4.13 사용자·망 인터페이스 기능내용과 가입자선 신호방식

4.3 디지털 교환기

4.3.1 디지털 교환기의 구성

(1) 기본 구성

디지털 교환기의 기본구성은 크게 통화로부와 제어부로 구분할 수 있다. 통화로부는 통화로망과 주변정합회로로 구성되며, 제어부는 프로세서와 입출력장치로 구성된다.

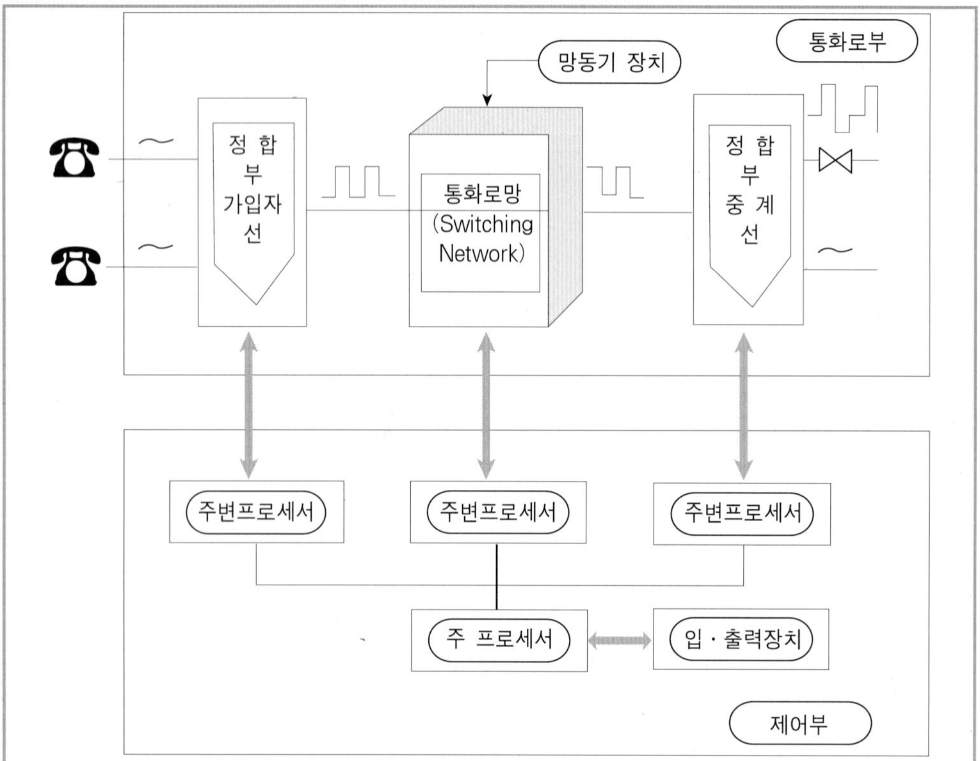

그림 4.14 디지털 교환기 기본구성

1) 통화로망(switching network)

디지털 교환기의 중심부로서 PCM화된 데이터를 교환접속하는 부분이며, T(Time) 스위치와 S(Space) 스위치의 조합으로 구성된다.

2) 주변정합회로

통화로망의 특성에 맞게 데이터를 변환하고, 가입자선과 중계선 및 서비스회로 등과의 정합(interface)을 하는 부분이다.

ISDN용 디지털 교환기는 종래의 아날로그 가입자, 2B+D의 BRI 가입자, PRI 가입자를 수용한다. 아날로그 및 BRI 가입자는 일반적으로 효율이 적은 상태에서 일단의 집선 스위치를 매개로 해서 네트워크에 수용되고, PRI (23B+D, H0, H1) 가입자는 일반적으로 효율이 높은 상태에서 직접 수용한다.

중계회선계로는 아날로그와 디지털 인터페이스가 있는데, 네트워크의 디지털화에 따라 대부분 디지털 인터페이스화 되어 있다.

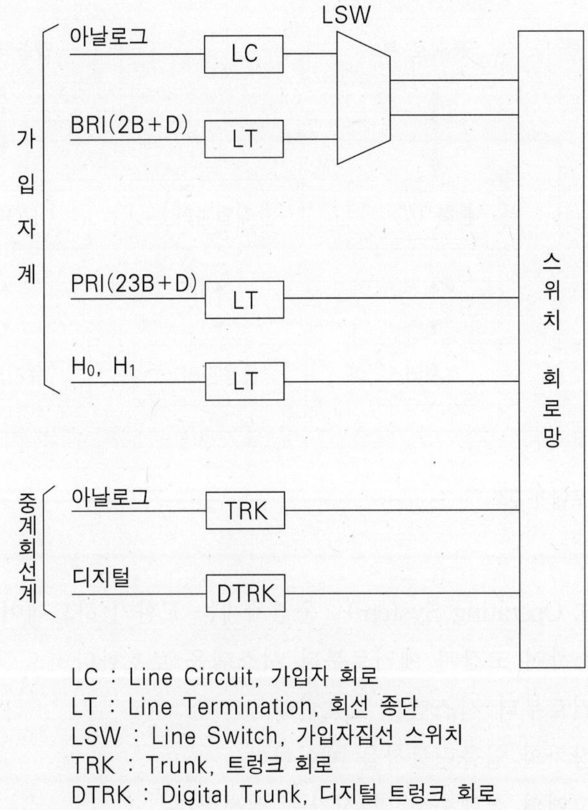

그림 4.15 가입자계와 중계회선계의 구성

3) 서비스 회로

톤발생기(Tone generator), 듀얼톤 다중주파수신기(DTMFR : Dual Tone Multi-Frequency Receiver), R2 송수신기(sender /receiver) 등 각종 신호의 발생처리 및 녹음안내 등의 서비스를 제공한다.

4) 제어부

프로그램에 의해 모든 교환절차 및 교환기 내부관리를 제어하는 부분이다. 디지털 교환기에서는 대부분 마이크로프로세서를 사용한 분산제어(distributed control) 방식을 채용하고 있다.

디지털 교환기의 소프트웨어 구조를 보면 다음 그림과 같다.

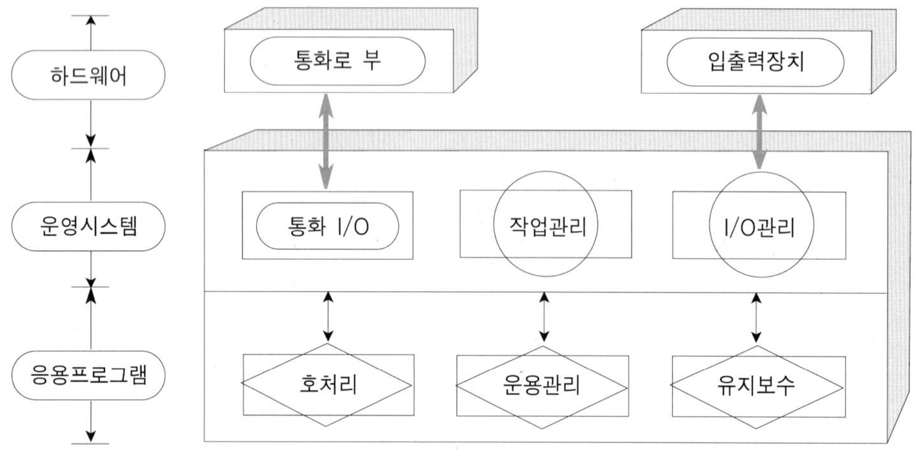

그림 4.16 소프트웨어 구조

① 운영 체제(OS; Operating System) : 운영체제는 교환기 하드웨어와 응용 프로그램을 인터페이스하며 고장과 에러로부터 시스템을 보호한다.

- 고장과 에러로부터 시스템을 보호한다.
- 통화로부 장치의 입출력동작을 제어한다.
- 응용 프로그램의 실행순서 및 시간을 배정한다.
- 응용 프로그램이 실행되기 위한 기억장치와 주변장치를 배정한다.

② 응용 프로그램 : 응용 프로그램은 호처리(call processing), 운용관리(administration), 유지보수(maintenance) 프로그램으로 구성된다.

(2) 가입자계

1) 아날로그 가입자계

그림 4.17은 아날로그 가입자계의 구성을 나타낸다.

각 아날로그 가입자와 가입자 회로는 1대 1로 접속되고 있다. 가입자회로에는 가입자에게 공급하는 직류전류(음성신호의 전송, 전화기 상태감시에 사용), 호출신호원(전화기의 벨을 울린다) 등이 접속된다. 아날로그 가입자계의 회로구성을 그림 4.18에 나타냈다.

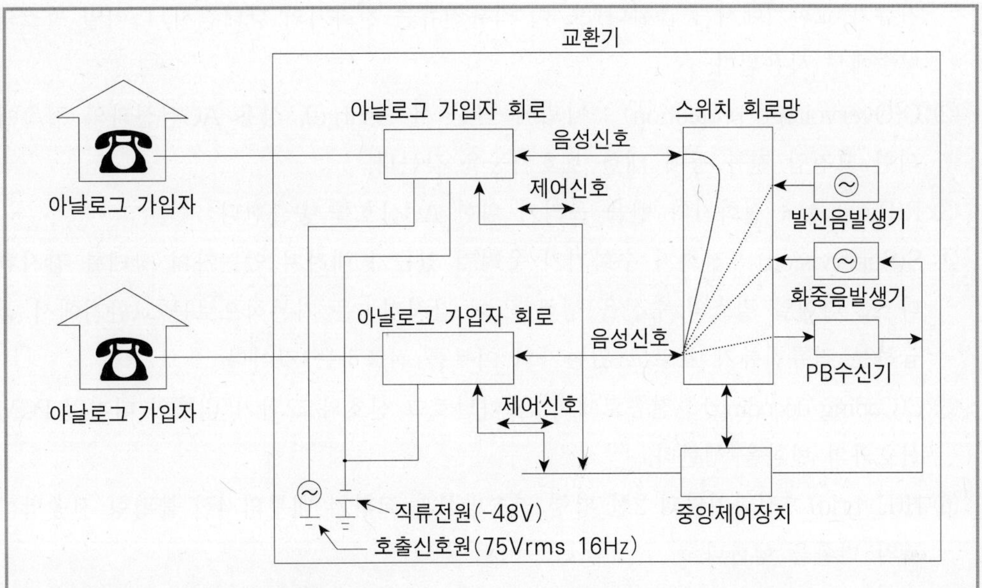

그림 4.17 아날로그 가입자계의 구성

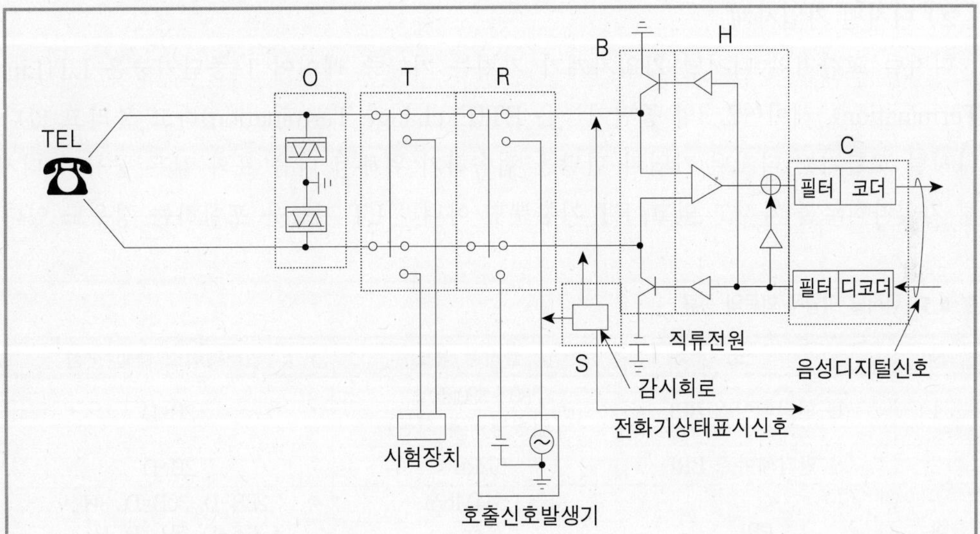

그림 4.18 아날로그 가입자 회로구성

아날로그 가입자 회로는 BORSCHT라는 기능을 갖는다.

① B(Battery feed) : 전화기 송수화기의 동작에는 직류전류가 필요하기 때문에 전화기와 교환기 사이의 음성신호는 직류전류로 중첩된 교류신호로 전송되고, 이 직류

전류가 교환기에서 공급된다. 또 이 직류전류는 전화기의 상태감시, 다이얼 펄스의 전송에도 사용된다.

② O(Overvoltage protection) : 낙뢰에 의한 서지(surge), 상용 AC전선과의 접촉에 의한 고전압·전류 등에 대한 보호기능을 갖는다.

③ R(Ringing) : 전화기의 벨을 울리기 위한 AC신호를 송출한다.

④ S(Supervision) : 전화기 수화기가 올려져 있는가 내려져 있는가의 상태를 감시한다. 또 다이얼 펄스의 수신을 행한다. 이 감시기능은 기본적으로는 교환기에서 공급하는 직류전류가 흐르고 있는가의 여부를 검출하는 것이다.

⑤ C(Coding/decoding) : 전송로에서 온 아날로그 신호와 교환기 내부의 디지털 PCM 신호와의 변환을 행한다.

⑥ H(Hybrid) : 전화기와의 2선 평행 전송방식과 교환기 내부의 4선 불평형 전송방식과의 변환을 행한다.

⑦ T(Test) : 전화기와 가입자선의 시험을 행하기 위한 시험기와의 접속기능을 갖는다.

2) 디지털 가입자계

디지털 교환기의 디지털 가입자계가 가지는 기능중 레이어 1 종단기능은 LT(Line Termination), 레이어2, 3의 종단기능은 ET(Exchange Termination)라고 불리고 있다. 디지털 교환기는 디지털 가입자 단말을 접속하기 위해서 다음 표와 같은 종류의 디지털 가입자회로를 가지고 있고, ET 기능뿐만 아니라 LT 기능을 포함하는 경우도 있다.

표 4.5 디지털 가입자 회로의 종류

No.	용 도	물리적 속도	인터페이스 채널 구성
1	U 인터페이스 BRI	80~320kb/s (전송방식에 의존)	2B+D
2	S 인터페이스 BRI	192kb/s	2B+D
3	PRI	1.544Mb/s or 2.048Mb/s	23B+D, 30B=D, $3H_0$, $3H_0$+D, $5H_0$+D, H_{11}, H_{12}+D 등

(3) 중계선계

디지털 교환기에서는 디지털 전송로를 교환기로 직접 디지털 상태로 수용함에 따라 통합화된 디지털망이 완성된다. 즉, 아날로그 교환기에서는 교환기 사이의 중계회선(trunk)은 교환기 사이에서 1회선마다 개별적으로 접속되어 있는 것에 비해, 디지털 교환기에서는 다중화된 디지털 중계회선을 교환기에 직접 수용한다. 이때 교환기에서 중요한 점을 열거해 보면 다음과 같은 항목이 있다.

- 위상동기
- 망동기
- 디지털 트렁크 인터페이스

1) 위상동기/망동기

디지털 교환기가 디지털 전송 시스템과 바로 인터페이스를 하기 위해서는 동기가 바르게 이루어지는 것이 필요하다. 동기에는 기능적인 단계가 있고, 그 레벨에 따라서 비트 동기, 프레임 동기 등이 있다. 또 교환기뿐만 아니라 디지털화된 네트워크 전체가 운용이 원활하게 수행될 때에만 망동기가 이루어진다는 것이 전제가 된다.

① 비트 동기

디지털 링크는 정해진 특정의 비트 속도로 데이터의 송수신이 이루어진다. 수신한 디지털 신호의 비트열에서 각 비트의 위치를 바르게 식별하는 것이 비트 동기이다.

② 프레임 동기

비트 동기에 의해서 인식된 비트열에서 프레임의 위치를 검출하는 것이 프레임 동기이다.

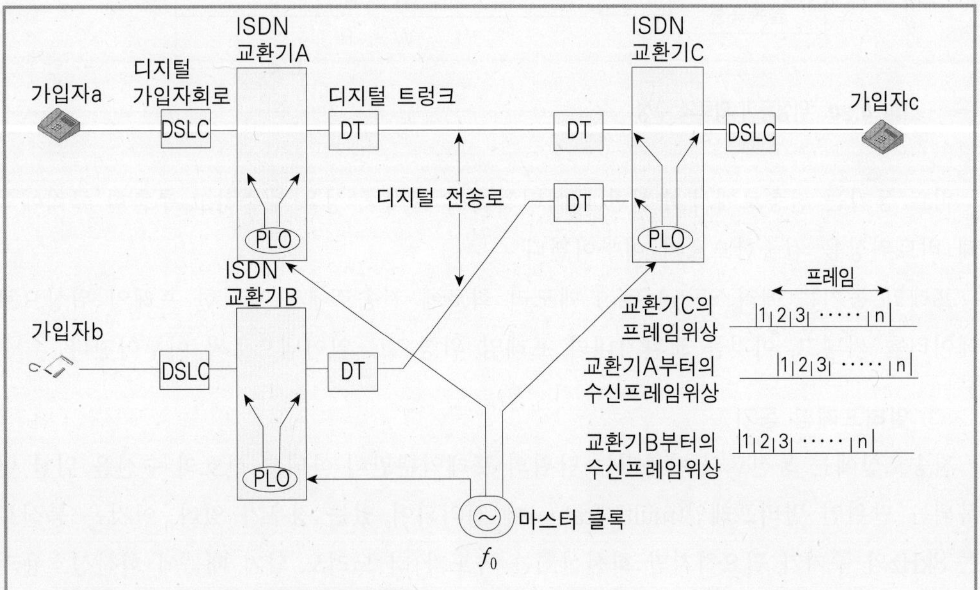

그림 4.19 망동기와 프레임 위상의 정합

위 그림에서 보이는 것처럼 수신측의 교환기 C와 송신측의 교환기 A, B를 보면, 교환기 A, B로부터 수신하는 신호열의 프레임 위치는 통상 일치하고 있지 않다. 동일한 교환기에서 받은 신호도 도중의 전송로의 흔들림 또는 그 외의 어떤 이유에 의해서 프레임 위상이 달라져 버릴 수도 있다. 수신측의 교환기에서 이들 신호열을 취급할 수 있도록 하기 위해서는 조각조각으로 도착하는 각 교환기에서의 신호열 프레임 위상을 자신의 프레임 위상으로 다시 합칠 필요가 있다. 이것을 프레임 정렬(frame alinement) 또는 프레임 위상정합이라고 한다.

이 동작을 위해서 교환기의 디지털 전송로 인터페이스 회로에는 다음 그림과 같은 위상동기 회로가 있다.

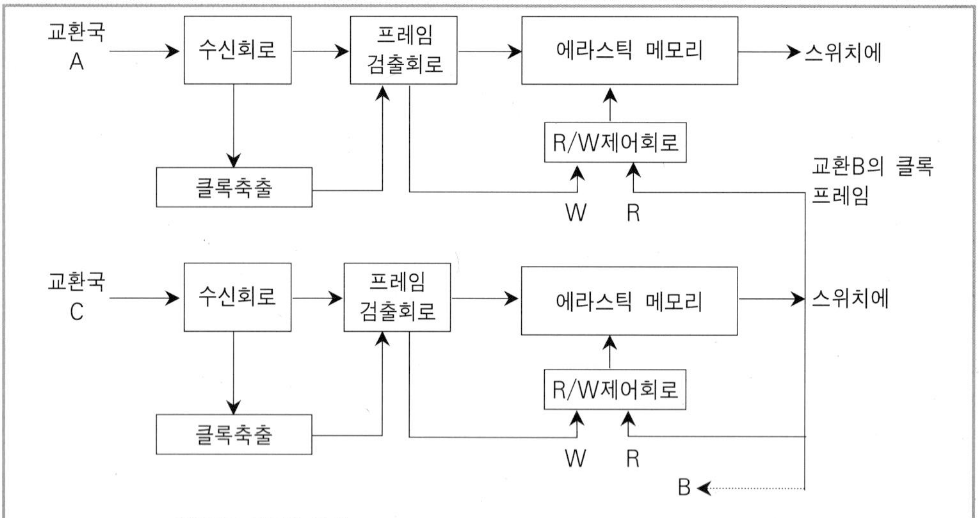

그림 4.20 위상동기 회로의 구성

비트 동기는 전송로에서 수신한 데이터열에서 클럭 구성을 추출하고 추출한 클럭에의해 비트위상을 검출함으로써 이루어진다.

프레임 동기는 에라스틱(elastic) 메모리 회로에 전송로에서 도착한 프레임 위상으로 데이터를 써넣고, 이것을 교환기내의 프레임 위상으로 읽어냄으로써 이루어진다.

③ 멀티프레임 동기

전송로상에는 통신로의 반복되는 단위의 프레임뿐만이 아니고 신호의 수신을 위한 반복되는 단위인 멀티프레임(multi-frame)이 정의되어 있는 경우가 있다. 이것은 통신로는 8kHz의 주기가 필요하지만 회선신호는 속도가 더 느려도 되기 때문에 회선신호용의 데이터량을 절약하기 위해 구성되는 것이다. 또 오류의 검출을 위해서 전송로상에

CRC(Cyclic Redundancy Check) 코드가 사용되지만, CRC도 멀티프레임에 따라서 배치된다. 이와 같은 경우에는 멀티프레임 동기가 필요하게 된다.

④ 망동기

전송로나 교환기 모두 디지털화된 네트워크에서는 네트워크내의 각 장치를 동작시키기 위해 사용되는 클럭을 동기시킬 필요가 있으며 이것을 망동기라고 한다. 망동기가 바르게 행해지고 있지 않으면 슬립(slip)이라고 부르는 현상이 발생한다.

디지털 전송로 인터페이스 회로에는 일정용량(일반적으로 2프레임분)의 버퍼(buffer)인 에라스틱(elastic) 메모리가 있다. 만약 송신측의 클럭 주파수가 수신측의 클럭 주파수보다 크다고 하면, 버퍼로 수신 데이터를 써넣는 속도가 읽어내는 속도를 웃도는 것이 된다. 반대로 송신측의 클럭 주파수가 수신측의 클럭 주파수보다 작으면 역의 현상이 발생한다. 전자의 경우에는 데이터가 없어지고, 후자의 경우에는 데이터 중복이 발생한다. 이것이 슬립이라고 불리는 현상이다.

이 슬립의 발생을 방지하기 위해 네트워크내의 각 교환기, 전송로에서 사용되는 클럭수를 동기시키는 것이 망동기이며, 현재 다음 그림에서 보는 것처럼 두 가지 방식이 채용되고 있다.

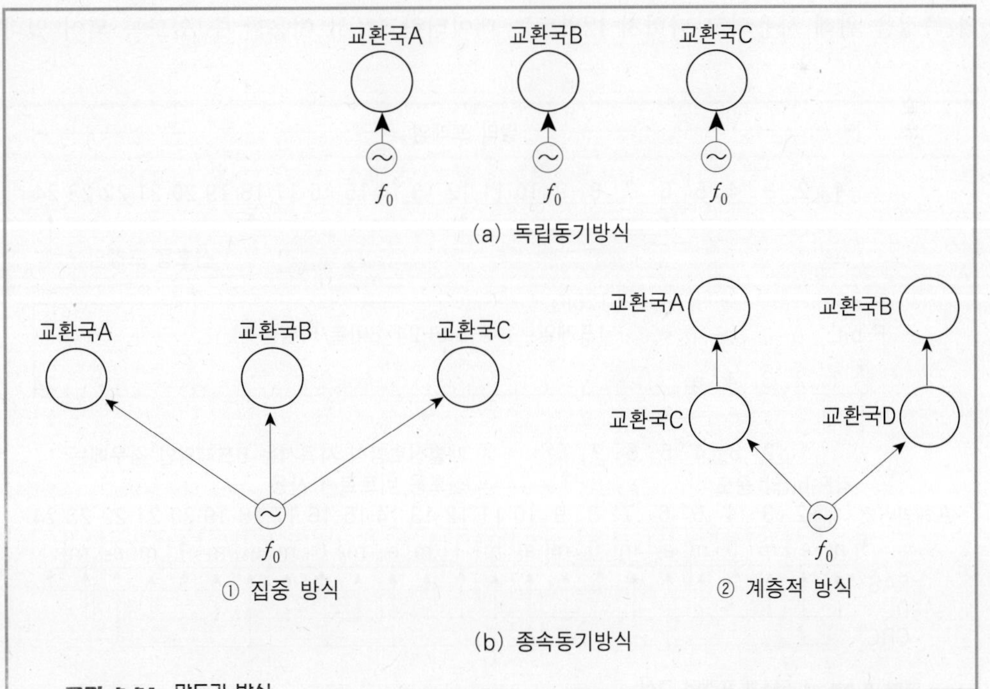

그림 4.21 망동기 방식

■ **독립동기 방식**(plesiochronous synchronization)

네트워크내의 각 교환기가 각각 독립한 클럭 발진기를 갖고, 상호간에 독립해서 동작하는 방식이다. 이 경우 교환기 사이에서 슬립의 발생을 일정한 비율 이상으로 억제하기 위해서 각 교환기는 고정도의 클럭 발진기를 준비할 필요가 있다. 독립동기 방식은 국제간 네트워크에 사용되고 있다.

■ **종속동기 방식**(master-slave synchronization)

네트워크내에 하나의 마스터 클럭 발진기를 두고 다른 모든 교환기는 이 마스터 클럭 발진기에 동기해서 동작하는 방식이다. 현재 각국의 국내 네트워크의 대부분은 이 방식으로 구성되어 있다. 마스트 클럭발진기에는 세슘(cesium) 등의 원소를 사용한 고정밀도의 원자발진기가 사용된다.

2) 디지털 트렁크 인터페이스

디지털 전송로는 1.5M계와 2M계의 두 계통이 있다. 1.5M계의 프레임은 24개의 채널과 1비트의 F 비트라고 불리는 프레임 동기용 비트에 의해 구성된다. 또 24개의 프레임에 의해 멀티프레임을 구성하고 있다. 따라서 1멀티프레임에는 24개의 F 비트가 있는데, 이중 4 프레임 간격의 6비트가 프레임 동기를 위해 사용된다. 다른 6비트는 CRC로서 비트 오류율의 측정을 위해 사용되고 나머지 12비트는 데이터링크로서 이용할 수 있도록 되어 있다.

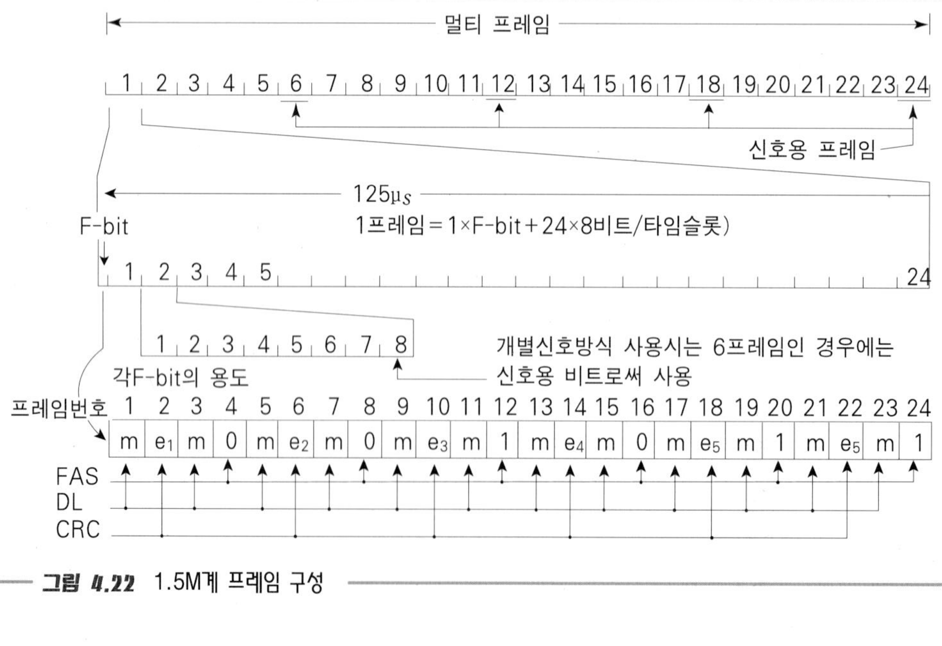

그림 4.22 1.5M계 프레임 구성

또 6, 12, 18, 24 프레임의 각 타임슬롯 제 8비트는 신호용으로 사용된다. 이들의 프레임에서는 통신용의 비트는 7비트가 되고, 따라서 통신로의 전송용량은 56kb/s로 저하된다.

2M계에서는 8비트의 타임슬롯 32개로 1프레임이 구성된다. 이 중 최초의 타임슬롯은 프레임의 동기와 CRC에 의한 비트오류율 측정을 위해 사용된다. 또 16번째의 타임슬롯은 신호정보의 송수신 전용으로 사용된다. 그러므로 통신로로는 30개의 타임슬롯이 사용된다. 멀티프레임은 16개의 프레임에 의해 구성된다. 2M계에서는 신호정보 송수신을 위한 전용 타임슬롯이 있으므로 64kb/s의 전송용량을 가진다.

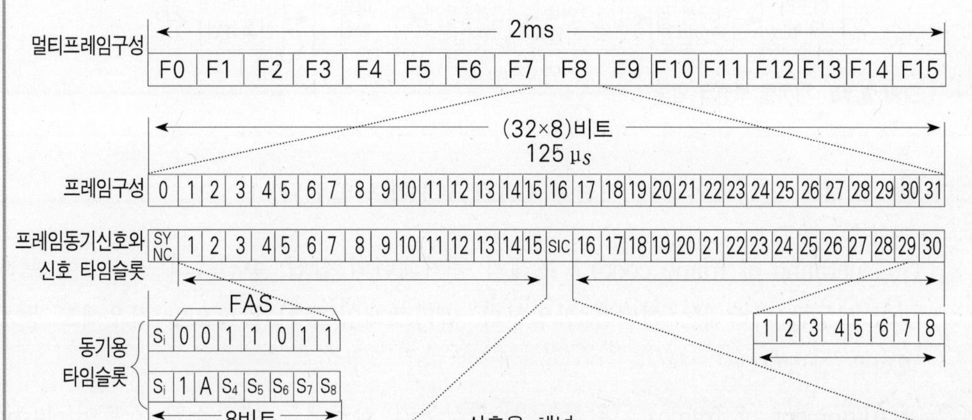

신호용 채널

F0	0	0	0	0	x	y	x	x
F1	CH1-a	CH1-b	CH1-c	CH1-d	CH16-a	CH16-b	CH16-c	CH16-d
F2	CH2-a	CH2-b	CH2-c	CH2-d	CH17-a	CH17-b	CH17-c	CH17-d
F3	CH3-a	CH3-b	CH3-c	CH3-d	CH18-a	CH18-b	CH18-c	CH18-d
F4	CH4-a	CH4-b	CH4-c	CH4-d	CH19-a	CH19-b	CH19-c	CH19-d
F5	CH5-a	CH5-b	CH5-c	CH5-d	CH20-a	CH29-b	CH20-c	CH20-d
F6	CH6-a	CH6-b	CH6-c	CH6-d	CH21-a	CH21-b	CH21-c	CH21-d
F7	CH7-a	CH7-b	CH7-c	CH7-d	CH22-a	CH22-b	CH22-c	CH22-d
F8	CH8-a	CH8-b	CH8-c	CH8-d	CH23-a	CH23-b	CH23-c	CH23-d
F9	CH9-a	CH9-b	CH9-c	CH9-d	CH24-a	CH24-b	CH24-c	CH24-d
F10	CH10-a	CH10-b	CH10-c	CH10-d	CH25-a	CH25-b	CH25-c	CH25-d
F11	CH11-a	CH11-b	CH11-c	CH11-d	CH26-a	CH26-b	CH26-c	CH26-d
F12	CH12-a	CH12-b	CH12-c	CH12-d	CH27-a	CH27-b	CH27-c	CH27-d
F13	CH13-a	CH13-b	CH13-c	CH13-d	CH28-a	CH28-b	CH28-c	CH28-d
F14	CH14-a	CH14-b	CH14-c	CH14-d	CH29-a	CH29-b	CH29-c	CH29-d
F15	CH15-a	CH15-b	CH15-c	CH15-d	CH30-a	CH30-b	CH30-c	CH30-d

그림 4.23 2M계 프레임 구성

디지털 전송로에서의 데이터를 직접 디지털 교환기로 수용하기 위한 디지털 트렁크 인터페이스의 구성을 다음 그림에 보인다.

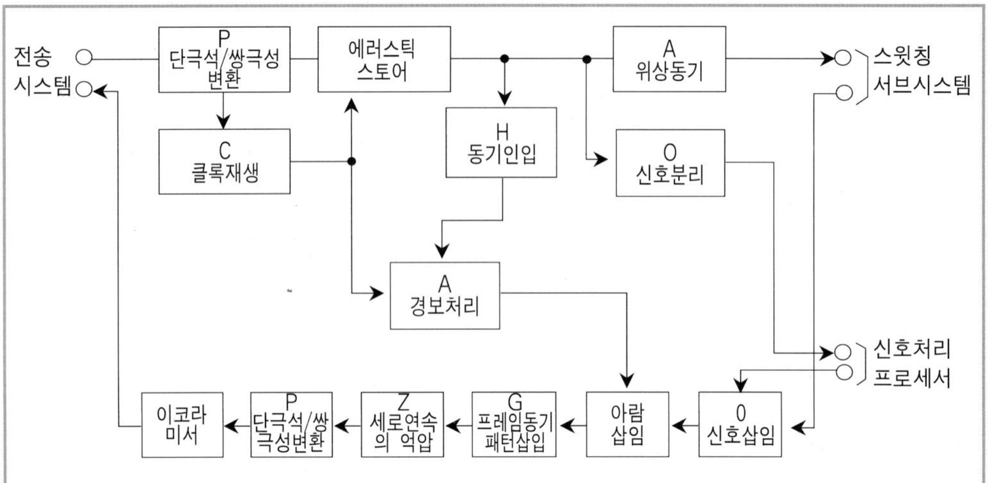

그림 4.24 디지털 트렁크 회로

디지털 트렁크 인터페이스의 기능은 GAZPACHO로 불린다.

① G(Generation of frame code) : 프레임 동기패턴의 삽입. 송신측의 전송로에 프레임의 선두를 나타내는 패턴을 삽입한다. 멀티프레임 동기가 필요할 경우에도 동기패턴을 삽입한다.

② A(Alignment of frame) : 위상동기. 위상동기 회로에는 에라스틱 스토어(elastic store) 회로와 프레임 정렬(frame aligner) 회로가 있다. 에라스틱 스토어 회로는 전송로상에서 외부의 잡음 등에 의해 교란을 받고 타이밍도 흩어지는 지터(jitter : 단주기 타이밍의 흐트러짐)나 원더(wander : 긴주기 타이밍의 흐트러짐)를 흡수하기 위한 회로이다.

프레임 얼라이너 회로는 전송로에서 도착한 데이터를 버퍼하고, 교환기내의 프레임 패턴으로 읽어냄으로써 프레임 위상을 정렬한다.

③ Z(Zero string suppression) : 연속제로 억압. 연속되는 제로는 전송로에서 AMI 신호를 사용하고 있는 경우에는 펄스성분이 없어지고 마는 결과가 된다. 이것을 피하기위해 HDB3, B8ZS 등의 코드를 사용한다.

④ P(Polar conversion) : 단극성/쌍극성 변환. 전송로상의 신호는 주파수성분을 낮게 억제하기 위해 쌍극성의 신호를 사용하고 있다. 이에 비해 교환기내의 논리회로에서는 단극성의 신호를 취급하므로 인터페이스 회로의 입구에서 단극성/쌍극성 변환을 행한다.

⑤ A(Alarm processing) : 경보처리. 전송로에서 수신한 각종 경보정보를 검출하고 제어

장치에 통지한다. 또 수신측이 경보상태가 되어있는 것을 상대국에 통지하기 위해 대국경보신호를 전송로에 삽입한다. 통상 경보신호의 종류에는 다음과 같은 것이 있다.

- 수신신호 데이터 파손
- 프레임 동기 벗어남
- 상대국이 송신해 오는 경보(대국경보) 수신
- 전송로상의 비트오류
- 슬립 발생

⑥ C(Clock recovery) : 클럭 재생. 전송로에서 수신한 신호에서 클럭성분을 추출하고 이에 따라 비트동기를 행한다.

⑦ H(Hunt during reframe) : 동기 끌어들이기. 수신 신호열중에서 프레임 동기 패턴을 찾아내고 프레임의 선두위치를 찾아내는 기능이다.

⑧ O(Office signaling) : 신호 삽입/분리. 각 채널에 대응하는 신호정보를 삽입하여 전송로상으로 전송하고, 수신측에서는 분리하여 처리한다.

(4) 통화로계

아래 그림은 통화로계 서브시스템(subsystem)의 구성을 보인다. 아날로그 및 디지털 단말은 집선스위치라고 하는 집선장치(concentrator)를 통해서 스위치 회로망(switching network)으로 접속된다. 먼거리에 있는 단말은 원격집선 스위치를 경유해서 접속된다. 음성 및 회선교환의 대상이 되는 데이터 신호는 스위치 회로망에서 스위칭되고 각각 전화교환 중계망, 회선 데이터 교환 중계망으로 접속된다.

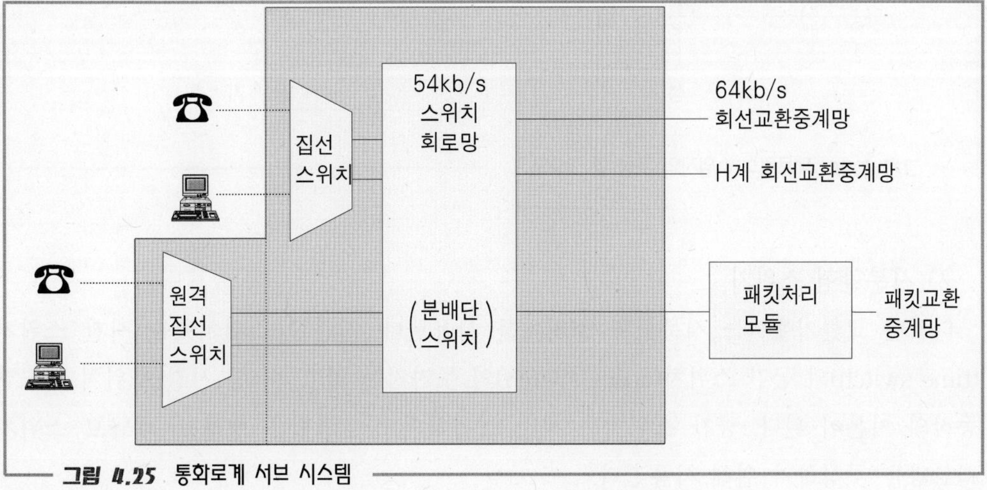

그림 4.25 통화로계 서브 시스템

스위칭의 종류는 크게 공간분할형과 시분할형으로 구분된다. 공간분할형은 공간적으로 배열된 접점의 개폐에 의해 스위칭 동작을 행하는 것으로 크로스바 스위치가 이에 해당한다. 시분할형은 시간축상(타임슬롯)의 신호를 다른 타임슬롯의 위치로 변환하는 동작으로 스위칭을 행한다.

1) 공간분할형 스위치

디지털 교환기의 스위칭은 주로 시분할형이 사용되지만 스위칭의 기초를 이해하기 위해 공간분할형 스위치를 간단히 소개한다.

아래 그림은 공간분할형 통화로망의 기본형을 보인 것이다. 공간분할형 통화로망은 매트릭스(matrix) 형태를 가지며, 개폐 엘레맨트(element)의 개폐동작에 의해 입력선과 출력선간의 접속을 이룬다. 입력선과 출력선의 수가 많아서 하나의 매트릭스 스위치에 수용할 수 없는 경우에는 복수의 매트릭스 스위치를 조합시켜서 큰 하나의 스위치망으로 구성할 수 있다.

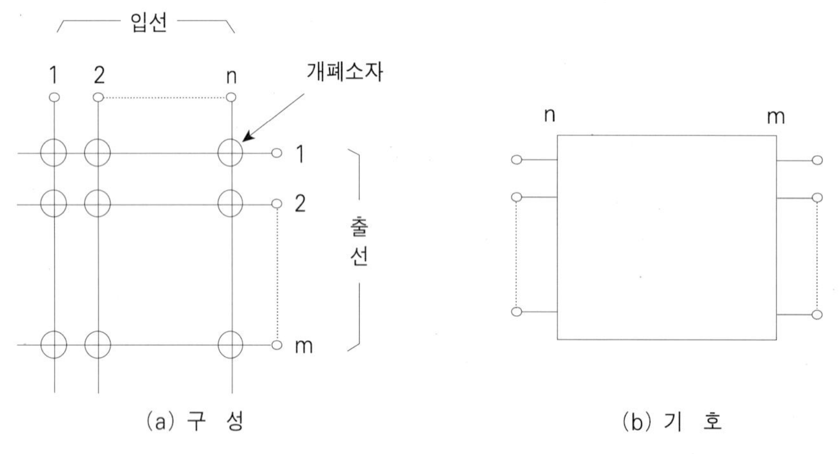

그림 4.26 매트릭스 스위치의 구성 및 기호표기

2) 시분할형 스위치

디지털 교환기에서는 시분할형 스위치를 사용한다. 시분할 스위치에는 시간 스위치(time switch)와 공간 스위치(space switch)의 두가지가 있고, 이 중 시간 스위치가 교환동작의 기본이 된다. 공간 스위치는 시간 스위치의 상호결합을 행하고, 대규모 스위치 회로망을 구성하기 위해 사용된다.

① 시간 스위치

아래 그림은 시간 스위치(T-switch라고 불린다)의 동작과 공간분할형 스위치로 표현한 등가회로를 보인 것이다. 교환기내에서 시분할 다중회로를 하이웨이(highway)라고 하며, 그림에서는 입력 하이웨이 n개 채널상의 데이터를 타임슬롯 변환기에 의해 별도의 채널상으로 출력하는 것을 나타낸다.

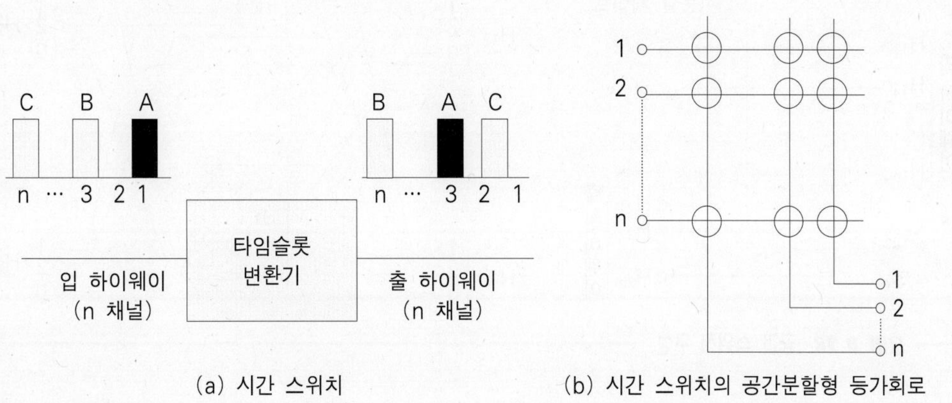

그림 4.27 시간 스위치

② 공간 스위치

타임슬롯의 시간적 전환을 행하는 것이 시간 스위치인데 비해 하이웨이간의 접속전환을 행하는 것이 공간 스위치(space switch ; S-switch)이다. S-switch는 복수의 T 스위치를 상호결합하고 대규모 스위칭 네트워크를 구성하기 위해 사용된다.

다음 그림은 S 스위치의 구성을 보인 것이다. S 스위치는 고속으로 동작하는 게이트 IC(AND 게이트)를 조합한 크로스포인트 매트릭스(cross point matrix)와 이의 접속정보를 제어하는 제어 메모리로 구성된다. 입력 하이웨이상 타임슬롯의 데이터는 출력 하이웨이의 동일시각의 타임슬롯에 접속된다.

그러므로 이 회로의 기능은 입 하이웨이의 회선수를 p, 출 하이웨이의 회선수를 r, 채널 수를 n라고 하면 p×r의 매트릭스 스위치를 n매 겹친 것과 등가가 되고, 그림 4.28에 보인 것과 같은 공간분할형 스위치로 표현할 수 있다.

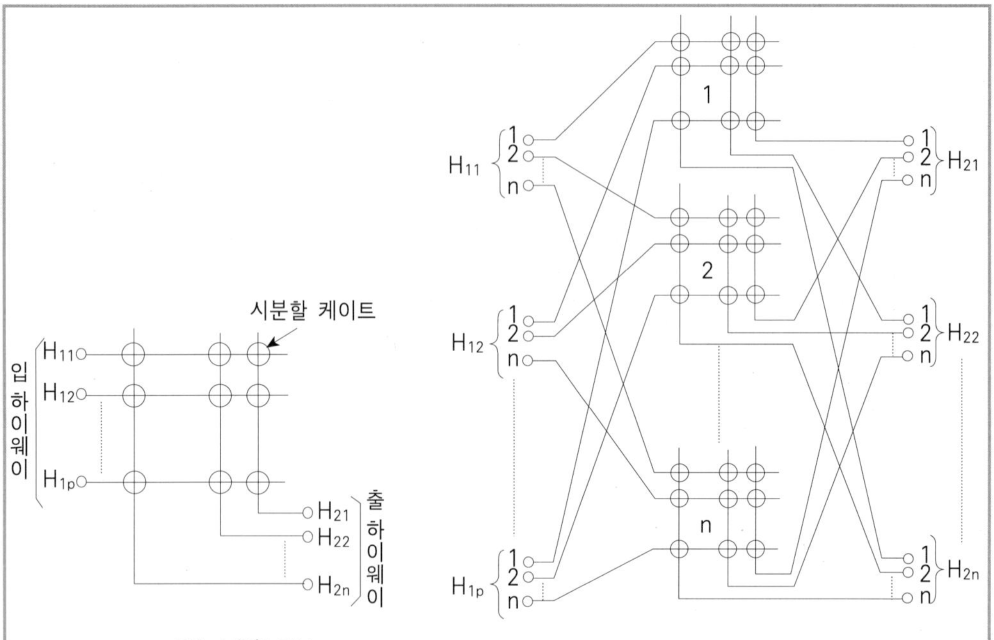

그림 4.28 공간 스위치 구성

4.3.2 디지털 교환기의 기능

(1) 가입자 특수 서비스

디지털 교환기는 많은 특수기능을 가진다. 특히 사설용 디지털 교환기는 설치장소 사용자의 요구에 부응하는 다양한 특수기능을 제공한다. 일반적으로 많이 사용되는 주요한 기능을 보면 다음과 같다.

1) 단축다이얼(abbreviated dialling/speed dialling/speed calling)

사용하는 빈도가 높은 상대방 전화번호를 2~3자리 숫자로 줄여 상대방을 호출할 수 있는 기능이며, 근래에는 전화기 자체에 이 기능을 많이 가지고 있다. 교환기에 따라서는 일반 단축과 모든 내선 가입자가 공통으로 사용할 수 있는 시스템 단축 다이얼 기능도 가진다.

2) 착신전환 혹은 호 전환(call transfer)

통화중인 호를 보류시키고 제 3자에게 발신하여 통화한 다음, 보류중인 호를 제 3자에게 전환시키거나 또는 제 3자와의 통화를 끝내고 보류중인 호와 재 통화할 수 있는 기능이다.

3) 통화중 대기 혹은 호 대기(call waiting)

통화중에 제 3의 가입자로부터 걸려오는 착 호를 통화중인 가입자와의 path를 절단하지 않고 hook-flash 등으로 통화한 다음, 다시 처음 통화자와 연결할 수 있는 기능이다. DDI 호나 국선 착신호에 부여된다.

4) 헌팅(call hunting)

착신 가입자가 통화중인 경우, 착신 가입자에게 걸려오는 호가 미리 지정한 다른 번호로 착신되는 기능이다. 착신 호는 미리 지정된 탐색경로를 따라 옮겨가며 통화중인 아닌 내선을 찾거나, 탐색경로의 마지막에 도달한 경우 또는 최대 탐색경로 단계에 도달한 경우 멈춘다.

교환기에 따라 여러 가지 방법으로 수행된다.

① 원형 : 미리 지정된 탐색경로에 따라 옮겨지며, 통화중인 아닌 번호가 나타날 때까지 계속 순환한다.

② 선형 : 통화중이 아닌 내선이나 탐색경로의 최종번호에 도달하면 멈춘다.

③ 비서 : 특정 내선번호를 탐색경로의 최종번호로 지정한다.

④ 자체 : 한 대의 전화기에 여러 내선번호를 수용한 다기능 전화기 등의 경우 최종 내선 번호에 도달하거나 내선번호가 더 이상 없을 경우 멈춘다.

5) 호 지정전송(call forwarding)

자신에게 착신될 모든 호를 임의 내선 또는 시스템 외부로 지정 전송하는 기능이다. 이 기능이 동작중이라도 발신은 가능하다. 일반적인 지정전송 외에 통화중시 지정전송, 무응답시 지정전송 등의 종류가 있다.

6) 직통회선(hot line/direct call)

미리 지정해 놓은 상대방과 다이얼링 없이 송수화기만 들므로서 통화할 수 있는 기능이다. 송수화기를 들고 미리 지정해 놓은 시간동안 기다리면 자동으로 상대방과 연결된다. 상대방이 통화중일 때 일정시간 특수음을 보낸 후 통화를 강제로 복구시키고 접속시키는 방식도 있다.

7) 부재중 안내(absentee service)

부재중 안내는 착신 가입자 부재사실을 발신측으로 통보해 주는 기능으로, 발신 가입자가 이 기능을 보유한 가입자를 호출하면 녹음안내장치나 안내회선에 연결되어 부재사실을 통보 받게 된다. MFC 전화기이면 원격조정도 가능하다.

8) 지정시간 통보(automatic wake-up)

지정한 시간에 자동으로 신호를 보내어 주는 기능이다. 일반적으로 중계대에서 서비스 기능을 입력한다.

9) 페이징(paging)

구내에서 스피커나 휴대용 무선 수신기를 이용하여 특정인을 전화로 호출하거나 안내 방송을 할 수 있다. 중계대에서 페이징 기능 키를 사용하거나, 중계대나 내선에서 페이징 기능 번호를 다이얼링함으로써 이용할 수 있다.

10) 대리응답(call pick up)

대리응답 그룹을 지정해 놓으면 동일 그룹내의 다른 내선으로 착신된 호를 대신하여 응답할 수 있다. 내선은 대리응답 허용 혹은 거부 중 하나로 지정된다.

11) 회의(conference)

통화중인 호를 보류시키고 제 3자에게 발신하여 통화가 이루어지면 보류중인 호도 제 3자와 통화할 수 있는 기능이다. 교환기에 따라 참석가능 수가 다르다.

12) 보류(call hold)

통화중인 호를 대기시키고 재발신할 수 있는 기능이다.

13) 호예약 혹은 통화예약(call back/ring again)

호출한 내선이 통화중인 경우 호예약을 하면 그 내선의 상태를 감시하여 통화가 끝나는 즉시 예약자에게 통화종료를 알려주고 피호출자를 호출한다.

국선예약의 경우는 빈 국선 트렁크의 발생을 알린다. 동일한 내선이나 국선회로에 다수의 가입자가 예약했을 경우 순서에 따라 차례로 작동된다.

14) 재송신(redial)

재발신에는 최종번호 재발신과 기억번호 재발신이 있다. 최종번호 재발신은 마지막에 건 전화번호를 기억하고 있는 경우이며, 기억번호 재발신은 방금 다이얼링한 전화번호를 사용자가 임의로 기억시킨 경우이다. 전화기 자체에서 가지는 경우도 많다.

15) **전화기 자동재배치**(automatic set relocation)

사용 중이던 전화기를 다른 곳으로 이동하고자 할 때, 이 기능을 이용한다. 이때 전화기에 지정된 기능과 내선번호는 변동없이 그대로 이동한 장소에서 사용할 수 있다. 이 기능을 사용하려면 특별 부가코드(SSP ; Special Service Prefix), 전화기 자동재배치 코드, 비밀코드, 인식코드 등의 특수기능 코드가 필요하다.

(2) 시스템 특수기능

디지털 교환기에서 제공하는 시스템 특수기능은 가입자 특수기능외의 서비스로서, 일반 가입자의 이용편의를 도모하거나 교환기 운용상 필요에 의해 제공되는 서비스이다. 주요 특수기능을 살펴보면 다음과 같다.

1) **발신번호 추적 혹은 악의 호 추적**(malicious call trace)

착신가입자가 회선이 연결된 상태에서 훅크 스위치 단속(斷續) 등의 지정된 동작을 하면 발신자 전화번호, 착신자 전화번호, 추적시간 등이 프린트되는 기능이다.

2) **서비스 등급제한 또는 호 제한**(call barring/call restriction)

가입자가 이용할 수 있는 서비스 등급을 제한하는 것으로, 발신호 제한, 착신호 제한, 시내외 및 국제호 제한 등이 있다.

3) **대표번호**(pilot number service)

여러 대의 전화를 하나의 번호로 착신시키는 기능으로, 여러대의 전화기를 한 군으로 한 다음 그 중 하나를 대표 전화기로 하고, 대표 가입자에 착신하는 호는 정해진 순서에 따라 대표군 내의 빈 전화기에 접속된다.

4) **우선통화**(priority line)

비상사태나 천재지변 등의 상황이 발생한 경우 또는 통화량 폭주시 우선통화기능을 가진 가입자가 우선 통화할 수 있도록 하는 기능이다.

5) **호 감시기능**(call supervision)

통화 관련내용 즉, 발신시각, 발신가입자 번호, 착신가입자 번호, 응답 시각, 통화시각 등을 감시하는 기능이다.

6) 전화기 자체시험

가입자가 자기번호를 다이얼하여 호출신호를 수신함으로써 자체 시험할 수 있는 기능이다.

7) 시외 가로채기

시외 교환대에서 통화중인 가입자에게 연결하는 시외통화가 있음을 알릴 수 있도록 하는 기능이다.

8) 호 자동분배(ACD ; Automatic Call Distribution)

안내대에서 사용하는 기능으로 다수의 착신호가 있을 경우 순서대로 각 안내대에 균등하게 배분되도록 하는 기능이다.

전화번호 안내(114 및 각 기관안내 등), 전기·전화 고장신고 접수, 전보발신이나 국제전화 신청 및 문의, 교통 종합안내 및 신고, 항공기 예약 및 안내 등의 접수대에 유용한 기능이다.

9) 자동 경로선택(ARS ; Automatic Route Selection)

사용자가 ARS 접속번호를 돌리면 최단거리와 최고효율을 고려한 경로선택을 자동으로 해준다. 만약 사용자가 선택한 경로가 사용중이면 최단거리의 경로로부터 점차 최장거리의 경로 순으로 선택한다.

10) 녹음안내 방송(RAN ; Recorded ANnouncement)

안내방송이 필요한 경우 해당 호를 녹음안내 장치에 연결하여 미리 녹음된 안내방송을 할 수 있다.

11) 네트워크 트래픽 관리

네트워크 트래픽과 트래픽 관리 데이터를 이용하여 전용선망을 효율적으로 운용할 수 있다.

12) 커스토머 혹은 테넌트(customer/tenant)

한 대의 교환기를 다수의 가입자군이 각각 별도의 전용교환기처럼 사용할 수 있는 기능이다. 사용자군은 각각의 번호계획, 각종 기능, 서비스 등을 독립적으로 사용할 수 있다.

13) 공동번호 계획(CDP ; Coordinated Dialing Plan)

공동번호 계획을 해 놓으면 지역호출 번호를 사용하지 않고 지역간 호출을 할 수 있다. 여러 지역에 분산 설치되어 있는 가입자 내선번호를 동일지역 번호계획과 같이 수립하여 운영함으로, 각 가입자는 가입자 번호만 발신하면 된다.

4.4 사설 교환기

4.4.1 사설교환기의(PBX) 개요

PBX(Private Branch Exchange) 즉, 사설교환기는 특정의 단체나 개인회사가 전용으로 사용하는 것이고 소유자는 단체나 회사가 된다. 그리고 국선 전화망에서 볼 때 사설교환기는 단말의 취급을 받으므로 가입자회선에 수용된다. 그러므로 PBX에서 전화망에 접속할 경우에는 전화망의 다이얼과 같은 신호로 상대의 숫자를 보낼 필요가 있고, 전화망에서는 전화망을 호출하는 신호만으로 PBX를 호출하는 것이다.

PBX와 국선 교환기의 차이점을 살펴보면, PBX도 구내의 전화기를 수용하고 있기 때문에 기본적으로는 일반 전화기를 수용하는 국선 교환망의 가입자선 교환기와 같은 기능을 갖고 있지만, 그 기능의 풍부함에 있어 큰 차이가 있다.

특히 일반적인 교환접속 기능에 더해 구내에서만 사용하는 각종 내선 서비스, 외부로부터의 전화접속에 동작되는 중계 서비스, 전용선 서비스, 다기능전화 제어기능, 간부/비서 서비스, 데이터계 서비스 등 국선 교환기 기능의 몇배 이상되는 특수기능을 갖는다.

그 외에 PBX는 전화국과 같이 일정하게 관리되는 전용의 장소가 아니라 사용자의 건물내에 적당한 위치에 설치되기 때문에 이것에 따른 대처가 필요하다. 예를 들면, 소규모 PBX의 경우 일반 사무실에 근접하게 설치되는 경우가 있기 때문에 디자인, 하중, 전원, 소음 등에 대한 고려가 필요한 때도 있다.

이와는 달리 전화국용의 교환기는 불특정 다수의 전화를 취급하는 것이 주목적이므로, 전화기나 교환기가 널리 접속될 수 있도록 표준적인 접속방식을 채택하고 있으며, PBX에 비하면 일반적인 기능들만 가지는 것이 보통이다.

아래 그림은 디지털 PBX의 전형적인 구성을 보인다.

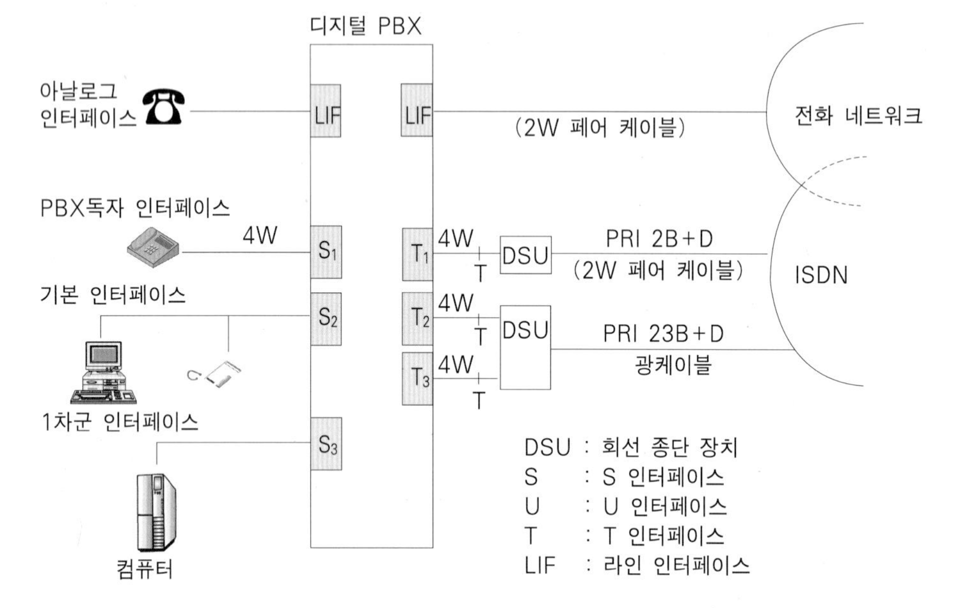

그림 4.29 디지털 PBX의 기본구성

4.4.2 사설교환기의 발전

수동교환기로부터 발전하기 시작한 교환기는 1960년대까지는 특별히 국선용과 사설용의 기능적인 차이는 별로 없었다. 1960년대 스텝 바이 스텝(step by step)교환기와 크로스바 교환기가 사설용으로 사용되기 시작하면서 PBX의 개념이 시작되었다.

(1) 제 1세대 PBX : 내선자동전화 교환의 시대

단순한 내선자동전화 교환의 시대로 1960년대 후반 스텝 바이 스텝(step by step) 방식과 크로스바 교환기가 사용되었다. 이 시대의 통신기술은 공중통신망 선도의 시대로 PBX의 서비스나 기술은 이것을 좇아가는 시대였다.

(2) 제 2세대 PBX : 디지털화에 의한 소형·경량화의 시대

1970년대 후반부터 시작되는 세대이며, 축적 프로그램 제어방식이 확산되면서 서비스의 다양화 및 디지털화에 따른 소형·경량화의 시대이다. 또한 서비스의 편리화나 보수 운용성의 향상이 주체였다. 이 시대에 전자기술의 진보가 박차를 가하기 시작해 교환기술은 급속하게 발전하기 시작하였으며, 초기에는 아날로그 전자교환기가 사용되었으나, 곧 디지털 교환기가 확산되기 시작하였다.

그러나 PBX 내부의 처리는 디지털화되었으나, 전화망이 아날로그로서 고속 디지털 전용선이 제공되지 않았기 때문에 교환기와의 접속은 대부분 아날로그였다.

(3) 제 3세대 PBX : 고속 디지털 전용선의 시대

디지털 PBX의 보급에서 수년이 경과한 1980년대 중후반의 시대이다. 이 세대의 특징은 제품 버전업(version up)이 활기를 띄기 시작한 것과 고속 디지털 전용선이 제공되어 광역의 사설 네트워크 적용이 확대되었다는 것이다. 또한 다기능 전화기나 데이터단말을 접속하는 내선 인터페이스의 디지털화가 계속되었다. 이와 함께 컴퓨터나 LAN과의 통합이 시도되었다.

(4) 제 4세대 PBX : ISDN 시대

이 세대는 제 3세대의 연속이라고 볼 수도 있으며 현재 진행중이다. 그 특징은 ISDN 인터페이스에 대한 내선·광역망에서의 지원, 컴퓨터·LAN과의 통합이다. 지금까지 음성서비스 주체로 발전해온 PBX가 데이터통신, 특히 패킷통신 서비스의 기능을 유용하게 제공하기 시작한 때이다.

(5) 제 5세대 PBX : OSI, 멀티미디어 시대

앞으로 다가올 시대이며, 무엇이 기능적, 기술적 특징이 될는지 분명하지는 않지만 일반적으로 다음과 같이 예측하고 있다.

1) OSI 모델에 기초를 둔 PBX와 컴퓨터의 상호접속과 상호작용(interworking)
2) 음성, 데이터를 하나의 통신방식으로 통합 취급하는 멀티미디어 PBX
3) 서비스 기능의 더욱 진보적 고객화

연습문제

제 4 장

1. 전화기의 구성 요소에 대하여 설명하시오.

2. 전화기에서 다이얼 신호의 DP 신호와 PB 신호에 대하여 비교 설명하시오.

3. 교환기의 역할에 대하여 설명하시오.

4. 교환 방식에 대하여 분류하고 각각에 대하여 설명하시오.

5. 교환기의 기본 기능에 대하여 설명하시오.

6. 전화를 이용한 전화통화에서 기본 신호의 흐름에 대하여 설명하시오.

7. ITU-T 권고 표준방식 (No.4~7 및 R1, R2)에 대하여 각각 비교 설명하시오.

8. 공통선 신호 방식의 특징에 대하여 설명하시오.

9. 디지털 교환기의 기본 구성 요소에 대하여 설명하시오.

10. 디지털 교환기에서 가입자계, 중계선계 및 통화로계에 대하여 간략하게 비교 설명하시오.

11. 디지털 교환기의 기능에 대하여 설명하시오.

12. 사설 교환기에 대하여 간략하게 설명하시오.

제5장 화상 통신기기

5.1 화상 통신의 개요

인간의 5감 중 시각(화상) 정보가 차지하는 비율이 가장 크고, 문자정보나 음성정보에 비해 실감정보와 매우 많 양의 상황 정보를 전달해 주므로 필요성이 오래 전부터 대두되었다. 또한, 점차 통신망과 통신기술 및 컴퓨터의 발달로 문자와 데이터뿐만 아니라 화상 정보까지 전송할 수 있게 되었다. 현재 사진 및 팩시밀리 전송과 같은 정지영상(Still Picture)은 다양한 용도로 전송하여 사용하고 있으며, 아날로그 형태의 동화상(Moving Picture) 전송도 TV 형태로 발전되어 왔다. 그러나 디지털 형태의 동화상은 정보통신 시스템에서 전송 대역폭과 영상처리 및 통신기술의 제한으로 부분적으로 사용하여 오다가 이제 많은 분야에 다양하게 사용되기 시작하였다.

5.1.1 화상 통신의 원리

화상 통신은 원리는 "우리 눈에 보이는 시각 정보를 미세한 화소(픽셀)로 분해하고, 각 화소에 따라 전기 신호로 변환하여 통신 선로에 맞는 신호로 변조하여 전송하면, 수신측에서는 그 반대과정을 통해 원래의 화상정보의 형태로 재현"하는 것이다.

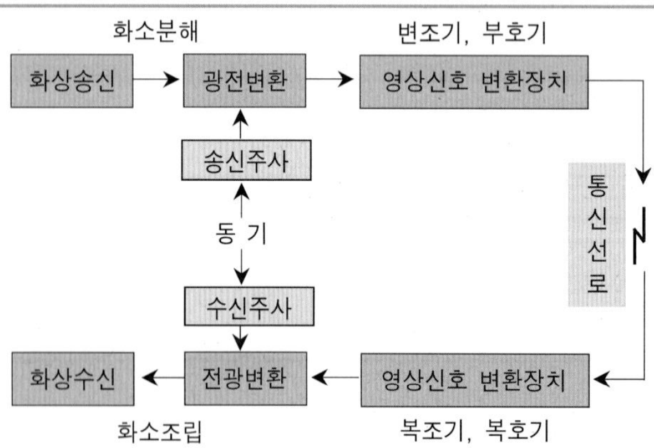

그림 5.1 화상 통신의 원리

5.1.2 화상 통신의 분류

화상 통신은 동화상용 TV 방식, 정지화상용 TV 방식의 영상 통신과 팩시밀리와 같은 기록 통신방식으로 분류된다.

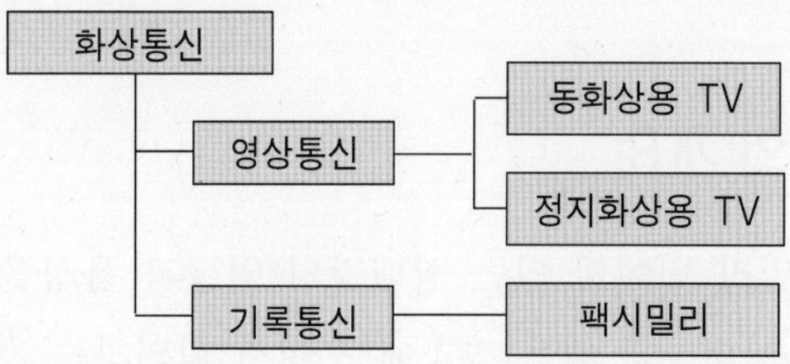

그림 5.2 화상 통신의 분류

(1) 동화상용 TV 방식

방송 텔레비전 방식으로 매초 당 30 프레임 정도의 영상을 보내야하므로 광대역의 주파수 범위를 사용해야 한다.

(2) 정지 화상용 TV 방식

슬라이드나 마이크로 필림 및 사진 등의 정지화상을 송신하는 방식이다.

(3) 팩시밀리 방식

문자, 도표, 사진 등과 같은 정지된 평면 화상을 일반 전화선이나 전용회선 등을 통해서 원본과 동일한 화상을 송·수신할 수 있도록 하는 통신 방식이다.

(4) 화상 통신의 서비스

화상 통신 서비스는 단말에서 단말까지 교환기와 전용회선을 이용하는 단말 상호간의 E-E(End to End)방식과 주 컴퓨터(Host Computer)를 이용하는 센터대 단말간의 C-E(Center to End)방식이 있다.

방식 \ 서비스	E-E형	C-E 형
동화상 통신	TV, CATV, CCTV TV 회의, TV 전화	VRS (Video Response System) 양방향 CATV
정지화상 통신	FAX, 텔레라이팅	Video Text

5.2 화상회의 시스템(VCS, Video Conference System)

5.2.1 화상회의 시스템의 개요

화상회의 시스템은 멀리 떨어져 있는 상대방의 얼굴과 음성을 보고 들으면서 회의를 진행하는 것으로 마치 상대방과 같은 장소에 모여서 회의하는 것과 같은 효과를 나타낼 수 있는 시스템이다. 그리고 각 회의 정보는 실시간 공유하여 임직원간에 일체감 조성이 가능하고, 출장 업무로부터 해방과 신속한 의사 결정을 위한 이동 없는 회의 진행이 가능한 시스템이다.

기본적인 화상회의 시스템의 구성 요소로는 비디오 카메라, 코덱, 오디오 시스템 및 디스플레이(모니터) 등으로 이에 대한 기술이 급격히 발전되어 점차 이용이 증대되고 있다. 특히 화상회의 시스템이 핵심이 되는 비디오 압축의 코덱(CODEC, COde-DECode) 기술의 표준화 활동이 활발히 진행되고 있으며, ITU H.261 비디오 압축 표준의 채택으로 대량생산, 저비용 및 장비간 호환성 등이 이루어지게 되었다.

일반적으로 화상신호는 주파수 대역이 40[MHz]로 넓기 때문에 전화망을 사용할 수 없으므로 초기에는 전용선을 이용한 아날로그 전송이나 압축 부호화를 이용한 6.3[Mbps] 속도의 디지털 전송이 사용되었다. 그러다가 화상 신호의 압축 기술이 발전되면서 비교적 적은 화상회의 시스템에서는 384[Kbps] 정도로도 만족할만한 품질을 얻을 수 있게 되었다.

5.2.2 화상회의 시스템의 종류

화상회의 시스템은 크게 R-VCS, D-VCS 및 PC-VCS 등의 3가지 유형으로 구분할 수 있다.

(1) 전용 화상회의 시스템 (R-VCS, Room-VCS)

국내에 80년대부터 도입되기 시작한 아날로그 방식의 전용 화상회의 시스템(R-VCS, Room-VCS)은 대형 회의실에서 10~20 여명이 같이 회의하는 시스템이다. 임원회의, 발표회, 세미나 및 강연회 등에 주로 사용되며, 이 시스템은 순수한 화상회의로만 사용 가능하여 다른 기능(PC, 멀티미디어 등)을 사용할 수 없는 단점이 있다.

(2) 데스크탑 화상회의 시스템 (D-VCS, Desktop-VCS)

D-VCS는 소형 회의실에서 랙(Rack) 및 일체형(All-in-one) 단말기를 통해 3~8명 정도의 인원이 같이 회의할 수 있는 시스템으로 대형 TV 모니터를 통해 회의를 하거나 일체형 단말기 혹은 PC를 통해 화상뿐만 아니라 업무용 데이터까지도 상호 공유할 수 있는 시스템이다.

(3) 업무용 PC 화상회의 시스템 (PC-VCS)

PC-VCS는 일반 PC에서 사용하는 것과 비슷한 방법의 소프트웨어를 이용해 양방향 화상 및 오디오 데이터를 결합하여 원거리에 있는 회의 참가자와 함께 정보를 공유하여 실무자들간의 업무를 동시에 진행(화상회의 하면서 데이터의 공유, 수정, 저장 등 가능)할 수 있는 시스템으로 향후 멀티미디어로 확장이 가능한 시스템이다.

5.2.3 화상회의 시스템의 네트워크 구성 방법

VCS의 네트워크 구성 방법은 PSTN, ISDN, LAN, CATV 망 및 VCS 전용망 등을 이용하여 구성할 수 있다.

(1) PSTN 망의 이용

PSTN을 이용한 화상회의 시스템은 화상 전송속도가 느리고 다자간 화상회의 시스템 구성이 어렵기 때문에 비디오가 필요치 않고, 문서 내용이나 회의 내용만 공유하는 것이 회의 목적인 곳에 사용되며, 화이트 보드나 문서 공유 소프트웨어나 백그라운드(Background) 파일전송 기능이 갖추어져 있는 문서 회의 시스템(PC-DCS, PC Document Conference System)의 한정된 영역에만 사용되고 있다.

(2) ISDN 망의 이용

고속 데이터 전송을 지원하는 ISDN 망을 이용한 화상회의 시스템은 가장 효과적인 양질의 화상을 볼 수 있지만, 광범위하게 설치되어 있지 않고 관련 기술이 현재 개발 중이다. 기술 발전 추세에 비추어 볼 때 일반 사기업 및 일반 사용자에게 ISDN망 이용 방법이 가장 보편화 될 것으로 보인다.

(3) LAN 망의 이용

LAN을 이용해서 화상회의 시스템을 구성할 경우 이더넷(Ethernet) 이나 토큰링(Token Ring)과 같은 네트웍 프로토콜(Network Protocol)에서 작동되기 때문에 사용하기 쉽고 가격도 저렴하다. 그러나 일반 LAN을 이용해서 영상 화면을 전송할 경우 많은 데이터 량 때문에 제한된 Node 및 저속의 전송속도가 문제이다. 따라서 Fast-Ethernet이나 ATM 및 FDDI 등과 같이 고주파 대역폭을 제공해 주는 시스템들의 사용이 필요하다.

(4) CATV 망의 이용

CATV 망을 이용한 화상회의 시스템은 아날로그 방식의 방송용(Broadcasting) 화상회의로 현재 부분적으로 사용중이며, PC-VCS와 인터페이스 하는 부분도 개발 중에 있다. CATV 망은 전송 매체가 광대역(Broadband)이기 때문에 실시간의 다자간 회의가 가능하며, PC와의 인터페이스가 가능해 지면 CATV망을 이용한 PC-VCS 구성이 가능하다.

(5) 화상회의 전용망의 이용

화상회의 전용 라인(UTP, RG-11, 59, 62 … 등)으로 망을 구성할 경우는 망을 처음부터 다시 설계해야하는 부담이 있지만, 비디오 전송속도 및 시스템 구성(PC, Monitor, TV … 등) 등에 신축성이 있으며 실시간의 고화질 화상회의를 진행할 수 있는 장점이 있다.

5.3 텔레비전(TV, Television)

5.3.1 텔레비전의 개요

텔레비전은 전화기와 마찬가지로 우리 주변에서 우리에게 정보를 제공해주는 가장 일반적인 수단으로 전기 신호를 사용하여 영상과 음성을 전송하고, 이것을 여러 수신기로 동시에 시청하는 장치이다.

TV는 송신측에서 영상을 작은 조각으로 나누어 순서대로 전송하면, 수신측의 수상기에서는 작은 조각의 영상을 수신하여 순서대로 재구성함으로써 동영상을 시청할 수 있다. 영상의 밝은 장면에서는 빛을 많이 반사하고 어두운 장면에서는 빛을 조금 반사하는데, 이러한 빛의 강약은 광전관(촬상관)에 의해 전기 신호의 강약으로 변환한다.

TV 수상기는 흑백에서 칼라 TV를 넘어 HDTV 및 벽걸이형 액정 TV 등으로 질적인 발전을 거듭하고 있다. TV 수상기는 방송국에서 송출한 전파를 가정에서 시청할 수 있도록 하는 장치로 전자총, 전자빔을 휘게 하는 편향 코일, 형광면 등으로 이루어진 부라운관이 핵심적인 역할을 한다.

5.3.2 텔레비전의 원리

텔레비전은 전기신호를 사용하여 영상과 음성을 보내고 이 것을 각각의 수신기로 동시에 수신하여 동영상을 시청하는 장치이다. 송신측에서 영상을 작은 조각으로 나누어 광전변환(영상을 전기신호로 변환)하여 전기 신호를 순서대로 전송하면, 수신측의 수상기에서는 전기 신호를 작은 조각의 영상신호로 전광변환(전기신호를 영상신호로 변환)하여 순서대로 재구성함으로써 동영상을 시청할 수 있다. 또한, 동영상의 잔상 효과를 없애기 위해 배열된 각 화소로부터 한줄 걸러 주사하는 비월 주사(Interlaced Scanning) 방식을 사용한다.

텔레비전의 신호 흐름을 개략적으로 살펴보면, 입력된 영상 신호는 촬상관을 거쳐 작은 조각의 전기적인 신호로 나뉘어져 영상 증폭기를 통해 증폭된 후, 진폭변조(AM)되어 혼합기를 통해 음성 신호와 함께 송출된다. 음성 신호도 압전 변환되고 음성 증폭기를 거쳐 증폭된 후, 주파수 변조(FM)되어 혼합기를 통해 영상 신호와 함께 텔레비전 전파로 송출된다.

수신측에서는 텔레비전 전파를 수신안테나로 받아서 고 주파 증폭과 중간 주파수로의 변환과정을 거쳐 영상 검파기(AM 검파기)를 통해 영상 신호만 분리한다. 다음에 증폭기를 거치고 전광변환을 하여 브라운관에 주사함으로써 영상을 시청할 수 있다. 마찬가지로 음성 신호도 고 주파 증폭과 중간 주파수로의 변환과정을 거쳐 음성 검파기(FM 검파기)를 통해 음성 신호만 분리하고 증폭기를 거쳐 스피커로 보내진다.

촬상관(광전관)은 광선의 양에 비례해서 전류를 흐르게 하는 장치로 빛의 강약에 의해 전기 신호의 강약으로 변환된다. 이는 넓은 유리판에 형광 물질을 고루 발라서 형광판을 만들고, 거기서 전자를 충돌시키면 백색광을 얻을 수 있는데, 이때 충돌하는 전하량이 많으면 많을수록 형광면은 더욱 밝아진다. 이와 같은 작용으로 방출된 전자를 양

(+) 전압으로 적당히 가속 시킴과 동시에 가는 구멍을 빠져나가게 하면 전자가 가는 선 모양으로 나오게 되는데, 이를 전자빔(Electron Beam)이라 하고, 전자빔을 만드는 장치가 전자총(Electron Gun)이다.

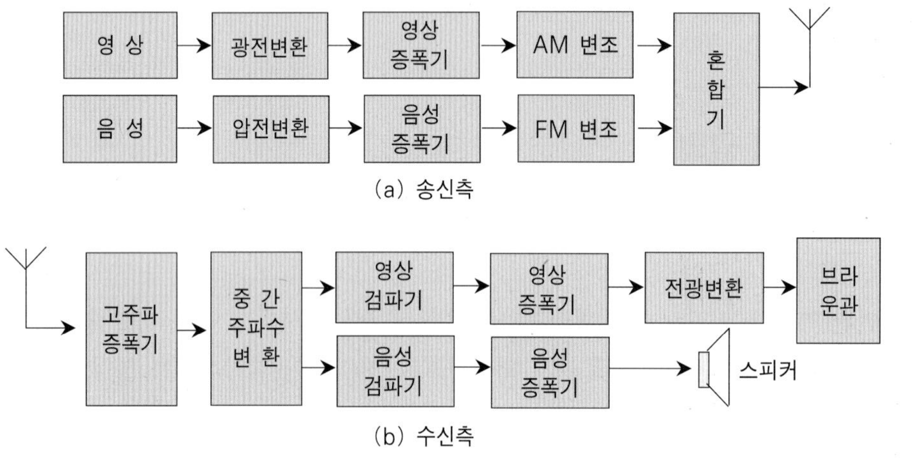

그림 5.3 텔레비전 신호의 흐름도

전자총은 전자빔을 만드는 부분으로 영상이 실린 전류의 강약에 따라 전자의 흐름을 만들어 낸다. 또한 영상이 비쳐지는 형광면은 형광 물질이 발라져 전자가 닿으면 빛이 발산한다.

전자총에서 나온 전자빔은 편향 코일의 자력에 의해 적당히 구부러져 형광면을 왼쪽에서 오른쪽 끝으로, 위에서 아래로 전체를 차례차례 스치게 된다. 이러한 동작을 주사(Scan)라 하며, 텔레비전의 왼쪽에서 오른쪽까지 걸친 선을 주사선(Scan Line)이라 한다.

주사선의 수는 화면의 해상도에 가장 큰 영향을 미치는데, 일반 칼라 텔레비전의 경우 525~625개의 주사선을 갖는 반면 고선명 텔레비전(HDTV)은 1125선에 달한다.

칼라 텔레비전에서 영상이 시청자의 눈에 들어오기 위해서는 몇 가지 경로를 거치게 된다. 안테나를 통해 가정으로 들어온 전파는 튜너에 의해 증폭된 다음 음성 신호와 영상 신호로 분리된다. 이중 영상 신호는 빨강(Red), 녹색(Green), 파랑(Blue) 등 빛의 3원색으로 분해된 후 전자총을 통해 브라운관의 형광 물질에 부딪혀 칼라 이미지를 만든다.

텔레비전 화면에서 보는 영상은 화소(Pixel)이라는 작은 점으로 구성되어 있으며, 각 화소는 인접한 3개의 인광점(전자와 충돌하면 빛을 내는 물질), 즉 빨강(R), 녹색(G), 파랑(B)으로 이루어져 있다. 이들이 형광 물질에 칠해져 있는 부라운관 표면에 함께 붙어 있어서 이 세가지 색이 하나로 보인다. 각 형광 물질은 그 표면에 쏘여주는 전자빔의 강도에 비례하여 빛을 내 보내는데, 표준 텔레비전 스크린의 경우 약 256 단계의 빛의 강도를 각 색깔의 형광 물질로부터 만들어 낼 수 있다. 따라서 1,670만 가지 색생 표현이 가능한 것이다.

텔레비전 수상기의 화면비는 가로와 세로비가 4:3으로 이 비율은 1889년 에디슨 연구소의 딕슨에 의해 개발되었으나, 현재는 와이드 스크린을 만들어 사용되기도 한다.

5.3.3 텔레비전의 주파수 스펙트럼

텔레비전 신호의 주파수 대역은 6 MHz로 이중에서 영상 신호는 4MHz의 대역폭은 사용한다. 반송파의 경우 음성은 주파수 대역폭 상한 보다 0.25MHz 낮은 주파수인 5.75 MHz 이며, 영상신호의 반송파는 음성신호의 반송파보다 4.5MHz 낮은 주파수인 1.25MHz이다.

텔레비전 영상 신호의 대역폭은 4MHz이고, 이 신호를 AM 변조하면 고 주파 출력의 대폭이 8MHz가 되어 전파 이용효율이 나쁘기 때문에 반송파의 한쪽 측파대(상측파대)만 있으면 AM 변조 신호로부터 모든 정보를 재생할 수 있으므로 하측파 대역의 일부를 제거하여 주파수를 절감하는 잔류측파대(VSB, Vestigial Side Band) 방식을 사용한다.

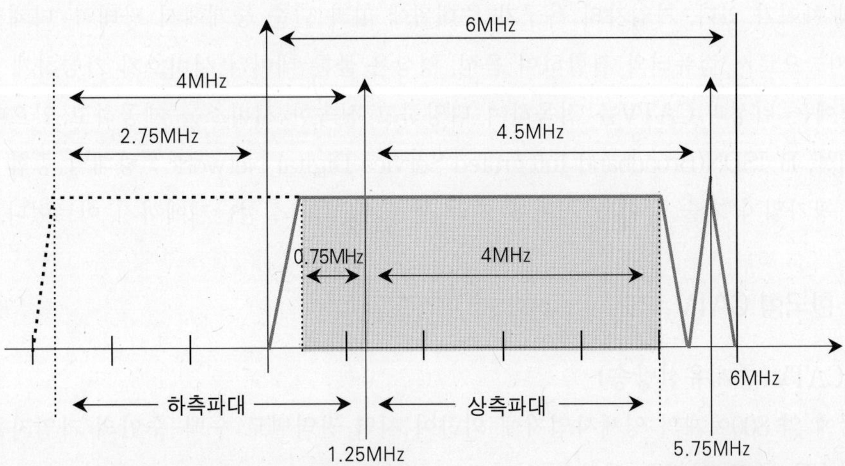

그림 5.4 텔레비전 신호의 주파수 스펙트럼

5.4 CATV

5.4.1 CATV의 개요

(1) CATV 역사

1) MATV/CATV

1949년 미국 오리건주 아스토리아 지방에서 TV 전파 수신이 곤란한 산간지대, 전파가 미약한 지역의 가까운 산위 또는 양청 지역에 공동수신 안테나(MATV, Master Antenna Television)를 설치, 수신된 공중파를 유선 케이블로 전송하여 각각의 가입자에게 분배하는 방식으로 난시청 해소 기능을 갖는 공동수신 시스템(CATV, Community Antenna Television)으로 시작되었다.

2) CATV(Cable Television)

공중파 TV방송에 대응하여 케이블을 이용한 TV방송이라는 유선방송 시스템(CATV : Cable Television)으로 발전되어 자주방송 및 대중화되는 다양한 프로그램을 수용하는 형태로 변화되어 세계 각 국에 널리 도입되기 시작하였다.

CATV의 발전은 지역, 문화, 기술, 도입형태 및 정책 등의 요소에 의해서 각 나라별로 약간씩 차이가 있다. 가입자의 욕구가 증대됨에 따라 단순 중계에서 광대역, 다채널의 쌍방향 기능으로서 컴퓨터와 결합하여 음성, 영상은 물론 데이터 서비스가 가능하게 되었다.

최근에는 위성과 CATV를 접목하여 다양하고 신속한 서비스를 제공하고 있으며 광섬유케이블, B-ISDN(Broadband Integrated Service Digital Network : 광대역 종합 정보통신망), 광가입자 기술 등이 발전됨에 따라 광 CATV의 실현단계에까지 이르렀다.

(2) 한국형 CATV

1) CATV(중계유선방송)

전국에 약 800여개의 영세사업자에 의하여 지역 권역별로 수백-수만의 가입자를 확보 중계방송을 주로 영업을 행하고 있다.

독자적인 중계유선협회를 결성하여 이권을 대변하고 있으며 유선방송관리법에 의해 통제되고 있다.

2) Cable TV(종합유선방송)

정부 주도의 국책사업으로 1, 2차 방송지역으로 나뉘어 공중파 방송을 포함한 체계적인 프로그램 편성으로 통신 및 방송시장 개방에 대비하고 국민 문화 생활수준 향상을 목표로 '95년부터 영업을 개시하였으며 종합유선방송법에 의해 통제되고 있다.

(3) CATV 현황

방송국 운영자, 프로그램 공급자, 전송망 사업자영역의 유럽방식과 같이 3등분하여 엄격히 규제하고 있다.

1) **방송국 운영자**(SO ; System Operator)

종합유선방송국시설을 갖추고 프로그램 공급업의 허가를 받은 자(프로그램공급자)로부터 방송프로그램을 공급받아 종합 편성한 후 해당 채널을 통해 종합유선방송을 송출하는 사업자 즉, 편성권, 송출권, 가입자관리권을 가진 사업자를 말한다.(종합유선방송국사업자)

2) **프로그램 공급자**(PP ; Program Provider)

유선 분배망이나 공중파를 통한 직접방식으로 시스템 운영자에게 프로그램을 공급하는 사업자로서 전기통신 방식의 분배망을 이용하는 공급자에게는 채널 배정에 관한 특약사업권(Franchise)을 적용할 수 있다. 즉 공급권과 배분권만을 갖고 있는 사업자를 말한다.

3) **전송망 사업자**(NO ; Network Operator)

전송선로시설을 설치·운영하는 자로서 다중 전송설비와 전송망설비를 갖추고 종합유선방송프로그램을 전송하는 사업자를 말한다.

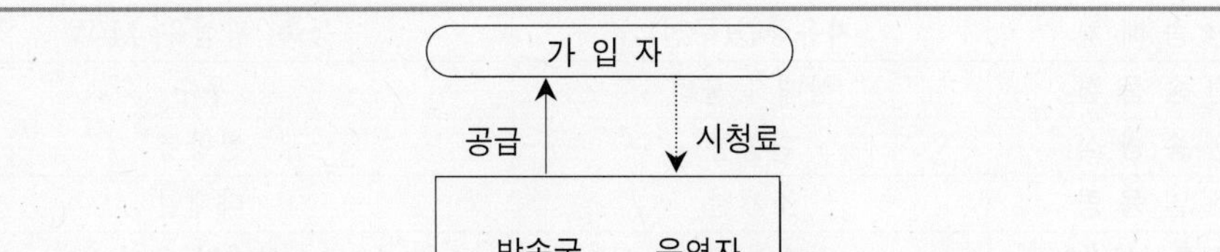

그림 5.5 CATV 사업 구조

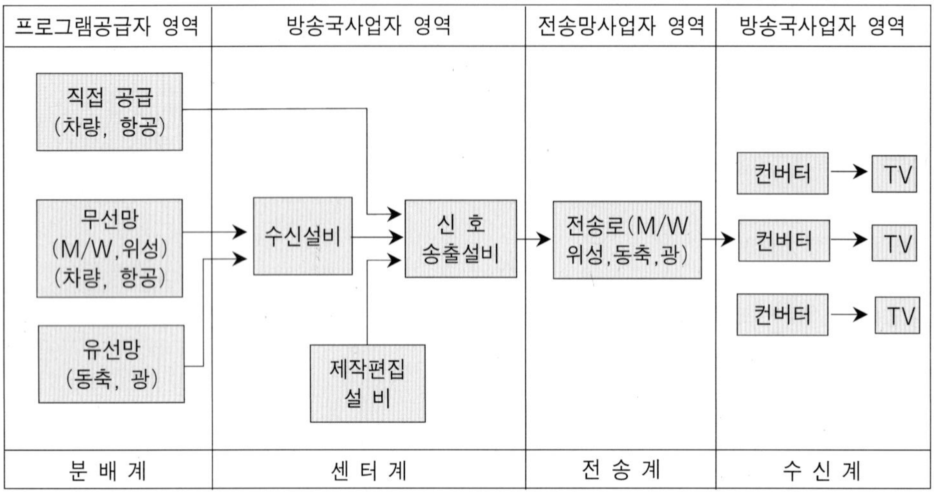

그림 5.6 CATV와 사업영역

(4) Cable TV의 주요 특징

1) 3분할 체제(겸업 불가)

2) 쌍방향 CATV

① 하향 주파수 : 54 - 750Mhz

② 상향 주파수 : 5 - 42Mhz

표 5.1 일반 방송과 CATV의 비교

구 분	일 반 방 송	C A T V
서비스 지역	광역성(Broadcast)	협소성(Narrowcast)
서비스 대상	불특정 다수	가입자
제공 서비스	공중파 방송	공중파, 자주방송, 정보통신
전 송 매 체	자유공간(무선)	동축, 광섬유, M/W
전 송 품 질	상대적 불리	우수
전 송 방 식	단방향	쌍방향
채 널 용 량	소채널	다채널
정보통신서비스	상대적 불리	상대적 유리
방송국 규모	대규모	소규모
요 금	시청료	시청료, 가입료
주요구성기기	방송국, M/W Link, TV	유선방송국, 전송로(유선), 컨버터, TV
채 널 제 한	없음	있음(스크램블 기능)
사 업 지 역	광역 단위	지역단위(프랜차이즈)

3) 프로그램 분배망과 가입자전송망으로 구분

4) CATV 관련사업의 시장개방 대비 및 관련사업 동반상승 효과

5) 망 감시장치 시설

6) 무정전 전원공급장치 시설

5.4.2 CATV 발전과정

(1) CATV 발전단계

1) 제1세대

산간벽지 및 대도시 전파 사각지대에 대한 난시청 해소용

2) 제2세대

자주방송 CATV시대로 중계 재송신외에 자체 스튜디오에서 제작한 프로그램과 프로그램 공급자로부터 제공받은 프로그램을 자주 방송하는 시대

3) 제3세대

위성 및 광전송로를 통하여 방송국 운영자에게 CATV 프로그램을 동시에 배급하는 전국적 CATV 시대로의 진입

4) 제4세대

쌍방향 CATV 시대로 데이터뱅크(Data Bank)와 가정용 컴퓨터를 연결, 고도 정보매체로서의 기능을 수행한다.

표 5.2 CATV 발전단계

구 분	제 1 세대	제 2 세대	제 3 세대	제 4 세대
시 대	50 - 60 년대	70 년대	80 년대	90년대이후
서비스형태, 목적	중계 재송신	자주방송	정보제공	정보센터
스테이션형태	공시청	헤드엔드	방송국	방송국컴퓨터
통 신 형 태	단방향	단방향	단순 쌍방향	완전쌍방향
전 송 로	동축케이블	동축케이블	동축/광/위성	광/위성
서비스 범위	국지적	지역사회	지방/전국	전국/전세계

(2) 쌍방향 CATV 발전

쌍방향 CATV는 단순 분배기능만을 가지고 있는 단방향 CATV에 수집기능을 첨가한 시스템으로 통신기술의 발달 및 사회적 요구에 부응하기 위한 새로운 기능 부가 형태로 발전하고 있다. 기능 부가에 따라 분류하면 다음과 같다.

1) 제 1단계 쌍방향 CATV

프로그램을 신청한 가입자에게 해당 프로그램에 대한요금을 부과하는 시스템으로 1977년 미국에서 최초로 설치하였다. 가입자가 터미널 장비로 원하는 프로그램을 신청하면 방송센터 컴퓨터는 이 신호를 받아 미리 정해진 시간에 프로그램을 보낸다. 이때 가입자 TV에 설치된 컨버터에 의해 신청한 가입자만이 시청할 수 있다.

즉 제 1단계 쌍방향 CATV 시스템은 시청자 기호에 맞는 프로그램을 제공할 수 있고, 가입자 장비를 저렴하게 설치할 수 있으며, 전송로는 기존 선로를 이용하거나 전화회선을 이용함으로써 별도의 시설투자가 필요 없다.

2) 제 2단계 쌍방향 CATV

가입자가 방송센터 컴퓨터와 통신할 수 있는 시설을 갖추게 된다. 이 쌍방향기능은 가입자 관리, 망감시, 방범방재 등 부가 서비스에 응용된다.

프로그램 예를 보면 설문에 대하여 가입자가 가부 의사표시 또는 투표를 할 수 있게 되어 있고 그 결과는 바로 집계되어 화면을 통하여 시청자에게 궤환(Feed Back)된다. 따라서 퀴즈 프로그램, 교육 프로그램의 직접참가는 물론이고 시청자가 어느 유료 TV 화면을 어떤 요금으로 언제부터 보고싶은지 임의 선택도 가능하다. 따라서 제 2단계 CATV는 운영에 많은 투자가 소요되는 단점이 있다.

3) 제 3단계 쌍방향 CATV

가입자 장비(컨버터)가 마이크로 프로세서를 내장하고 있는 시스템이다. 원격검침(Telemetering) 즉 전기·수도·가스 등의 계량기 및 방범 방재용 감지기 등을 방송센터 컴퓨터가 원격 감시할 수 있으며 사고 발생시에는 자동적으로 소방서나 경찰서 등에 연락함으로서 효율적인 방범·방재가 가능하다.

4) 제 4단계 쌍방향 CATV

가입자 장비에 램이 추가되어 중앙 컴퓨터가 데이터 서비스를 할 수 있는 시스템이다. 전자우편, 전자신문, 여행정보, 상품정보 등 각종 서비스를 받을 수 있고 원하는 정보를 센터에 통보할 수 있는 시스템으로 개인용 컴퓨터를 이용하여 홈쇼핑, 홈뱅킹, 예약 등 각종 정보서비스를 할 수가 있다.

(3) CATV의 분류

CATV를 분류한 기존 도서에서는 재송신용, 자주방송 및 쌍방향 등으로 구분하고 있으나, 서비스 방법에 따라 재송신용, 자주방송용, 다목적용 CATV로, 통신 형태에 따라 단방향, 쌍방향 CATV, 그리고 사용 목적에 따라 난시청용, 기업용, Hotel용, 배전 자동화용, 종합유선방송용, IBS(Intellingent Building System)용으로 구분한다. 또한 전송매체에 따라 동축방식, 혼합방식(Hybrid) 및 광전송방식으로, 방송국 규모에 따라서 북미형, 유럽형 및 한국형으로 구분한다.

표 5.3 CATV 종류

구 분	CATV 종 류
서 비 스 방 법	재송신용, 자주방송용, 다목적용 CATV
통 신 형 태	단방향, 쌍방향
용 도	난시청용, 교육용, Hotel용, 업무용, 백화점용, IBS용, 배전자동화용, 종합 유선방송용 등
전 송 매 체	동축방식, 혼합방식(HFC), 광전송방식
규 모	소형, 중형, 대형
도 입 방 법	북미형, 유럽형, 한국형
서 비 스 대 상	사설용, 공중용
회 선 접 속	CDMA/CD, Token, Polling/Selection

(4) 쌍방향 CATV의 응용

쌍방향 CATV 시스템은 정보통신 미디어로서도 역할을 수행할 수 있어 다양한 정보시스템 제공이 가능하게 되고 이를 바탕으로 신규 정보 서비스산업이 활성화될 것으로 전망된다.

CATV의 새로운 서비스 시장은 이러한 분야에 대한 개척 의지와 수요자의 요구를 형성할 것이다.

표 5.4 쌍방향 CATV 도입예상 서비스

구 분		예상서비스
1차 산업	농림수산업	농업, 어업, 데이터베이스 서비스
2차 산업	제조업	홈쇼핑, 직접 마케팅
3차 산업	도소매업	홈쇼핑
	은행업	전자식 은행거래
	증권업	주식정보 제공 서비스
	부동산업	물건 데이터베이스 서비스, 원격 방범. 방재 서비스
	운수업	좌석 등 각종 예약 서비스
	여행업	호텔예약, 여행안내 예약 서비스
	전기, 가스, 수도	원격검침 서비스
	경비산업	원격 방범 서비스
	출판업	출판, 전자잡지, 전자문고
	신문업	전자신문, 재택 여론조사, 기사 정보 데이터베이스 서비스
	방송업	재택 학습시스템
	영화업	패키지에 의한 영화 서비스
	뉴스제공업	다이렉트 뉴스 제공 서비스
	정보처리시스템업	원격 컴퓨터 서비스
	광고업	광고정보 제공
사회분야	의료	의료 데이터베이스, 의료상담 서비스
	교육	재택학습, CAI 시스템, 교육정보 데이터베이스 서비스
	행정	재택행정, 통계조사 전송시스템, 원격 방범. 방재, 행정관련 정보 데이터베이스 서비스
각 분야에 공통되는 것		재택근무(SOHO), 영상회의 시스템

5.4.3 CATV 시스템 기본구성

CATV 시스템은 크게 센터계, 전송계, 단말계로 구성된다

▪ **센터계**

수신설비, 스튜디오설비, 조종실설비, 조명설비 등

■ 전송계

1) 광전송계 : 광케이블, 광단국장치

2) 동축전송계

- 능동소자 : 증폭기, 전원공급기 등
- 수동소자 : 분배기, 분기기(Tap-Off), 방향성결합기, 콘넥터 등
- 동축케이블 : 간선, 분배선, 인입선 등

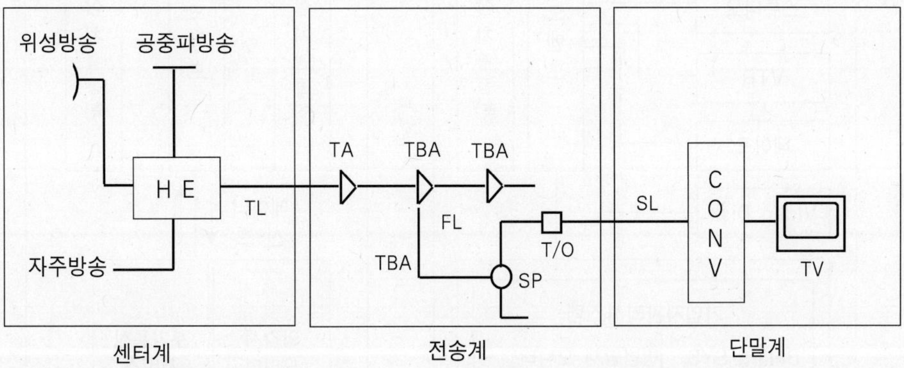

HE : 주전송장치(Head End)
TA : 간선증폭기(Trunk Amplifier)
TBA : 간선분기증폭기(Trunk Bridge Amplifier)
SL : 인입선(Subscriber Line)
CONV : 컨버터(Converter)
TL : 간선(Trunk Line)
FL : 분배선(Feeder Line)
SP : 분배기(Splitter)
T/O : 탭오프(Tap Off)

그림 5.7 CATV 기본 구성도

■ **단말계** : 보안기, 구내선, 컨버터, 홈터미널, TV수상기, 컴퓨터 등

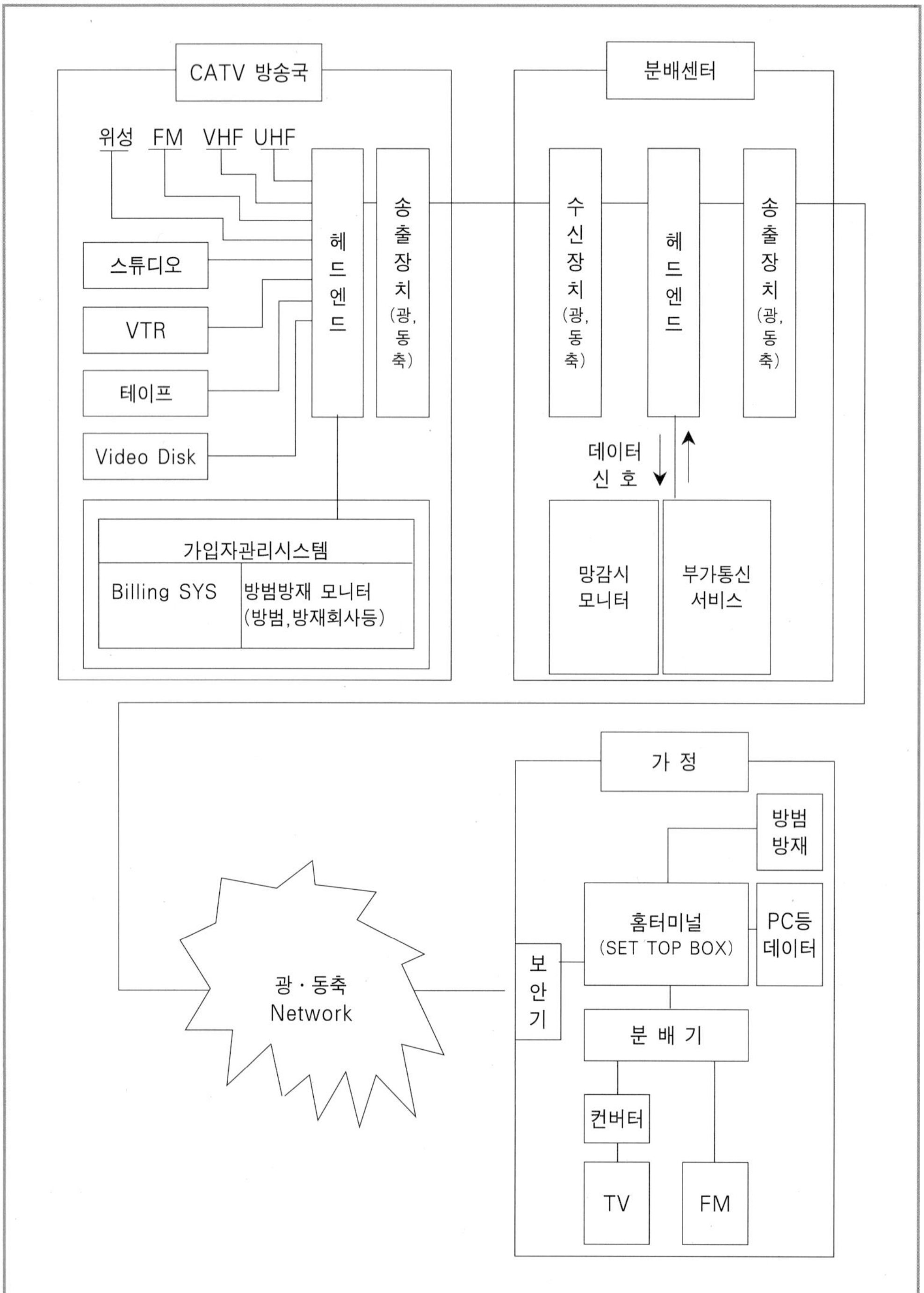

그림 5.8 종합유선방송 구성

(1) 센터계(Center Section)

CATV 사업의 방송국사업자에 해당하는 부분으로 정부의 허가를 받은 특정지역에 대한 독점 공급권을 가지고 프로그램공급자의 프로 및 공중파, 위성방송 등을 독자적으로 수신하고, 광고 및 지역특성에 맞는 자주방송을 복합 편성하여 가입자에게 전송하며 향후에는 부가서비스까지 그 영역이 확대될 것으로 예상되며 현재의 지역단위 영업권을 확대, 상호간에 흡수 통합을 통해 미국과 같은 MSO(Master System Operator) 체제로 발전하리라 본다.

표 5.5 센터계 주요설비 기본기능

구 분	기 본 기 능
수 신 설 비	• 공중파 신호를 수신하여 헤드엔드에 공급하는 기능 • 신호전송에 적정한 주파수 변환 및 레벨조정 기능
헤드엔드설비	• 수신설비로 부터 입력된 신호 채널변환 기능 • RF 또는 베이스밴드신호로 변환해 주는 변·복조기능 • 다수의 주파수분할된 신호 분리 및 혼합 기능 • 쌍방향 방송 및 정보통신 기능 • 전송로에 신호를 송출하는 기능
스튜디오설비	• 프로그램 제작 기능 • 생방송 또는 중계방송 등의 제작 총괄 기능 • 영상 및 음성 절체 기능 • 편집장치 등과 접속 기능
송 출 설 비	• 자체제작 프로그램, 외부 프로그램 및 공중파방송 재전송을 위한 설비로서 자동송출설비, VTR 등으로 구성하여 전송로에 프로그램을 송출하는 기능
편집검색 설비	• 외부 영상소스를 영상효과, 자막처리 등 다양한 기능을 부가하여 고품질 다기능으로 편집작업하는 기능
가입자 관리설비	• 수신료 과금, 가입자 원장정리 기능 • 기타 가입자관리 지원 기능
국사 부속 설비	• 영상촬영에 필요한 적정 조도를 유지하는 조명설비 • 스튜디오 냉·난방 및 온습도 조절을 위한 공조설비 • 화재시 인명피해 및 기기 손상방지를 위한 소방설비 • 방송센터 각종기기에 전원을 공급하는 수·배전설비 • 내·외부간 소음방지를 위한 방음설비 등

(2) 전송로계(Transmission Line Section)

고전적 의미의 CATV 전송계는 동축전송장치로만 구성되는 시스템을 말한다. 그러나 CATV가 광역화되고 멀티미디어 전송 및 새로운 부가서비스를 수용하는 뉴미디어 전송매체의 역할을 수행하게 됨에따라 신호의 광역전송을 위하여 광전송설비의 적용이 적용되게 되었다.

표 5.6 전송계 기본기능

구 분		기 본 기 능
Head End 설비		• CATV 방송국으로부터 수신한 방송신호를 광역 분할된 가입자CELL로 공급해주기위해 광전송장치와 Interface 역할을 수행한다. • 망감시장치 및 부가서비스 신호와 CATV 신호 결합
전송로	간 선 (Trunk Line)	• 헤드엔드로 부터 송출된 신호를 서비스구역 전역에 전송하기 위한 전송로 부분을 말하며 헤드엔드에서 복수로 시설하거나 도중에서 복수로 분기되기도 한다. 다른 전송로에 비해 전송거리가 길어지므로 고품질의 전송특성을 갖는 케이블과 간선증폭기가 필요하다. • 광케이블, 광전송장치 등 • 동축케이블(HFA-17C 이상), 간선AMP, 전원, 수동소자 등
	분기, 분배선 (Bridge, Feeder Line)	• 간선에서 나누어진 신호를 각 가입자에게 분배하기 위한 전송로를 말하며 분배선이 길어지거나 가입자 인입단자수가 많아지게 되면 증폭기를 사용하여 신호의 감쇠량을 보상한다. • 간선분기 및 연장증폭기, 수동소자 등
	인 입 선 (Subscriber Line)	• Drop Line이라고도 하며 인입선은 통상 10~30m 이내 거리로서 분배선으로 부터 가입자 보안기까지 이르는 전송로를 말한다. • 증폭기나 수동소자가 사용되지 않는 구간

(3) 단말계

방송국사업자의 사업 영역으로 가입자의 가입 요청시 전송계의 인입선과 함께 시설되어 시청이 가능토록 하는 설비 영역이다.

단말계 주요설비별 기능은 다음 표와 같다.

표 5.7 단말계 기본기능

구 분	기 본 기 능
컨 버 터 (Converter)	• 도청방지를 위한 스크램블(비화)과 디스크램블(해독) 기능 • 채널 변환기능, 기타 원격 제어기능
홈터미널 (Set Top Box)	• 쌍방향 어드레서블 컨버터 기능외에 방범, 방재, 홈쇼핑, Internet, 시내전화 등 부가통신 서비스 인터페이스 기능
부가장치	• 낙뢰 및 과전압 보호를 위한 보안기능 • 동축케이블과 TV 수상기 임피던스 정합 기능
구내 선로설비	• 아파트, 공동주택 등의 다가구 주택에 다수 수용가가 CATV를 시청할 수 있도록 공급해 주는 설비로 구내용의 능동, 수동소자로 구성된다

5.4.4 CATV의 기능 및 특성

(1) 센터계(Center Section)

센터계는 수신점 설비, 헤드엔드 설비 및 스튜디오 설비로 구성된다.

수신점 설비는 공중파 및 위성방송을 수신하기 위한 설비이고 헤드엔드 설비는 CATV 주전송장비로서 신호를 변환, 증폭하여 전송로에 신호를 송신하기 위한 설비이며, 스튜디오 설비는 프로그램 제작, 편집 및 송출장비를 말한다.

1) 수신점 설비(Antenna System)

수신점 설비는 공중파 방송신호를 수신하기 위한 설비로서 FM, VHF, UHF 안테나, 위성방송 수신장치 및 레벨조정기, U/V 컨버터 등으로 구성되며 주요 기능은 다음 표와 같다. 현재 대형 건물이나 아파트 단지에서 Community Antenna 시스템으로 사용되고 있는 방식과 동일하다.

표 5.8 수신점 설비 주요 기능

설 비	기 능
수신용안테나 (Antenna)	방송국으로 부터 송출되는 공중파 신호를 수신하여 헤드엔드에 공급하는 기능
컨 버 터 (Converter)	수신된 채널을 특정 채널로 변환(VHF↔UHF)하여 헤드엔드에 공급하는 기능
전치증폭기 (PRE AMP)	수신지역 전계가 미약한 약전계지역(기준:약 55dBu이하)에서 수신점 가까이에 부착하여 헤드엔드 입력레벨에 맞게 신호를 공급하는 기능
레벨조정기 (Level Setter)	안테나로 부터 수신되는 각 채널의 신호레벨을 일정하게 조정(Slope 특성고려), 혼합하여 헤드엔드에 공급하는 기능을 가지며 안테나와 헤드엔드 사이에 설치한다.
위 성 방 송 수 신 설 비	위성수신 안테나, LNA(Low Noise Amplifier) 등 위성방송 수신을 위한 설비로서 TVRO (Television Receiver Only)와 DBS(Direct Broadcasting Satellite) 등이 있다.

2) 헤드엔드 설비(Headend System)

헤드엔드는 CATV시스템 심장부로 Cable Head와 Antenna End의 합성어이다.

안테나 수신신호, 스튜디오 카메라, VTR 등의 자주방송 신호를 전송로에 송출하기 위한 설비로써 수신신호와 송출신호 종류에 따라 시스템 규모가 달라진다. 헤드엔드 신호품질이 전송로 품질을 좌우하므로 그만큼 중요하다. 헤드엔드는 수신용 증폭기, 변조기, 복조기, 분파기, 결합기 등으로 구성되며 주요 기능은 아래의 표와 구성도 같이 채널 변환방식 증폭기인 신호변환기(Signal Processor)가 많이 사용된다.

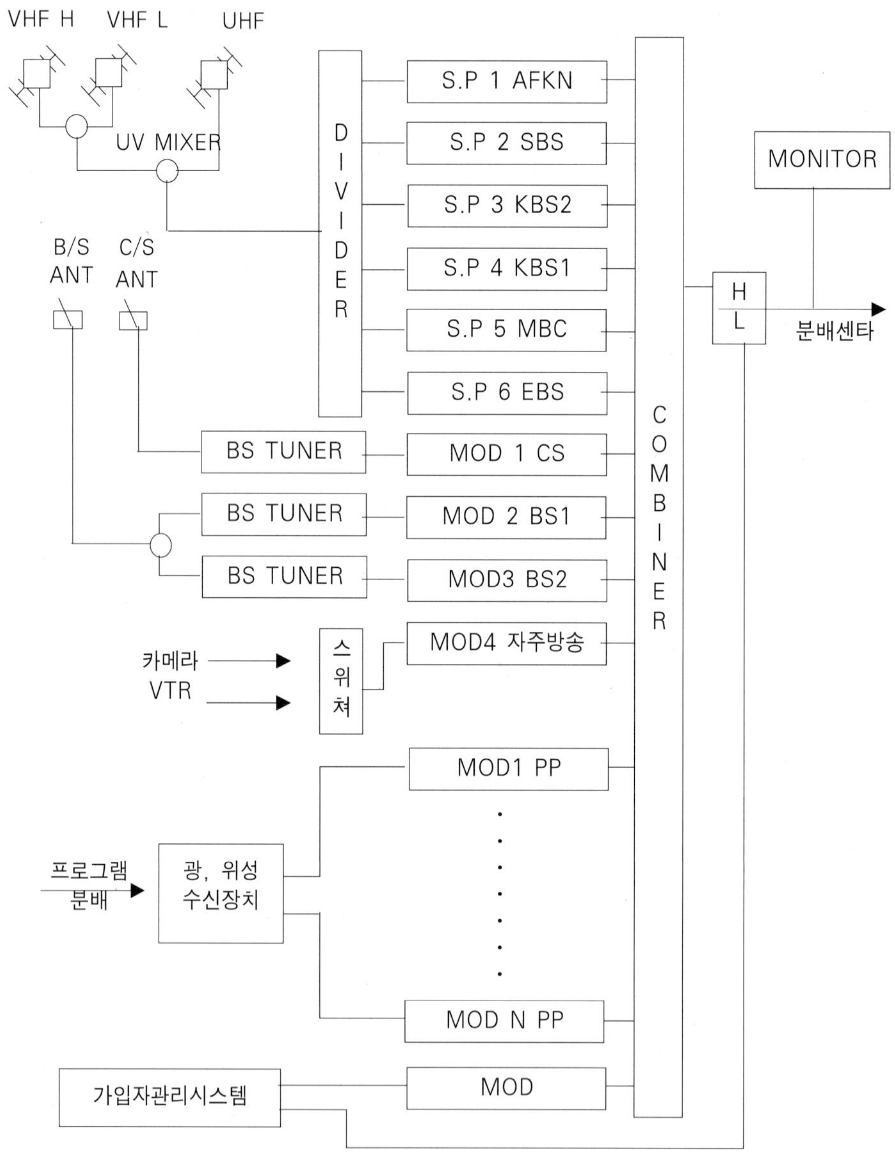

그림 5.9 CATV 헤드엔드 구성도

표 5.9 헤드엔드 설비 주요 기능

설 비	기 능
신호변환기 (Signal Processor)	광대역형과 채널전용이 있으며 채널전용인 경우 신호변환기(SP)는 안테나로부터 수신된 FM, VHF/UHF TV신호입력을 일단 중간주파수대로 변환후 영상 및 음성신호를 분리하여 지정채널 신호로 변환 증폭하는 기기이며 주요 기능은 증폭, 출력조절(AGC), 신호변환, 필터링 기능 등이 있다.
변 조 기 (Modulator)	카메라 또는 VTR 등으로 부터 공급되는 A/V 베이스밴드 신호를 Network에서 요구하는 RF신호의 지정 채널로 변조시켜 송출하는 장비
복 조 기 (Demodulator)	RF신호를 베이스밴드의 오디오와 비디오 신호로 변환해주는 장비로 변환된 신호를 수신하여 편집 제작하기 위한 경우 일반적으로 사용된다.
결합기/분배기 (Conbiner/ Divider)	H·E 입출력 단계에서 신호를 균등 분배하여 원하는 장비에 공급하거나 장비로 부터 공급되는 각 채널 신호를 동일 전송로상에 결합하여 송출하는 기능
대역분리기 (Diplex Filter)	쌍방향 시스템에서 낮은대역 역방향 신호와 높은대역 순방향 신호를 분리하여 주는 기능(동축전송망에서 주사용)
파일롯트 신호발생기	케이블 전송손실을 모니터링하기 위한 설비 (한국형 CATV에서는 전송계의 H/E에서 주사용)

주요 장치의 특성을 살펴보면 다음과 같다.

① 신호 변환기(Signal Processor : AGC AMP)

CATV 시스템 화질의 좋고 나쁨은 수신점 신호의 영향이 크므로 송출신호를 전송로에 적정레벨까지 증폭하며 지역 상황에 맞는 필요 채널로 변환하여 송신한다.

② 변조기(Modulator)

변조기는 여러 가지 Source 즉 카메라, VTR 등의 베이스밴드신호를 전송로에 다중화하여 전송하기 위한 지정채널로 고주파 변조하는 장치로써 영상, 음성변조기, SAW 필터, 출력컨버터, 발진기 및 전원회로로 구성된다.

SAW(Surface Acoustic Wave : 탄성표면파)

탄성체 표면을 따라 진행하는 음파로서 에너지가 전파매질 표면주위에 집중되어 있으므로 발생하며, 건축, 제어가 용이하고 회로를 소형화할 수 있다. 필터, 공진회로, 발진회로에 많이 쓰인다.

③ 복조기(Demodulator)

복조기는 변조기와 반대로 고주파신호를 기저대의 영상, 음성신호로 복조하는 장치로서 입력컨버터, 중간주파필터, AGC, 음성출력 및 영상출력 장치로 구성된다.

④ 결합기 및 분배기(Combiner/Divider)

결합기는 신호변환기, 변조기, 파이롯드 신호발생기 등의 출력을 결합하여 간선에 송출한다. 반대로 입력신호를 분할하는 경우를 분배기라 한다. 결합기는 필터결합형, 분배기를 조합한 하이브리드(Hybrid) 결합형, 방향성결합기(Directional Coupler)에 의한 결합형이 있고 필터에 의한 결합형은 삽입손실이 적고 전송대역외 채널에 대해서는 감쇠역으로도 되기 때문에 단자간 결합을 크게 잡을 수 있어서 신호변환기 상호간 간섭을 방지할 수 있다. 그러나 각 필터 통과대역 특성을 각 신호변환기 유니트 채널에 맞출 필요가 있으며 또 필터 구조상 소자수가 많기 때문에 하이브리드형 보다 구조적으로 커진다.

하이브리드 결합형은 2분배기를 반대로 사용하여 결합기로 사용한다. 2분배기는 그 자체 특성이 광대역이기 때문에 신호변환기 채널에 관계없이 자유롭게 결합할 수 있다. 또 단자간 결합도는 20dB 이상 얻어지기 때문에 수신증폭기간 간섭을 방지할 수 있다.

그러나 결합기 1 단자(Port)당 총 손실이 3.5~4dB로 되며 증폭기 수가 많은 경우에는 결합기 종속단수가 증가하여 결합손실이 크게 되는 결점이 있다.

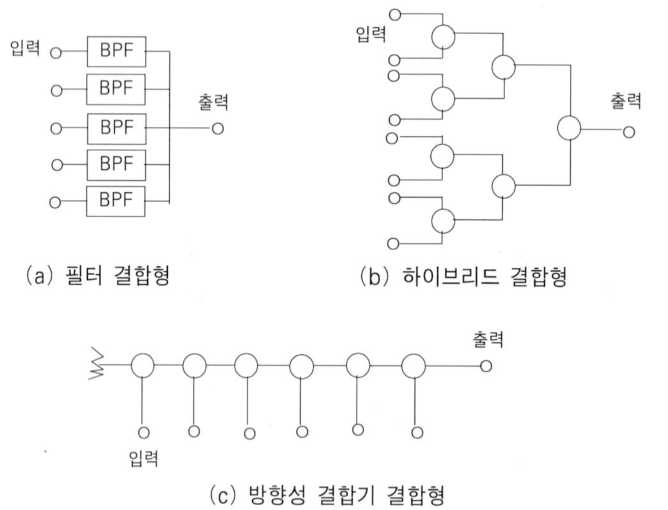

(a) 필터 결합형
(b) 하이브리드 결합형
(c) 방향성 결합기 결합형

그림 5.10 결합기/분배기 구성도

⑤ 다이플렉서 필터(Diplex Filter)

다이플렉서 필터는 양방향 CATV 시스템에서 낮은대역 역방향 신호와 높은대역 순방향 신호를 분리하여 주는 기능을 갖고 있으며 쌍방향 CATV에 사용된다.

⑥ 파이롯드 신호발생기(Pilot Signal Generator)

CATV 시스템에 동축케이블을 사용하는 경우 주변 온도에 의한 전송손실이 발생하여 (1℃마다 0.2%) 전송거리가 길어지면 가입자 단말레벨을 규정치 이상 얻기가 어려우므로 이를 보상해 주어야 한다.

일반적으로 하절기와 동절기 평균 기온차는 20℃이며 이것에 1일 최고, 최저 온도치 및 온도상승을 고려하면 온도변화 최대폭은 60℃~70℃정도로 할 필요가 있다. 따라서 동축케이블 감쇠량 변화 최대폭은 약 12~14 %로 된다.

또 규모가 큰 공동수신 시설에서는 간선도 길고 선로증폭기 종속단수도 증가하기 때문에 간선 말단으로 갈수록 온도변동에 대한 증폭기 입출력 레벨 변동량도 증가하여 비트나 혼변조 방해를 발생, S/N 저하 등 단말수상기 화질저하 원인이 된다. 이 때문에 규모가 큰 시설에 사용하는 선로증폭기에는 AGC 기능을 부가하여 출력레벨을 안정하게 유지토록 고려할 필요가 있다.

선로증폭기에서 AGC를 행하는 경우 전송채널의 적당한 주파수를 이용하는 방법도 생각되나 방송개시 및 종료시각이 다르기 때문에 이용할 수 없다. 그래서 수신점에 AGC용 신호로써 파일롯트 신호발생기를 설치하여 전송할 TV신호와 함께 파이롯트 신호를 송출하고 각 선로증폭기에서는 이것에 의한 레벨변동을 검출하여 AGC 동작을 행한다.

파이롯트 신호 주파수는 전송채널과 혼합함에 따라 비트방해가 되는 주파수 성분이 생기지 않도록 주파수를 선택할 필요가 있다.

또 동축케이블 전송손실은 dB치로서 주파수 제곱근에 비례하기 때문에 온도변화에 대한 변동량은 주파수가 높은만큼 크다. 따라서 파이롯트 신호주파수에는 선로증폭기 통과대역 내에서 레벨변동 검출량이 가장 큰 최고 채널 상측 부근 주파수가 사용된다.

(2) 전송계(Transmission Section)

전송계는 방송국 헤드엔드에서 송출된 프로그램 신호를 각 가입자 단말기까지 송신하기 위한 전송로이며 CATV 시스템 규모, CATV 시스템 적용대상 가입자밀도(Density), 헤드엔드 위치, 지형적 조건 등에 따라 구성방법이 달라지게 된다. 또 신호 전송이 헤드엔드로부터 가입자를 위한 단방향 전송, 쌍방향 전송 여부에 따라서 달라진다.

주요 구성장치는 H/E(Head End) 설비, 능동소자류(광장치, 증폭기류, 전원공급기 등), 수동소자류(분기기, 분배기, 방향성결합기, 전력삽입기, 콘넥터 등), 케이블류(광, 동축), 망감시설비로 구성된다.

표 5.10 전송계 H/E 설비

품 명	기 능
신호변환기 변조기/복조기	현장에서 상향신호 시험용, 망감시장치 왜곡신호 측정용으로 사용
Head Amp	AM광전송장치에 최적 입력을 공급해 주기 위한 적정 신호 증폭
결합기/분배기/방향성결합기	방송신호와 다양한 타신호의 분기, 분배, 결합용
Pilot 신호발생기	전송로에 AGC 동작을 위한 기준신호를 제공
Sweep System	On Air 상태로 현장에서 전송로를 시험할 수 있도록 Sweep Signal 제공
대역 분리기	분배 센타에서 동축 전송로로 직접 나가는 경우 상,하향 신호 분리용
기 타	전원, 공조설비, 계측기, 모니터 설비, 광전송장치, 망감시장치 등도 광의의 H/E 설비로 분류

1) Head End(H/E) 설비

분배센타 내에 시설되어 방송국에서 수신된 CATV 다중신호를 전송로에 전송하기 위해 신호 증폭, 분기, 분배, 부가서비스(망감시, 기타 제공서비스 등)를 결합하기 위한 분배센터의 조종실이라 할 수 있다.

2) 증폭기류(Amplifiers)

CATV에 사용되는 증폭기는 헤드엔드 출력에서 보안기까지의 간선, 분기선에 사용되는 케이블 감쇠량 및 분배기 손실을 보상하고 필요한 레벨을 유지하는데 사용된다. 이 증폭기의 종류는 간선증폭기(TA), 간선분기증폭기(TBA), 분기증폭기(BA), 분배증폭기(DA), 연장증폭기(EA)로 구분할 수 있다. 이러한 분류는 고전적인 의미로서의 분류이며 현재 세계적인 추세는 미니분기형(Mini Bridge Type ; System Amp)의 간선분기증폭기 하나로 통일되어 가는 추세이다. 증폭기별 기능을 보면 아래 표와 같다.

표 5.11 증폭기의 기능

구 분	기 능
간선증폭기 (Trunk Amplifier)	간선에 사용되는 증폭기로서 선로의 신호 손실을 보상하며 온도특성에 의한 신호레벨 변동을 보상하기 위해 AGC가 사용된다. 이득은 최고 주파수에서 20~25dB 정도이고 출력레벨은 90~100dB 정도임
간선분기증폭기 (Trunk Bridge Amplifier)	간선에서 사용되는 증폭기로서 2개이상을 균등하게 분배하는데 사용된다.
분기증폭기 (Bridge Amplifier)	간선을 2개이상의 지선으로 균등하게 분배하며 선로 신호손실을 보상하며 출력레벨은 100~110dB, 이득은 20~30dB정도임
분배증폭기 (Distribution Amplifier)	일반적으로 간선 또는 분기선 종단에서 신호를 2분배이상 균등분할하여 사용되는 증폭기로서 분기증폭 보다는 슬로프 특성이 필요하며 출력레벨, 이득은 제조회사에 따라 약간씩 다르나 분기증폭기와 유사하다.
연장증폭기 (Line Extender Amplifier)	분배 또는 분기증폭기에서 제공된 출력신호를 수신단말까지 전송하려고 할 때 미약한 신호를 증폭해주기 위해 사용되는 증폭기로서 간선증폭기 보다 증폭도가 높고 신호왜곡과 잡음현상이 심한 특성을 갖는다. 이 연장증폭기는 전기적인 특성이 간선증폭기에 비해 나쁘기 때문에 1개 전송로에 3대이상 직렬 다단접속이 불가능하다.

3) 수동소자류(Passive Elements)

① 개 요

CATV 시스템에서 사용하는 수동소자는 광전송용과 동축전송용으로 나눌 수 있으며 증폭기처럼 신호를 증폭하는 능동소자기기가 아니라 신호의 변형없이 단순히 신호의 분배, 분기 및 접속기능만을 수행한다.

② 옥내용 수동소자

- 분배기(SP : Splitter)
- 분기기(TO : Tap-Off)
- 방향성결합기(DC : Directional Coupler)
- 직렬유니트(Outlet) : 기능적으로 분배기와 분기기를 혼합시킨 형식으로써 전원 콘센트와 같이 벽에 매입하여 사용하며 중간 분기용과 단말분기용이 있다.

③ 옥외용 수동소자

표 5.12 수동 소자류 주요기능

구 분	기 능
분기기 (TO : Tap Off)	가입자에게 신호를 분기하기 위하여 사용되며 2,4,8분기(PORT)가 있으며 손실은 3.5~12dB정도이다.
분배기 (SP : Splitter)	하이브리드 트랜스를 이용하여 입력신호를 2개이상 분배하기 위해서 사용되며 2,3,4,8분배(Way)가 사용됨
방향성 결합기 (DC : Directional Coupler)	신호를 간선에서 지선으로 나눌 때 사용됨
전력 삽입기 (PI : Power Inserter)	선로에서 사용되는 능동소자에 전원을 공급해 주기 위해 사용되는 전력공급기와 CATV 전송로간의 접속에 사용함
상향필터(Filter)	희망하는 주파수의 전파만을 통과시킬 때 사용함
보안기	낙뇌나 누전으로부터 시설이나 가입자를 보호하기 위해서 사용함
정합기	임피던스가 다른 전송케이블과의 접속을 위해서 사용됨

5.5 CCTV

5.5.1 CCTV 개요

CCTV(Closed Circuit Television)란 특정자 상호간만을 연결한 TV에 의한 통신 시스템으로서 화상정보를 특정의 목적으로 전달하는 시스템이다.

호텔, 병원, 학교 등 특정대상에 대하여 건물내 기밀누출방지 및 시설의 보호 등을 위하여 VTR 또는 자체 스튜디오를 통해 특정 프로그램을 제공하며 사람이 접근할 수 없는 공장, 댐, 은행, 백화점, 하역장 등 감시할 수 있는 시스템으로 CCTV 신호의 전송은 종래 동축케이블이 사용돠고 있었으나 최근에는 광섬유 케이블의 사용으로 바뀌고 있다

또한 교육용, 회의용, 의료용TV 등으로 널리 이용되고 있다

5.5.2 CCTV 시스템의 기본구성

CCTV 시스템의 기본구성은 촬상계, 전송계, 수상계의 3개 부분으로 구성되어 있으며 수상계 부분에는 기록장치를 부가하는 경우도 있다.

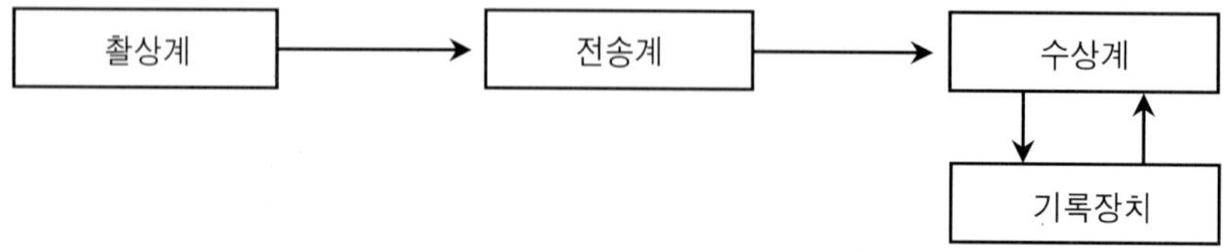

그림 5.11 CCTV의 기본구성

(1) 촬상계

1) 촬영용의 광학렌즈계, TV카메라계, 및 지지보호 체계로 분류한다.
2) 광학렌즈는 피사체의 크기, 피사체까지의 거리로서 렌즈의 초점거리가 정해지므로 적정하게 선택한다.
3) TV카메라는 피사체를 고정적으로 관찰할 수 있는 고정카메라와 피사체를 여러 시각적 관점에서 관찰할 수 있는 회전형 카메라로 분류한다.
4) 최근에는 감시 또는 관리하고자하는 지역에 설치한 TV카메라와 광학렌즈(줌렌즈), 하우징 콘트롤 기기 등을 원거리에서 선별 조정한다.
5) TV 카메라계는 흑백방식과 칼라방식으로 분류한다

(2) 전송계

1) 영상신호로 전송하는 방식으로는 케이블 등의 매체를 이용한 유선방식과 공간에 의한 VHF나 마이크로파를 이용한 무선전송방식으로 구별할 수 있다.
2) 마이크로파 전송방식으로는 50GHz대가 광의 전파방식으로서 적외선이 사용된다.
3) 동축케이블을 사용하여 전송하는 것이 주력이었으나 최근에는 광섬유케이블에 의한 대역폭 100MHz bit/s 정도의 디지털 전송방식이 채용되고 있다.

(3) 수상계

1) 전송되어온 영상신호를 화상으로 재현시키기 위한 장치로서 화상, 도형문자와 같은 형식으로 화면에 표시하는 장치
2) 수상장치는 TV수상기에서 많이 사용되는 CRT모니터가 많이 사용되나 최근에는 프로젝트형 모니터가 많이 증가하고 있다.

3) 수상계는 촬영장치를 원격으로 조정하며 영상 및 날짜, 시간을 녹화하여 각종 사고 발생시 현황조사 자료로 사용한다.

5.5.3 CCTV 시스템의 구성 예

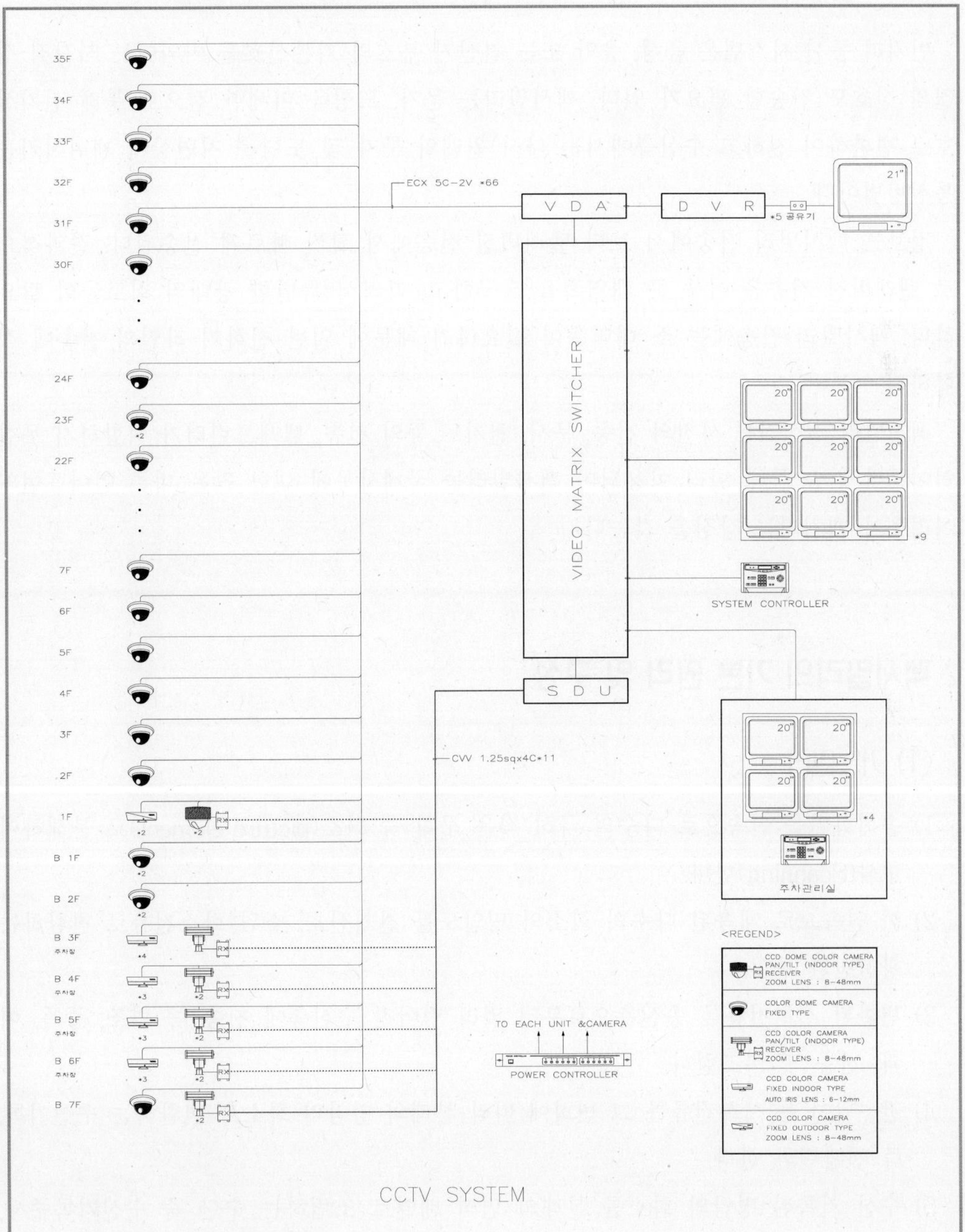

그림 5.12 CCTV의 구성 예

5.6 팩시밀리

5.6.1 팩시밀리 개요

먼거리 통신 시스템은 음성, 음악 또는 전신기 부호의 기본신호들 이외에는 시각적 성질의 신호도 전송할 필요가 있다. 팩시밀리는 문자, 도형을 미세한 점으로 분해 전기신호로 변환하여 전하고 수신측에서는 다시 원래의 문자 및 도형을 지면상에 재현시키는 통신방법이다.

정보는 팩시밀리 전송에서 보다 텔레비전 전송에서 훨씬 빠르게 전송된다. 결과적으로 텔레비전 전송은 아주 큰 대역혹을 요구하고, 따라서 특별한 광대역 회로들이 필요하다. 팩시밀리 전송에는 소 대역폭이 필요하기 때문에 일반 전화기 라인의 전송에 적합하다.

팩시밀리 전신기는 사진의 전송, 문서, 천기도 등의 전송, 텔레프린터가 적합하지 못한 언어문장 전송 등에 널리 이용되며 팩시밀리는 국제사무에 대한 많은 다른 언어표현의 어려움이 제거되는 장점을 갖는다

5.6.2 팩시밀리의 기본 원리 및 구성

(1) 기본원리

1) 송신화면을 연속으로 다수의 극히 적은 구획 즉 화소(picture element)로 분해하여 주사(Scanning)한다.
2) 이 연속으로 계속된 다수의 회소의 명암도를 전기신호, 소위 화소전류로 변환하는 광전변환 한다.
3) 변환된 서화전류를 송신측으로부터 멀리 떨어진 수신측에 전송 즉 변조, 증폭, 여파, 전송 및 복조한다.
4) 전송되어 온 서화전류를 그 변화에 따라 본래의 명암의 화소로 변환하는 수신기록, 즉 전광변환 한다.
5) 수신 기록된 명암의 화소를 본래의 면적 배열로 조립하는 수단 즉 수신기록주사, 송신장치의 회전동기 및 송수신화의 위상동기를 맞춘다.

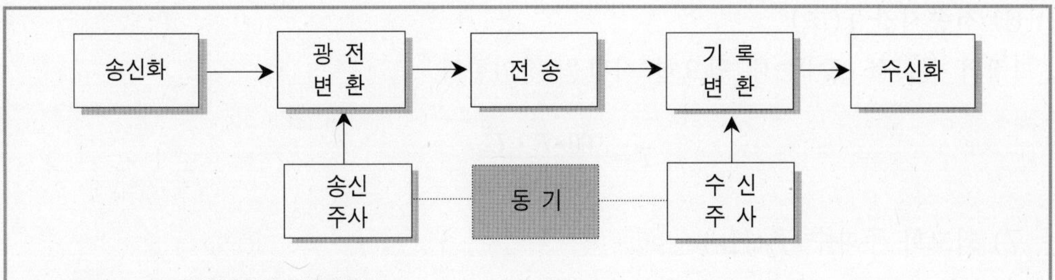

그림 5.13 팩시밀리의 신호흐름

(2) 기본상수

팩시밀리의 규격이나 성능을 표시하기 위하여 각종 상수가 사용되고 있으며 기본적 상수와 그 상호 관계는 다음과 같다

1) 주사선 길이 L(mm)

주사선의 길이로서 원통주사에서는 L=πD(D=원통직경 mm)

2) 주사선 밀도 F(줄/mm)

부주사 방향의 단위길이 mm당 주사선 수를 말한다. 즉, 주사선 밀도가 클수록 치밀한 화면을 다룰수 있다. 주사선 밀도는 CCITT 표준은 3.85줄/mm, 고해상도는 7.7 줄/mm이다.

3) 유효 원통길이 U(mm)

부주사에 의해 실제로 전송할 수 있는 원통의 측방향길이로 평면주사인 경우는 부주사 방향의 길이는 일반적으로 제한이 없다.

4) 원통 회전수 N(rps)

주주사의 속도에 해당된다.

5) 협동계수 M

주사선 길이와 주사선 밀도와의 적을 말하며, 원통직경과 선밀도와의 곱으로 정의한다. 이 값이 송수신측에서 일치하고 있으면 송신화와 닮은 수신화가 얻어진다.

$$M = F \cdot D$$

6) 전송시간 T(초)

1장의 원화를 보내는데 필요한 시간을 정의한다.

$$T = \frac{60 \times F \cdot U}{N}$$

7) 최고화 주파수 f_p(Hz)

송신화가 1/Fmm인 면적의 흑백화소의 반복으로 될 때 회신호의 주파수 값이다.

$$f_p = \frac{\pi D \cdot F \cdot N}{2} \times 60$$

5.6.3 팩시밀리의 송신주사

송신주사는 송신 워고의 2차원 정보를 일정한 순서의 화소의 배열로 분해해서 시계역적인 1차원 정보로 변환하는 것으로 기계주사와 전자주사로 구별된다.

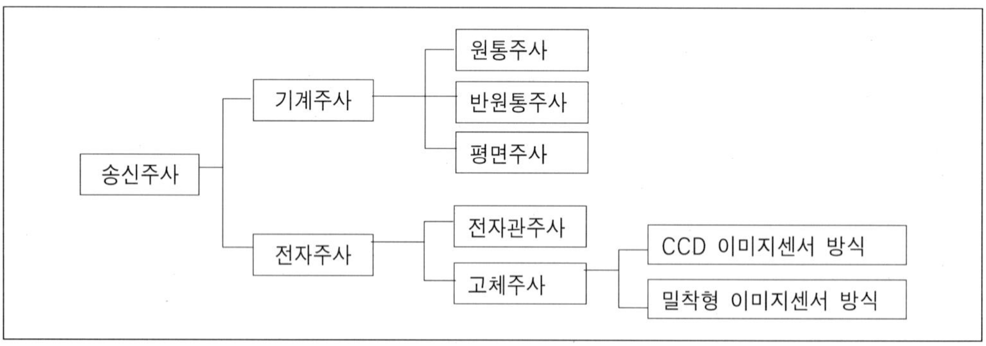

5.6.4 팩시밀리 전신 신호의 전송

필요한 대역폭은 전기신호에 적용했던 방볍과 비슷하게 적용할 수 있다. 주사피치의 폭이 있는 각 정방형에 대응된 흑과 백이 발생하는 최악의 경우를 가정할 수 있다.

이들 각 정방형은 최소-크기의 영상요소(picture element) 또는 픽셀(pixel)이다. 여기서는 수직해상도와 수평해상도가 같다고 가정한다. 이상적인 출력은 주사용 틈(slit)을 사용하여 생성된다. 그렇지만 한 틈에서 이용할 수 있는 출력은 아주 적고, 출력과 원하는 파형간에는 절충이 이루어져야만 한다. 정방향의 주사점은 최대의 출력이 주어지는 삼각파를 생성하게 된다. 삼각파는 최적이 아니며 높이가 폭의 약0.8배인 직방형의 주사점을 사용하여 절충할 수 있으며, 다음과 같이 정의한다.

D = 드럼의 직영
P = 주사용 피치
N = 초당 회전수(rps)

드럼의 원주에 따른 픽셀의 수는

$$주사당픽셀수 = \frac{\pi D}{P}$$

이고 따라서 이것은 일회전에 주사된 픽셀수가 된다 1s에 주사된 픽셀수는

$$픽셀율 = \frac{\pi DN}{P}$$

이다. 두픽셀마다 출력의 한 싸이클을 이루고 이 때문에 출력주파수는

$$f = \frac{\pi DN}{2P} Hz$$

가 된다.

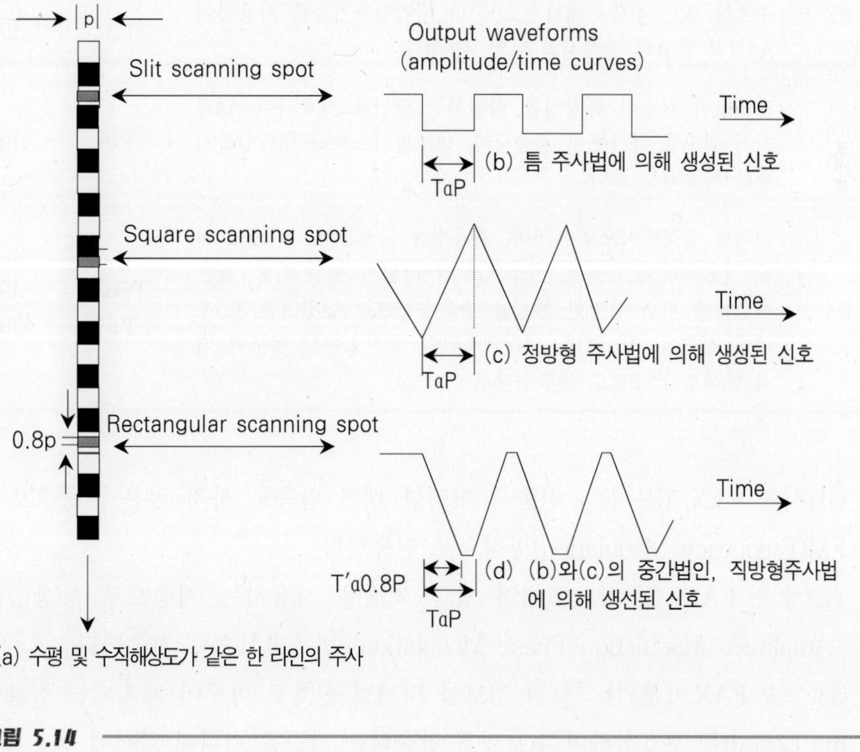

그림 5.14

이것은 사다리꼴 파형의 기본주파수일 뿐이다. 실제의 파는 고차의 고조파를 또한 포함하지만 실제로는 기본주파수만이 전송될 필요가 있으며 실제 시스템의 대표적인 값들은 D=66mm, P=0.1875mm(또는3/16mm), N=10rps, 그리고 f=553Hz이다.

대역폭은 실제 신호가 전송될 주파수의 범위에 의해 결정된다. f의 식은 최고주파스를 나타내고 최저주파수는 영에 거의 근접하며 따라서 그 대역폭은 약 fHz가 된다

5.6.5 팩시밀리 종류 및 기능

(1) 처리방식과 기능에 의한 분류

표 5.13 문서 팩시밀리의 기본적 특성

종 류	특 징	CCITT 권고안	권고 시기
그룹1 (6분기)	전화회선에 송출하는 신호의 대역을 압축하는 수단을 사용하지 않고 양측대파변조를 사용하여 A4크기 원고의 전송시간은 약 6분이다	T.2	1968 ('72,'76 수정)
그룹2 (3분기)	부호화 또는 잔류측대파변조 등의 대역압축기술을 사용하여 A4크기 원고의 전송시간은 약 3분이다	T.3	1976
그룹3 (1분기)	팩시밀리 신호의 용장성을 억압하는 수단을 사용하여 A4크기의 원고를 약 1분에 전송한다. 변조방식으로서 대역압축기술을 사용해도 좋다.	T.4	1980
그룹4	디지털 신호방식으로 디지털 전용망을 사용한다. 그룹3에 비해 전송시의 오류정정, 믹스드모드터미널과 통신 가능, 높은 해상도에 의한 선명한 화상을 받을수 있다. A4원고를 3~5초 내에 전송이 가능하다. 텔리텍스와의 통신호환성 여부에 따라 클래스 1~3으로 분류된다.	T.563 T.6	1988 1984

1) G1(저속 FAX, 6분기) : 전송시 어떠한 대역 압축도 하지 않은 기종으로서 통상 FM(Frequency Modulation)방식으로 전송한다.
2) G2(중속 FAX, 3분기) : 대역 압축 기술을 사용하는 기종으로 통상 AM-PM (Amplitude Modulation-Phase Modulation) 변조방식으로 전송한다.
3) G3(고속 FAX, 1분기) : 그림 정보를 디지털 신호로 바꾸어 계속되는 정보에 대한 run Length를 부호화하여 정보량을 압축하는 기능을 지니며 회선에 신호를 보낼때

는 대역압축을 한다.

4) G4(미지정) : 데이터 회선에서 사용하는 기종으로 통신 기능에 따라 class1, class2, class3으로 세분되는데 class1은 일반적인 경우로써 팩시밀리 단말기와의 통신이 가능

(2) 사용 목적에 의한 분류

1) 문서 팩시밀리

CCITT에서 전송기술(전송속도, 신호처리방식 및 전송로의 구성 등)에 따라 분류한 G1, G2, G3, G4 팩시밀리를 말하며, 이들 각 기종에 대한 기본적 특성을 정리하면 표 5.14와 같다.

2) 사진 팩시밀리

언론사와 경찰업무 등에 주로 사용되며, 기록시 일반사진의 형태로 인화지에 출력된다. CCITT 권고안 T.1에 따라 사진의 전송이 진폭변조나 주파수변조에 의해 아날로그 방식으로 통신이 이루어진다.

3) 컬러 팩시밀리

TV 방송국의 정보 전송에 주로 이용되며, 적색, 청색, 녹색의 삼원색으로 총천연색을 낼 수 있는 것과 흑색, 적색외 두 가지 색을 처리할 수 있는 것이 있다. 전송할 사진은 드럼에 붙어 이색성을 가진 거울에 의해 적 · 청 · 녹색으로 분리되고, 각 신호들은 연속적으로 변조되어 전송된다. 수신 단말에서는 방번관을 이용하여 각 신호의 밝기를 변조함으로써 컬러 폴라로이드 필름으로 재생할 수 있다.

4) 특수 팩시밀리

지도와 같은 대형 도면(600×4100mm)을 고해상도(1,232dots/mm)로 전송하기 위한 인쇄 팩시밀리, 중요한 문서 등에 접촉하지 않는 형태로 자료를 전송하는 팩시밀리, 위성과 광파이버를 이용한 초고속 팩시밀리, 마이크로필름을 검색하면서 그대로 전송할 수 있는 팩시밀리가 실용화 되고 있다.

표 5.14 문서 팩시밀리의 CCITT표준 규격

항목 \ 분류	그룹1	그룹2	그룹3	그룹4
팩시밀리신호	아날로그		디지탈	
원고의 크기	A4		A4, B4, A5, A6	A4, B4, A3, 북미크기
접속제어방식	전화망 신호 방식		전화망 신호 방식	전화망 신호 방식
단말제어방식	T.30		T.30바아너리 코드 코드제어 절차	텔레마틱 단말제어 절차
라 인 동 기	Full 진폭 Carrier		EOL 신호	-
회소수(화소/주사)	-		1,728	1,728
주주사주파수(Hz)	3	6	-	-
최소전송시간	-		20(표준)(ms/주사선)	0, 5, 10, 40(선택)
해상도(개/mm)	3.85		3.85(표준) (7.7(선택)	7.87, 11.81(표준) 9.45, 15.7(선택)
부호화방법	-		1차원MH, 2차원MR-선택	2차원MR
전송속도(bps)	-		4,800/2,400 9,600/7,200(선택)	2,400 ~ 48,000 64K(ISDN)
전송시간(A4사용시)	6분	3분	1분	5초
변 조 방 식	FM	AM-PM-VSB	PSK 또는 QAM	망에서 사용하는 방식
오 류 정 정	-		재전송(선택)	HDLC 오류 정정
프레임구조	-		제어신호만 프레임	HDLC 프레임

5.6.6 팩시밀리 대역 압축기술

(1) MH 부호화

MH 부호와 방식은 주사선 방향의 연속적인 1차원 정보에 대해 화소 정보의 색(흑 또는 백)과 2색의 연속된 길이만을 부호화하는 방법이다.

(2) MR 부호화

MR 부호화 방식은 연속적인 2차원 정보에 대해 부호화하려는 주사선과 부호화 한 이전 주사선과 상관관계를 부호화하는 방법으로 이때 부호화하는 전체적인 정보량이 최소가 되도록 통계학적인 발생빈도에 따라 부호를 할당하게 된다.

연습문제

제 5 장

1. 화상 통신의 원리에 대하여 간략하게 설명하시오.

2. 화상회의 시스템의 종류와 각각에 대하여 설명하시오.

3. TV의 원리에 대하여 간략하게 설명하시오.

4. CATV에서 SO, PP, NO의 역할에 대하여 설명하시오.

5. 일반방송과 CATV 방송의 특징을 비교 설명하시오.

6. 쌍방향 CATV의 발전 단계(1단계~4단계)에 따른 특징을 설명하시오.

7. CATV에서 센터계와 전송계의 기능에 대하여 설명하시오.

8. CCATV의 기본구성 요소에 대하여 설명하시오.

9. 팩시밀리의 기본요소에 대하여 설명하시오.

제6장 무선 통신기기

6.1 무선 통신

6.1.1 무선통신의 개요

무선통신의 역사는 모르스(Mors)가 고안한 전신과 헤르쯔(Hertz)가 전자파의 존재를 실험적으로 입증하고부터 1895년 이탈리아의 마르코니(Marconi)가 최초로 무선전신 통신을 발명하였다. 그 후에 1903년 무선전화 발명, 1920년 라디오 방송을 비롯하여 1928년 텔레비전 실험 방송 등을 거쳐 위성통신 및 오늘날의 이동통신 등에 사용되고 있다.

무선통신은 송신측에서 보내고자 하는 정보를 전자파에 실어서(변조하여) 공간을 전송매체로 하여 공간에 반사하고, 수신측에서는 공간을 전파해온 전자파로부터 수신하여 원래의 신호를 검출(복조)하는 통신방식을 말한다. 즉, 무형의 전자파(주파수) 자원을 이용하여 정보를 전송하는 통신 방식으로 전송선로의 유·무를 의식하지 않고 언제, 어디에서나 자유롭게 사용할 수 있는 장점이 있다.

일반적으로 우리가 상대에게 보내고자하는 신호는 저주파일 때가 많으므로 무선 송신기내에서 저주파를 고주파에 실어(변조) 상대에게 무선 전송하고, 수신측에서는 수신된 고주파 신호에서 정보를 분리(복조)하는 통신방식을 의미한다.

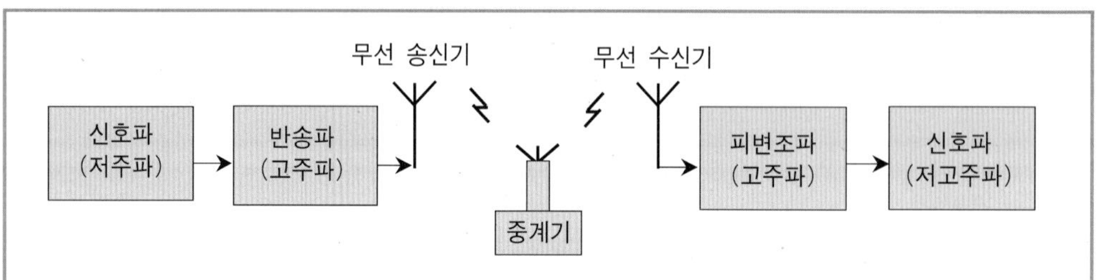

그림 6.1 무선통신의 기본 구성

6.1.2 무선통신의 발전

무선의 자유성과 유선의 통신 질을 추구하는 무선통신, 또는 이동통신 시스템에 있어서 주파수 대역은 자연적인, 국가적인 공공의 자원으로 여겨져 왔으며, 유한하고 또한 재사용 가능한 자원이기 때문에 이를 방어하고 증대시키고자 하는 노력이 매우 중요하게 여겨져 왔다. 기술의 수준에 따라 해당하는 주파수 대역이 사용될 수 있으므로 주파수가 할당된 만큼만 사용이 가능하게 되어 주파수 자원이 유한하다고 말할 수 있으며, 재사용 가능하다 함은 어떤 주파수를 한 사용자가 사용한 후 또 다른 사용자가 사용할 수 있음을 의미한다. 기술의 발전으로 사용할 수 있는 주파수 대역을 수 십 GHz 대역으로 확장하여 가고 있으나, 무선 전파의 근본적인 특성상 0.5 ~ 3 GHz 대역의 무선 전파의 전송 특성은 여러 유·무선 서비스에 특히 가치가 있다. 이중 800 MHz 대역의 셀룰러 이동전화 시스템, 1800 MHz 대역의 개인통신 시스템, 2 GHz 대역의 IMT-2000 (International Mobile Telecommunications-2000) 등은 각각 이동통신의 제1(아날로그)/제2(디지털) 세대, 2.5 세대, 그리고 3 세대 시스템으로 분류할 수 있으며 기술의 발전에 따라 개인화, 지능화, 고속화 및 서비스의 다양화 방향으로 진화하고 있다.

6.2 전파의 특성

6.2.1 전파의 분류

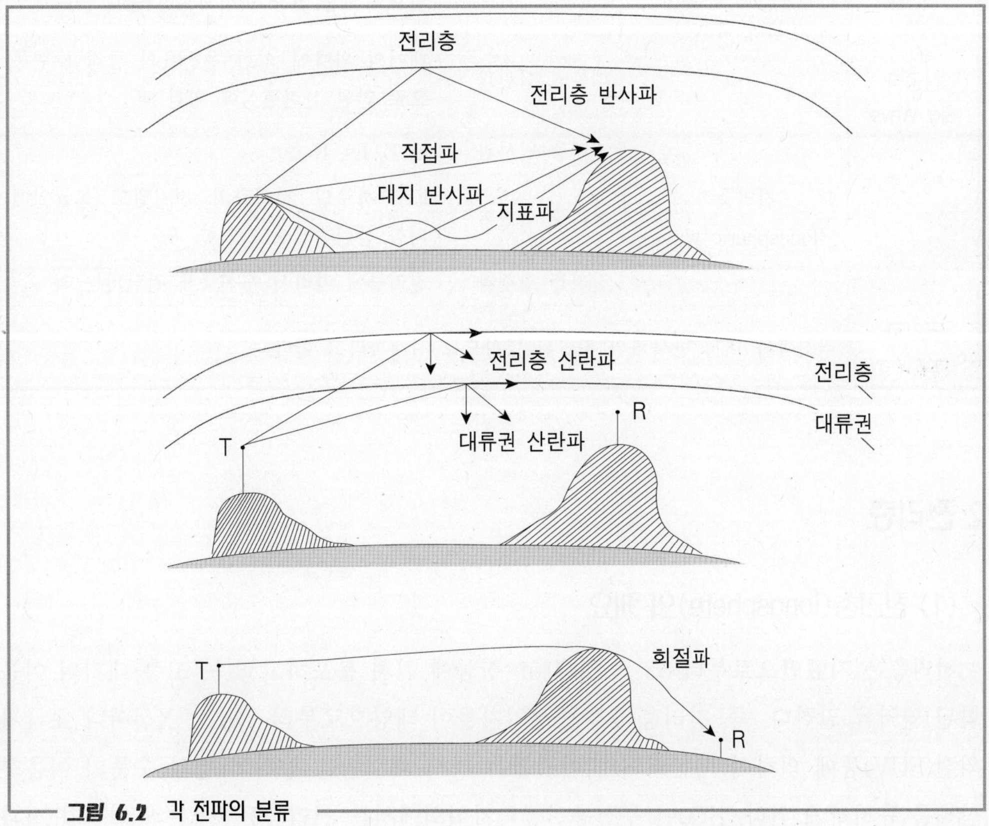

그림 6.2 각 전파의 분류

(1) 전파의 분류

표 6.1 전파의 분류

<table>
<tr><th>종 류</th><th colspan="3">내 용</th></tr>
<tr><td rowspan="4">지상파
(Ground Wave)</td><td>직접파
(Direct wave)</td><td colspan="2">전리층을 통과하지 않고 송신측에서 수신측에 직접 전달되는 파</td></tr>
<tr><td>대지반사파
(Ground reflected wave)</td><td colspan="2">대지, 반사물체, 건물, 산등을 반사한 후 수신측에 전달되는 파</td></tr>
<tr><td>지표파
(Surface wave)</td><td colspan="2">전도성의 지표면을 따라 전달되고 지면의 영향을 수신측에 전달하는 파</td></tr>
<tr><td>회절파
(Diffracted wave)</td><td colspan="2">산악이나 전파장애물을 넘어서 수신안테나에 도달하는 파</td></tr>
<tr><td rowspan="6">상공파
(Sky Wave)</td><td rowspan="3">대류권파
(Trop wave)</td><td>대류권 굴절파</td><td>대기의 굴절차에 의한 전파</td></tr>
<tr><td>대류권 반사파</td><td>전리층에서 반사되어 재차 지상으로 향하는 것으로 E층, F층 반사파로 나눈다</td></tr>
<tr><td>대류권 산란파</td><td>대기의 와류에 의한 유전율의 급격한 변동으로 인한 산란현상에 의한 파</td></tr>
<tr><td rowspan="3">전리층파
(Ionospheric wave)</td><td>전리층 반사파</td><td>D, E, Es, F 층</td></tr>
<tr><td>전리층 산란파</td><td>E층 하부인 전리층의 전자밀도 불균일에 의한 산란현상으로 인한 파</td></tr>
<tr><td>전리층 활행파</td><td>전리층에 따라서 수신측에 전달되는 파</td></tr>
<tr><td>공간파
(Space Wave)</td><td colspan="3">직접파와 대지 반사파의 총합된 명칭으로 시계파라고 한다.</td></tr>
</table>

6.2.2 전리층

(1) 전리층(Ionosphere)의 개요

전리층은 지표면으로부터 65 ~ 2,000km 상공에 걸쳐 분포하고 있는 고층 대기의 이온화된 영역을 말한다. 즉, 전리층내의 중성입자들이 태양으로부터 나오는 X선이나 초극자외선(EUV)등에 의하여 이온화되며 이것들은 다시 재결합을 통하여 일정 수준의 이온화 상태를 유지하게 된다. 1950년 무선통신공학자협회에서는 전리층을 "이온과 전자가 전파의 전달에 영향을 미칠 정도로 충분히 많은 양이 존재하는 지구 대기의 상층 부분"이라고 정의하고 있다. 전리층은 전자밀도의 분포에 따라 D,E,F(F1, F2)층으로 구분된다.

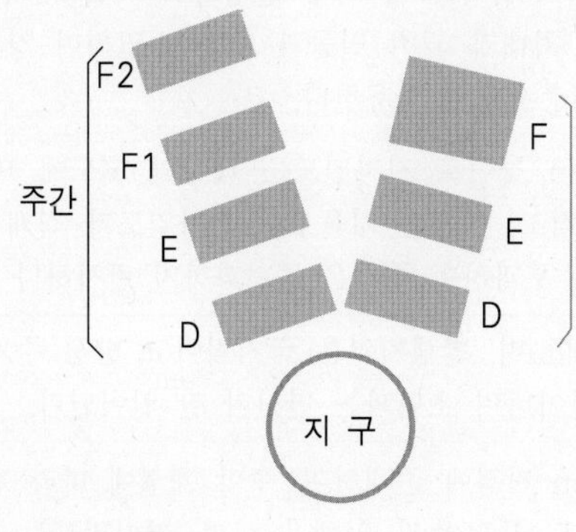

그림 6.3 전리층의 주간 및 야간의 변화

전파가 초가시거리까지 전파되는 과정에서 회절이나 굴절작용 이외의 상층대기 태양의 복사에너지에 의해 전리된 도전성을 갖는 층에서 반사되는 경우가 있는데 이와 같이 전리층이 이온화를 가진 층을 말한다.

전리층의 높이는 약 400km 이하로 본다. 왜냐하면 400km 이상의 상공에서의 기압이 10-6mmHg 정도를 갖는 진공상태에 가깝기 때문이다. 따라서 전리층은 높이의 순서에 따라 D, E, F1 , F2 층으로 구성되며, 전리층의 전자 밀도와 높이는 일정하지 않고 시간에 따라 변화한다.

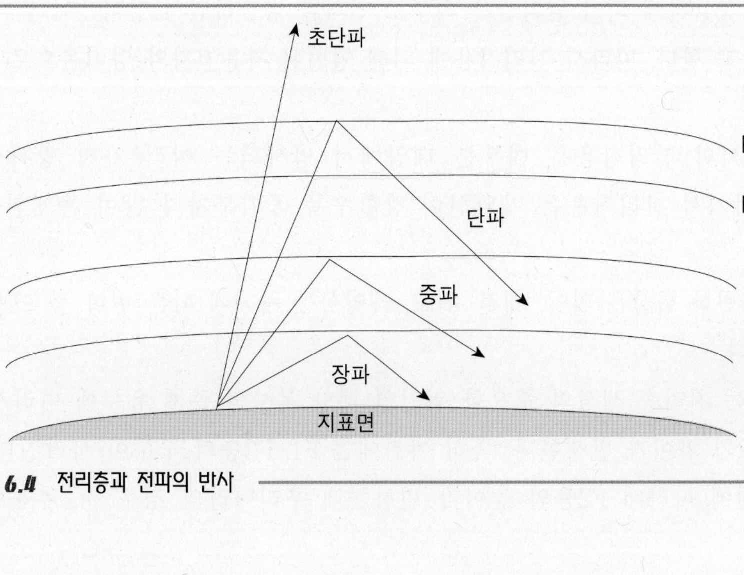

그림 6.4 전리층과 전파의 반사

표 6.2 전리층의 특징

층	특 징
D층	층의 높이는 약 60~90km로 고도가 가장 낮고 전자밀도도 적은 층으로 특히 주간에 발생하고 야간에 소멸되며, 여름에 자주 발생하고 겨울에 적다. 일출과 함께 생성하며 정오경에 전자밀도가 최대가 되며 일몰과 함께 소멸되며 장파대는 반사, 중파대 이상 전파는 투과되난 감쇠층으로서 작용한다.
E층	지상 약 100~200km 높이로 전자밀도는 태양의 고도에 의해 영향을 받으며, 정오경에 가장 크고 야간에 적고, 여름은 겨울보다 전자밀도가 적게 나타나며 야간은 장・중파는 잘 반사하나 단파는 투과하며 주간은 중단파까지 반사하나 중파는 층 내에서 감쇠 한다.
Es층	E층과 같은 약 100km며, 발생지역은 국지적이고 발생 주기가 불규칙하다. 그리고 단파통신에는 방해가 일어나며 초단파는 반사가 잘 일어난다.
F1층	지상 약 200~300km 지점에 존재하며, 주야 계절에 따라 변화를 보이며, 낮에 전자밀도가 크고 밤은 소멸되어 F2층과 일체가 되며, 전자밀도는 겨울보다 여름이, 저위도일수록 전자밀도가 크다. 또한 중파 및 저단파대를 반사하며 주야에 따라 사용가능 주파수가 변화된다.
F2층	지상 약 200~400km 높이에 주야 계절에 따라 넓은 범위로 변화를 하며, 여름에 높고 겨울에 낮으며 야간은 F1 층과 하나가 되어 F층을 형성한다. 전자밀도는 낮에는 겨울쪽이 여름보다 전자밀도가 크고 밤은 여름쪽이 겨울보다 전자밀도가 크다. 따라서 전자밀도가 높기 때문에 단파통신에 유효하게 이용되지만 초단파 이상은 통과된다.

(2) 전리층의 생성과정

전리층의 생성원인은 상층대기는 대부분 질소와 산소원자들로 구성되며, 태양에서 복사된 자외선, 대전미립자, 중성자 등과 우주에서 입사되는 우주선이 중성형태의 질소나 산소원자와 충돌하게 되어 원자들은 외부로 전자를 방출하면서 양이온이 된다. 이를 전리 작용이라고 한다. 따라서 전리작용에 의해 형성된 자유전자와 양이온으로 구성된 층을 말한다.

전리층에서의 전리작용은 대부분 태양에서 방사되는 여러 가지 방사선에 의해 발생되며 여기서 전리작용은 자외선이 강할수록 공기분자가 많이 존재할수록 크게 일어난다.

전리층의 변화 현상은 일일, 계절, 위도, 태양활동 주기에 따른 변화 등 크게 4가지로 나눌 수 있다.

일일변화는 전리층 생성의 주요한 원인인 태양 복사의 존재 유무에 따라서 밤과 낮의 전자밀도가 차이가 발생한다. 특히 야간에는 F1, F2층의 구분이 사라진다. 계절 변화는 사계절에 따라서 F2층의 높이가 변하는데 우리나라의 경우 춘, 추분에서 F2층의 임계주파수인 foF2값이 연중 최대 값을 가지며 여름과 겨울에는 상대적으로 낮게 측정된다.

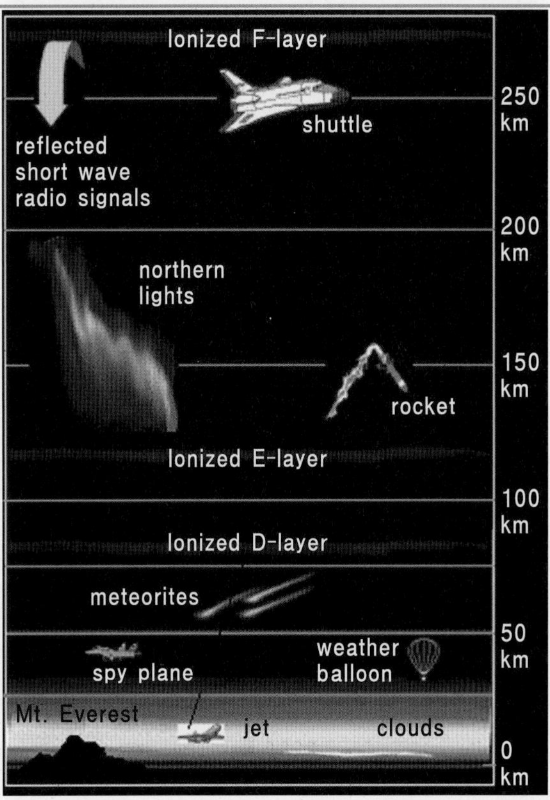

그림 6.5 전리층

그리고 전리층은 저위도, 중위도, 고위도마다 변화 양상이 각기 다르게 나타나며 태양 활동 주기에 따라서 foF2 측정값이 2배 이상 차이가 나기도 한다. 특히 태양활동 주기 변화에 있어서 foF2 값의 변화를 가지고 예측이 가능할 정도로 태양활동과 밀접한 관계가 있다

(3) 전리층 현상

태양에서 방출되는 플레어는 전리층 내의 전자 밀도를 증가시켜 단파통신 두절현상을 일으키며 코로나 물질 분출이나 지자기 폭풍은 전리층 폭풍을 발생시킨다. 이와 같이 태양-지구간 우주환경의 변화는 전리층을 교란시킴으로써 전리층을 통과하거나 전리층 반사를 이용하는 통신에 영향을 주게 된다.

표 6.3 전리층의 현상

전리층 현상	특징	생성원인
스포라딕 E 층	HF 통신 장애, VHF 통신 두절, 늦봄에서 초가을 집중, 주간에 빈번	전리층 E 영역에서의 고밀도 전자구름
단파두절 (델린저)	HF 통신 수분에서 수시간 단절 태양활동 극대기에 빈번	플레어에 동반된 강한 X선
전리층 폭풍	수일동안 지속, U/VHF 통신 장애 급격한 태양활동과 연관	지자기 섭동, 태양코로나, 코로나 구멍
신틸레이션	F층의 발생과 관련되는 자정에 최대, 위성통신 장애, 전파감쇠의 주원인	불규칙 전자밀도 분포

6.2.3 밴드별 전파의 특성

통신에서 사용하는 전파는 3000 GHz 이하의 주파수를 갖는 전자기파이다. 이들 전파는 무선통신의 중요한 자원이 되는데 각국에서는 각각의 주파수 대역을 무선통신의 용도별로 나누어 할당하고 있다.

무선통신 채널 특성은 통신 시스템의 성능에 큰 제약을 주며, 유선통신 채널의 특성이 시불변이고 예측이 가능한데 비하여 무선채널의 특성은 매우 불규칙하여 특성을 분석하거나 모델링하기가 어렵다. 특히 이동통신 채널의 경우 수신신호가 여러 개의 경로를 통하여 수신되어 주파수 성분에 따라 서로 다른 페이딩 특성을 가지며, 이동체의 속도에 따라 신호레벨의 페이딩 특성이 영향을 받게 된다. 이동통신 시스템은 이러한 환경을 극복할 수 있도록 설계되어야 한다.

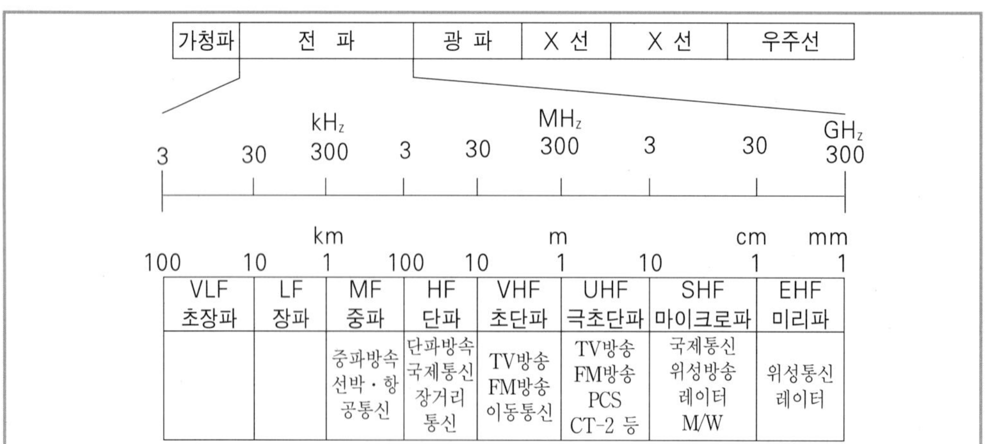

그림 6.6 각 전파 대역별 주파수

명칭	기호	주파수 범위	용도
장 파	(V)LF	3K~30KHz	선박무선 기상통보
	LF MF	30K~300KHz 300K~3000KHz	
단 파	HF	3~30MHz	단파방송, 선박전신
초단파	VHF	30~300MHz	FM방송, 항공관제
	UHF	300~3000MHz	T.V방송, 이동통신
	SHF	3~30GHz	경찰, 전력회사
	EHF	30~300GHz	빌딩내 무선 데이터 통신

(1) VLF(Very Low Frequency)

파장은 아주 길며 일반적으로 105m 정도이다. 이 대역에서 전리층 반사파가 주이고 전파의 통로로는 지구/전리층 도파관의 형태가 존재한다.

(2) LF 및 MF(Low Frequency, Medium Frequency)

대지파가 주된 방식이고 복사특성은 지표면의 영향을 많이 받는다. LF에서 지표면파가 장거리 통신이나 항해에 유용하다. MF대역에서 대역폭의 사용이 가능하고 또한 이것은 AM 방송에 사용된다. LF대 보다는 표면파의 감쇠가 크지만 수백 마일 거리에서의 방송이 낮시간 동안에는 가능하다.

(3) HF(High Frequency)

이 대역에서는 전리층 반사파가 주된 전파통로이다. 전리층내에 전리된 층이 지상에서 수백 km 높이까지 존재하기 때문에 전리층에서 전파의 상호 hop 현상으로 인하여 거의 전세계적으로 통신이 가능하므로 국제성이 강하여 국제전기통신연합(ITU)과 각국의 주관청에 의한 감독이 강화되고 있는 주파수대역이다.

(4) VHF 와 UHF(Very High Frequency, Ultra High Frequency)

이 대역에서는 직접파나 공간파의 대지 반사파로써 통신이 주로 이루어진다. 낮은 주파수대에서 공간파는 통신에 있어서 종종 무시할 수 있는 요소지만 공간파는 이 대역에서 주된 통신 통로이다. V/UHF 대역에서 공간파의 효율을 증대하기 위해선 대지로부터의 반사나 인공장해물에 의한 반사, 산란의 문제를 잘 고려해야 하며 또한 낮은 대기상에서는 굴절과 언덕, 빌딩 꼭대기에서의 회절 효과도 고려해야 한다. 우리 나라의 통신망은 이 주파수 대역에 밀집해 있다.

(5) SHF(Super High Frequency)

이 대역은 흔히 마이크로 웨이브 대라 불리고 전파경로는 송, 수신 안테나의 가시거리 내에서 이루어진다. 또한 이 주파수대역은 전리층 통과시 거의 영향을 받지 않기 때문에 주로 위성 통신용으로 사용되므로 무궁화 위성을 통한 디지털 위성방송 서비스가 12GHz 대역에서 실용화 단계에 있다.

(6) EHF(Extremely High Frequency)

이 주파수 대역은 낮은 주파수 대역과 비교해서 넓은 대역폭으로 사용하는데 유리하다. 가시거리 내에서 주로 이용되고 대지 반사파로 인한 장해가 있지만 대지의 굴곡정도가 파장에 비해 훨씬 크기 때문에 이 정도의 장해는 별 심각하지 않다. 밀리미터파대에서 고려해야 할 가장 중요한 효과는 침전물 (비 그리고 눈)에 의한 산란이고 안개, 수증기 및 기타 대기 가스에 의한 흡수도 깊이 고려되어야 한다.

6.2.4 전파전파

(1) 전파전파의 특징

전자기파의 전파는 반사, 회절, 산란 등으로 특징지어지며, 통신에 필요한 송신 전력이나 서비스 구역의 크기, 서비스 구역내의 통신품질 등 이동통신의 주요 파라미터를 결정하는 것이 무선방식 설계이다. 이 무선방식 설계의 기본이 되는 것이 전파전파 특성이고, 송신기에서 수신기까지의 전파 손실이나 전파손실의 장소적, 시간적 변동 등이 검토과제가 된다. 아래 그림은 이동통신의 전파전파 경로를 모형적으로 나타낸 것이고 송신점에서 방해 없이 도달하는 직접파, 건물의 벽 등으로 인한 반사를 거쳐서 도달하는 반사파, 건물의 옥상 등에서 회절하여 도달하는 회절파의 3종류의 전파가 수신점에 수신된다. 이들 개개의 전파 레벨은 이론적인 취급이 가능하다. 그러나 이동 전화 등과 같이 송수신 점간에 거의 직접파가 없어 다수의 반사파와 회절파가 수신되는 경우 이들 모든 전파를 이론적으로 검토하는 것은 사실상 불가능하기 때문에 전파전파 특성의 기술에는 측정 데이터의 통계처리에 인한 실험식 등이 쓰이고 있다.

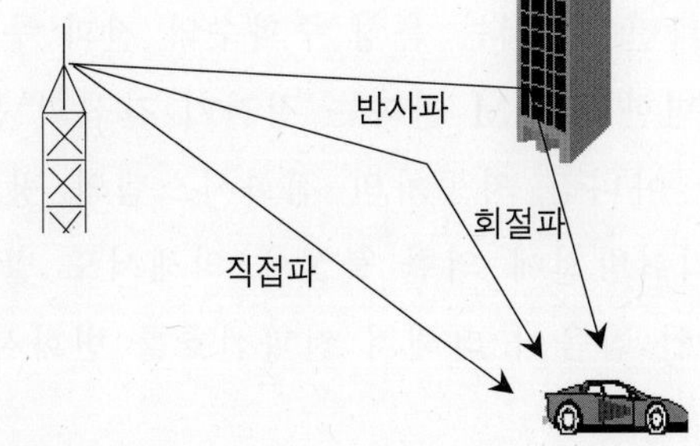

그림 6.7 전파전파의 경로 모형

1) 전파전송

전파는 공기 중에서 초당 30만 km의 속도로 이동한다. 이에 비하면 음속은 약 320 km의 속도밖에 안 된다. 만약 원래 음파의 진폭과 주파수 특성을 정확히 재생할 수 있는 전파를 만드는 변조가 가능하다면 소리는 먼 거리에도 빠르게 전달될 수 있을 것이다. 이것이 매우 흥미로운 현상을 가능케 하는데 서울에서 생방송을 하는 동안 음악회의 뒷좌석에 앉은 서울청중보다 부산의 청취자가 몇 분의 일초 빨리 음악을 들을 수 있다.

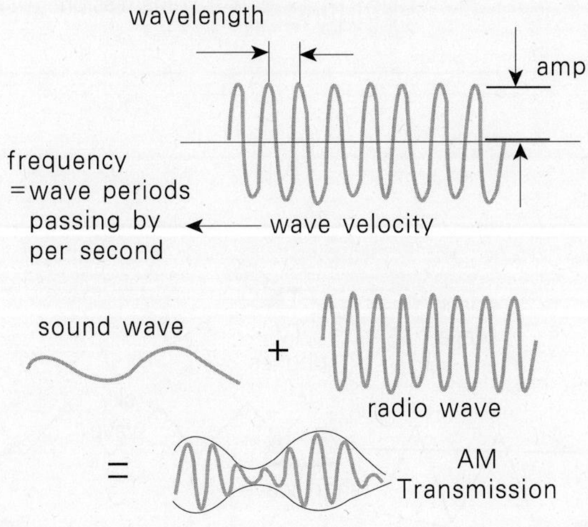

그림 6.8 AM 변조

어떻게 전파에 소리를 실을까?

전파 전송은 두 가지 파동의 결합이다 : 전달되는 소리를 나타내는 음성 주파수와 음성정보를 "운반"하는 전파 주파수로 모든 파동은 파장, 진폭, 그리고 주파수를 가지고 있다. 이러한 파동의 특성이 음성정보를 운반하도록 변조가 가능하게 한다.

AM (진폭변조) 전파전송에서는 음성 주파수와 전파 주파수 파동의 결합된 진폭이 음성신호에 맞게 변한다. AM 전파는 정전기 간섭의 문제가 있다. 전파와 같은 전자기파는 번개뿐만 아니라 자동차의 점화시스템의 방전이나 전기모터, 그리고 모든 전자제품의 브리쉬방전에 의한 불꽃에 의해서도 발생한다. 정전기라 불리는 딱딱거리는 불규칙적인 잡음이 더해져 전파신호를 변화시키는 심각한 배경잡음이 생긴다.

FM (주파수 변조) 전파전송에서는 결합된 파동의 주파수가 음성신호를 재생하기 위해 변화한다. 예로 높은 주파수는 음파의 최고 진폭과 결합한다. FM 파동은 배경잡음이 전파의 주파수를 변조시킬 수 없으므로 간섭의 문제를 갖지 않는다. 덧붙여 FM 파동은 음의 재생능력이 더욱 뛰어나다.

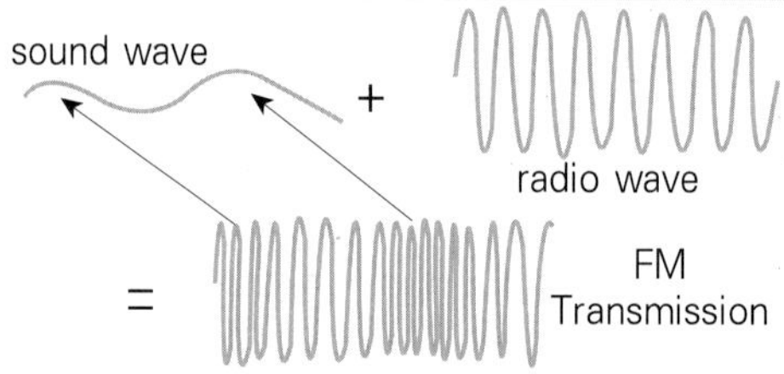

그림 6.9 FM 변조

2) 전파대역

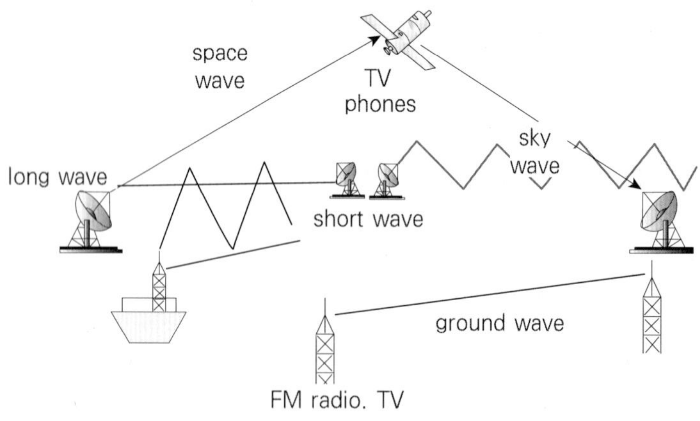

그림 6.10 전파대역

전파는 지구 대기를 통과하여 한 지점에서 다른 한 지점까지 각기 다른 방법으로 전송되는 주파수 범위를 포함하는 여러 대역으로 방출된다. 각각의 방송국은 한 대역의 주파수로 고정되어 있다. 라디오의 다이얼을 이 주파수에 맞추어 조정한다. 전파가 이온층을 통과하는 경로가 다르기 때문에 각각의 대역은 우주환경 폭풍에 의해 영향 받는 정도가 다르다.

(2) 전파전파 모델링

이동통신 환경에서 수신신호 강도의 측정값을 관찰하면 수백미터 또는 수 킬로미터의 거리에 대한 포락선 형태의 크기의 변화와 수 파장 정도의 거리 또는 수초 정도의 시간에 따른 순시적인 신호레벨의 변화특성으로 구분하여 볼 수 있다. 이러한 특성으로부터 전파전파 모델은 송수신기 사이의 거리에 따른 평균 수신강도를 표현하는 거시적인 전파전파 모델과 수신신호의 급속한 변화를 표현하는 미시적 모델이 사용된다. 거시적 모델은 거리가 멀어짐에 따라 신호강도가 작아지는 경로손실로 표현되며, 기지국 배치 등과 같은 송신기의 커버리지 영역을 예측하는데 사용된다. 수신되는 신호는 여러 방향에서 들어오는 신호들의 합이 되는데, 수신기가 이동하는 경우 임의의 위상 값을 가지는 신호들이 더해져서 전체 신호의 크기가 심한 변화를 겪는 페이딩 현상이 일어나는데, 미시적 모델은 이러한 페이딩 현상을 표현하는 모델이며 이에 따라서 적합한 무선접속방식과 수신기 구조를 설계해야 한다.

이러한 페이딩 환경에서 수신기가 파장보다 작은 거리만큼만 이동해도 수신신호의 전력은 30~40 dB 변화를 겪게 된다. 수신기가 멀리 이동함에 따라 수신신호의 국부평균값(local average)은 점차 줄어들게 된다. 보통 국부평균 수신신호 전력의 계산은 수신신호의 전력을 파장의 5배~40배 정도만큼 측정하여 평균하여 얻는다.

1) 경로손실(path loss)

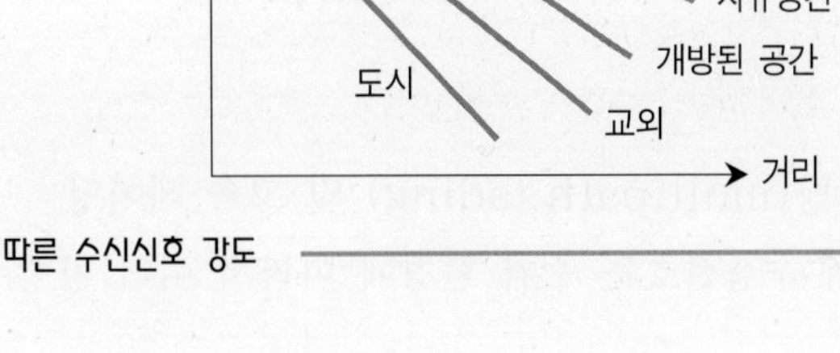

그림 6.11 환경에 따른 수신신호 강도

경로손실모델은 송·수신 안테나 사이의 신호감쇠를 표현하는 모델로서, 경로손실은 거리가 멀어질수록 주파수가 높을수록 커진다. 경로손실은 환경에 영향을 받는데, 도심과 같은 복잡한 환경일수록 손실이 커지는데, 아래 그림은 환경에 따른 수신신호 강도의 예를 보인다.

2) 음영 효과(shadowing)

이동통신에서는 이동국이 건물, 산, 나무 등과 같은 장애물에 가려져 있는 경우가 많아서 송·수신기간의 가시경로가 없는 경우가 대부분이다.

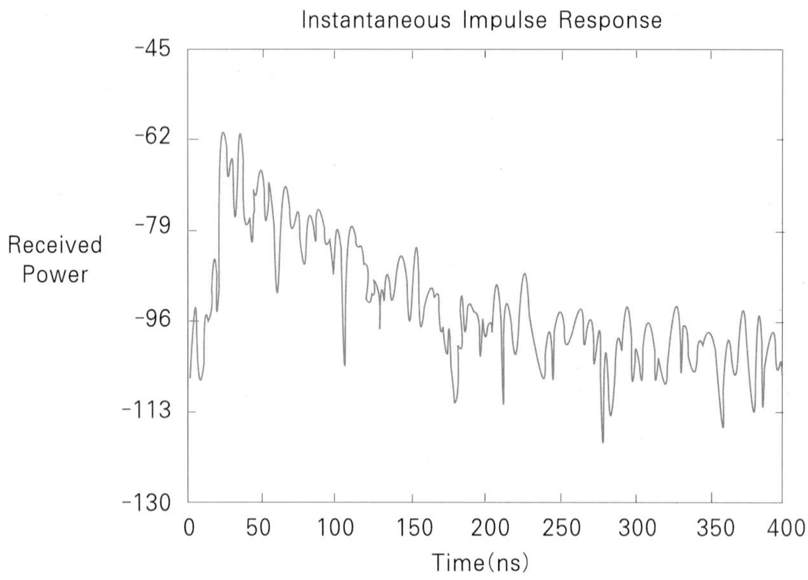

그림 6.12 수신신호 강도의 변화

이러한 경우 장애물로 인하여 전파의 회절현상이 발생하는데, 위의 경로손실에 의한 표현만으로는 수신신호 강도의 예측이 부정확하다. 측정된 수신신호 강도는 지역평균레벨 근처에서 변화하는 특성을 보이는데, 통계적으로는 대수정규분포(log-normal distribution)를 사용하여 모델링한다.

3) 다중경로 페이딩(multipath fading) 및 고속 페이딩

무선통신 환경에서 수신신호는 주위 환경에 따라서 여러 방향에서 들어오는 신호들의 합이 되는데 이러한 신호들은 서로 크기와 위상이 달라서 더해지면 신호크기가 심하게 변화한다. 수신기가 이동하는 경우 도플러 주파수편이가 발생하는데 이로 인하여 채널의 특성은 시간에 따라 변화한다. 이동통신에서는 이와 같은 다중경로 수신 및 채널의 시변특성이 복합적으로 발생하여 수신신호는 매우 빠르게 변화한다. 통계적으로 수신신호의 크기는 Rayleigh 분포 또는 Rician 분포를 사용하여 모델링한다.

(3) 자유 공간에서의 전파전파

이상적인 진공 매질에서의 전파전파(직접파)를 나타내며, 모든 실제적인 전송조건에서 상대적인 전송손실의 기준치로 쓰인다.

송신출력(P_t)인 신호가 안테나 이득(G_t)인 안테나에 의하여 송출되었을 때 거리(d) 떨어진 점에서의 전력 밀도는 $P_tG_t/4\pi d^2$이고 전계강도 E는

$$E=\frac{\sqrt{30P_tG_t}}{d}(V/m)$$

여기서 자유 공간 특성 임피던스(120π)가 쓰여졌다. 수신안테나의 이득(G_r)이 주어지면 실효 안테나 넓이 $A_{eff}=\lambda^2 G_r/4\pi$이므로 최대 수신전력은 다음과 같다

$$P_r = P_tG_tG_r(\lambda/4\pi d)^2$$

그러므로 자유공간 손실을 구하면 $L_p = P_r/P_t$을 구하면

$$L_p(dB)=32.45+20\log f+20\log d-10\log G_t-10\log G_r$$

$$L_p \propto d^2 \propto f^2$$

여기에서 주파수 f 는 MHz 단위이고, 거리 d는 Km단위이다

윗 식에서 알 수 있듯이 거의 d가 2배 증가하면 또는 파장 λ가 1/2, 주파수가 2배가 되면 전파손실은 4배(6dB) 증가하는 것이 자유 공간 전파의 특징이다.

일반적으로 많이 기준으로 쓰이고 있는 반파장 다이폴 안테나의 이득은 1.64~2.2 dB이다.

(4) 평면 대지 상에서의 전파전송

지구 표면의 존재는 전파의 전송에 영향을 주는 데, 대개는 수신 전계강도는 자유공간에서의 강도보다 적어진다. 지면이 부분적으로 전파를 반사하고 일부분은 흡수하므로 이것이 지면 대지상에서의 전계강도 분포에 영향을 주기 때문이다.

수신점 R에서의 수신전력은

$$P_r \simeq P_t G_t G_r \left(\frac{\lambda}{2\pi d}\right)^2 (kh_t h_r / d)^2$$

이 된다. 상기 식으로 다음 사항을 알 수 있다.

① 송수신점 사이의 거리가 가까운 경우 수신신호 강도는 sine 함수에 따라 변동된다.
② 송수신점 사이의 거리가 멀어지면 전파손실은 주파수에 무관해진다.
③ 안테나의 높이와 비교해서 송수신 사이의 거리가 멀어지면 전파 손실은 송수신 점 간 거리의 4승에 비례한다.

평면 대지상에서의 전파 경로 손실을 구하면

$$L(dB) = -10\log G_t - 10\log G_r + 10 n log d,$$

where, n = 4

(5) 수면위로의 전파전파

수면위로 전파수신 신호가 전파될 때 송수신 신호 강도 사이에는 다음과 같은 관계가 성립한다.

$$P_r = P_t G_t G_r \left(\frac{\lambda}{4\pi d}\right)^2$$

따라서 수면위로의 전파전파는 자유 공간에서와 같은 전파전파 특성을 나타낸다. 어떤 기지국의 인근 지역이 호수와 같은 넓은 영역의 수면 환경이라면 인근 다른 기지국과의 동일 채널간섭(cochannel interference) 현상이 증가할 것이며 CDMA와 같이 모든 기지국이 동일 주파수를 사용하는 경우 주파수재사용으로 인한 인근 기지국으로 부터의 간섭이 증대하므로 CDMA 용량에도 영향을 미칠 수 있을 것이다.

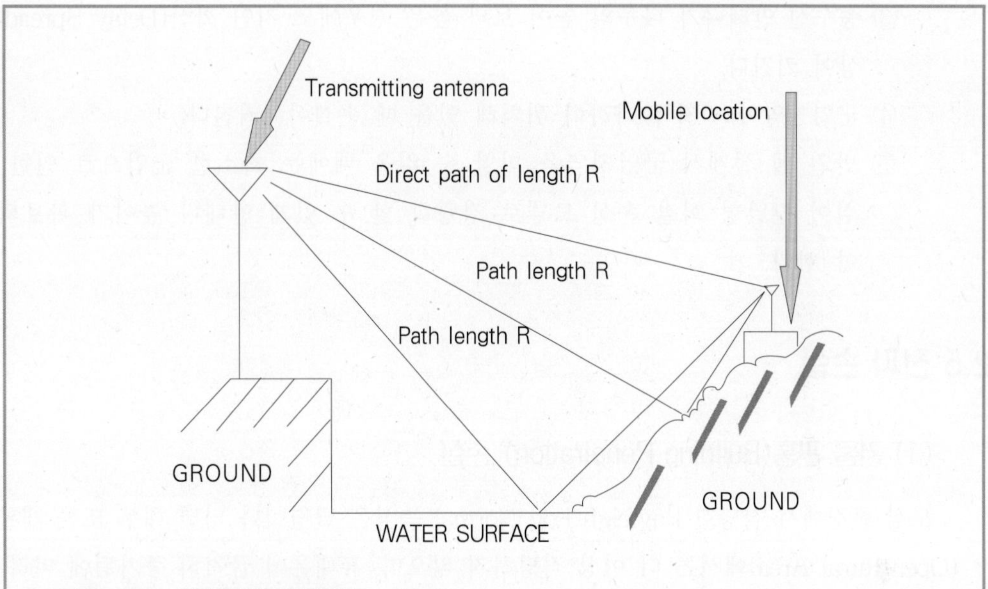

그림 6.13 수면 위로의 전파전파

(5) 군엽(Follage)으로 인한 전파손실

1) 나뭇잎이 무성한 지역에서의 전파손실을 정량화 하기는 매우 어려운 일이며 많은 변수들에 의해서 손실 정도가 변할 수 있다.
   ① 나뭇잎의 크기(평균 크기뿐만 아니라 나뭇잎의 분포 상태도 포함함)
   ② 가지의 크기(평균 크기뿐만 아니라 가지의 분포 상태도 포함함)
   ③ 줄기의 크기(평균 크기뿐만 아니라 줄기의 분포 상태도 포함함)
   ④ 나뭇잎의 구성 및 분포
   ⑤ 나무의 위치, 나무가지, 나무가지의 나뭇잎 등의 밀도와 분포
   ⑥ 송신 안테나에 대한 나무의 높이 관계
   ⑦ 수신 안테나에 대한나무의 높이 관계

2) 군엽으로 인한 전파 손실은 계절에 따라 변할 수 있으며 따라서 셀 설계시 이러한 사항을 고려해야 한다.

3) 군엽으로 인한 전파 손실의 특성은 다음과 같다.
   ① 군엽 손실은 주파수의 4승법칙에 반비례한다.
   ② 수평편파는 수직편파보다 군엽으로 인한 손실이 작다.

③ 송수신 안테나가 나무의 높이 보다 높은 경우에도 지연 확산(Delay Spread)현상이 커진다.

④ 군엽지역이 기지국 가까이 위치해 있을 때 손실이 커진다.

⑤ 만일 셀 설계시 군엽지역을 피할 수 없을 때에는 최소한 군엽으로 인한 손실이 칼날형 회절 손실 모델로 정량화 할 수 있게 안테나 높이가 확보되어야 한다.

6.2.5 전파 손실

(1) 건물 관통(Building Penetration) 손실

도심 환경에서 적당한 Rayleigh Log Normal 특성은 빌딩이나 터널 내부 또는 개활지(Open Rural Area)에서는 더 이상 적당하지 않으며, 휴대폰이 급격히 증가됨에 따라 건물관통에 대한 전파손실 특성은 매우 중요하다.

건물 관통 전파전파 특성은 여러 원인에 의해서 많은 영향을 받는다. 즉, 한 건물에서도 높은 층은 기지국으로부터의 직접파가 도달할 수 있고 가시거리(Line Of Site, LOS)인 반면 아래층은 그렇지 않은 경우가 있으며, 같은 층 내부에서도 층내의 환경 및 이동국의 이동에 의해 전파전파의 특성은 많이 변할 수 있다.

송신 안테나가 건물 바깥에 위치하고 있으며 이동국이 건물내를 이동했을 때도 수신 안테나의 높이가 변하지 않을 정도로 멀리 위치해 있다고 가정할 때 다음 사항을 알 수 있다.

1) 수신 신호 강도의 작은 변화는 레일리 분포 모델을 이용할 수 있다.
2) 수신 신호강도의 장구간에 걸친 변동은 Log-Normal 분포 모델을 이용하여 표준편차는 여러 파라미터에 의하여 빌딩내 층의 넓이에 비례하여 증가한다.
3) 기지국으로부터의 직접파가 존재할 때 Log-Normal 분포의 표준편차는 6~9dB이다.
4) 기지국으로부터의 직접파가 존재하지 않을 때 Log-Normal 분포의 표준편차는 4dB이다.
5) 다음 표는 건물의 바깥에서의 수신 신호강도와 비교하였을 때의 건물관통 손실을 나타낸 표이다.

표 6.4 건물 관통 손실

Floor level	Penetration Loss in dB
Ground level	11.61
First	8.05
Second	12.50
Third	11.18
Fourth	8.95
Fifth	5.98
Sixth	2.53

(2) 건물 내부에서의 전파손실

건물 내에서의 전파전파는 Floor Plan, 구조물, 다른 전자장비로부터의 전자파 방사 등의 원인으로 예측하기가 매우 어렵다. 또한 전파전파 특성이 좋은 복도나 전파손실이 매우 심한 방과 방사이의 벽의 구조물도 건물 내부에서의 전파 손실을 예측하기 힘들게 하는 요소이다. 따라서 여기서는 간단한 구조물의 요소에 따른 평균손실과 손실의 표준편차에 대한 표만 수록한다.

표 6.5 평균 손실 및 편차

구조물 요소	평균손실	손실에 대한 표준편차
8 inch 콘크리트벽	7	1
나무와 벽돌 siding	3	0.5
알루미늄 siding	2	0.5
금속벽	12	4
사무가구	1	0.3

(3) 회절 현상에 의한 전파 손실

1) 회절 현상

전파의 전파통로 상의 장애물이 있을 때 그 뒤쪽으로도 전자파의 일부가 되어서 전파한다. 이 현상을 전파의 회절(Diffraction)이라고 한다.

빛을 불투명한 물체로 차단하였을 때 물체 바로 뒤에서는 윤곽이 선명하지만 뒤쪽으로 멀어짐에 따라 윤곽이 흐려져서 음영의 한계를 가지기 어렵게 된다. 아래 그림과 같이 빛이 물체의 주위로 구부려져 음영부분으로 진행하는 회절현상 때문이며 이회절 현상은 주파수가 낮을수록 심하다. 전파통신에 있어서 산이나 건물 뒷편의 가시부분 외의 지역에서도 라디오, 텔레비전 수신이 가능 한 것은 전파의 이와 같은 현상에 의한 것이다.

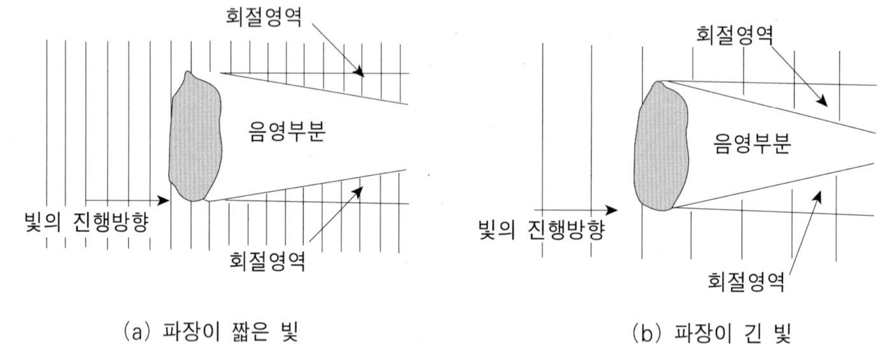

그림 6.14 회절 현상

2) 지면상의 장애물에 의한 전파전송

지면상의 전파 전송로에 언덕이나 큰 장애물이 있으면 VHF 대 이상에서 수신 전계강도가 크게 떨어지는 차폐(shadowing) 현상이 나타난다. 가시영역에서 장애물이 놓여있는 궤도와 그 영향을 나타내는 지표로써 Fresnel Zone이 편리하게 쓰여지는데, 이는 아래 그림과 같이 송신점 T로부터 수신점 R로 수신되는 경우에 호이겐스의 원리에 의하여 수신점 R에서의 전계는 T-R상의 임의의 점 O에서 T-R에 수직이 되는 평면 P상의 전자계의 분포로부터 완전하게 구할 수 있다.

평면 P상의 임의의 점을 M이라 하고 $\overline{TM}+\overline{MR}=\overline{TR}+n\lambda/2$인 점 M의궤적을 구하여 보면, O를 중심으로 하는 반경 $R_n=\sqrt{n\lambda d_1 d_2/(d_1+d_2)}$ 인 원들을 얻는다. n=1인 반경 R의 원 내부영역을 제1 Fresnel Zone이라 하고, 반경 Rn 과 Rn+1 사이의 영역을 제 n Fresnel Zone 이라고 한다.

프레즈넬 존(Fresnel Zone)의 의미는 한 프레즈넬 존(Fresnel Zone) 내에서의 전자계는 수신점의 전계 강도가 같은 Sign으로 가산적인 효과를 가지며, 서로 인접하는 두 개의 Zone은 수신점 R의 전계강도에 서로 반대의 Sign으로 감산되는 관계를 준다.

물론 제 1 존(Zone)으로부터의 기여가 제일 크며, 이의 크기는 수신점 R에서의 전체 수신전력의 두배이다. 이러한 방법으로 전송로상의 장애물에 의하여 프레즈넬 존(Fresnel Zone)이 어느 정도 차폐가 되는지에 의하여 수신 전계강도를 정상적으로 분석하는 것이 가능하다.

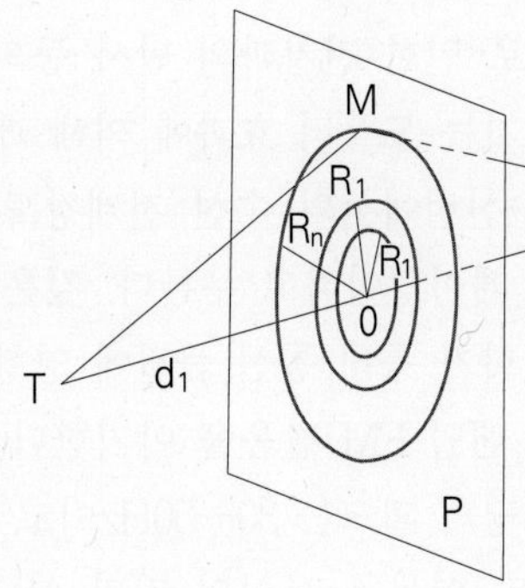

그림 6.15 프레즈넬 존(Fresnel Zone)

3) 페이딩(Fading)

수신 전계강도가 둘이상의 경로를 달리하는 전자파의 간섭 또는 전파경로의 상태변화 등에 의해서 시간적으로 변동하는 현상을 페이딩이라고 한다

페이딩은 크게 단구간 페이딩(Short Term Fading)과 장구간 페이딩(Long Term Fading)으로 구분한다

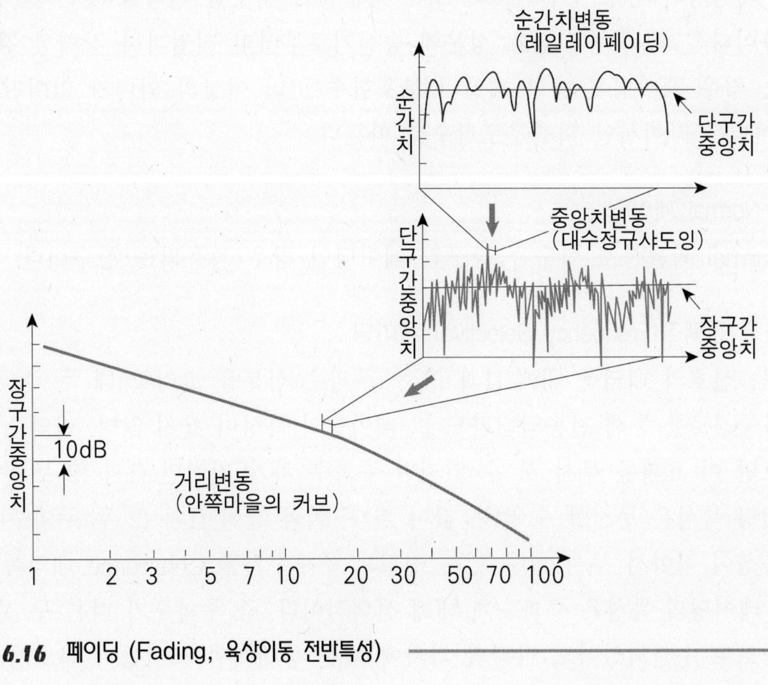

그림 6.16 페이딩 (Fading, 육상이동 전반특성)

단구간 페이딩은 다중경로 페이딩(Multipath Fading)이라고 부르며 이는 단구간 페이딩이 기지국과 이동국 사이의 장애물로 인한 전자파의 반사 등의 영향 및 대부분의 이동국이 V의 속도로 이동하기 때문에 생기는 도플러 효과에 의해 페이딩이 빠른율로 발생하기 때문이다. 또한 단구간 페이딩은 수신점에서의 수신 전계강도의 진폭 및 위상이 레일리 확률 분포를 따르기 때문에 레일리 페이딩이라고 부른다. 깊은 페이딩에 수반되는 S/N비의 열화와 대응되는 급격한 위상 변화가 특히 통신 품질에 영향을 준다. 변조된 신호에 대하여 어느 정도 위상의 위상변화는 랜덤 FM 잡음을 야기한다. 800MHz대를 이용하는 자동차 전화의 경우에 주행 중에 페이딩의 피크는 30~50Hz이고 깊이는 20~40dB에 달한다

장구간 페이딩은 주어진 기지국과 이동국 사이의 거리 이내에서 이동국이 그 주변으로 이동할 때 지형의 변화로 인해 발생하는 페이딩으로 느린 페이딩을 가진다. 또한 장구간 페이딩은 수신 전계강도의 변화가 로그-노멀(Log-Normal) 확률분포 함수를 따르기 때문에 로그-노멀(Log-Normal) 페이딩이라고도 부른다.

① 레일리 페이딩

레일리 페이딩의 수신 신호강도는 매우 빠르게 변화하며 레일리 확률분포 함수를 따른다. 수신신호의 포락선도 레일리 분포밀도함수를 따르며 위상은 균일분포 밀도 함수를 따른다.

② 라이시안 페이딩

레일리 페이딩의 경우 수신신호의 모든 성분들이 비슷한 진폭을 갖는 반사파로만 구성된 경우이다. 그러나 수신신호 성분에 송신기로부터의 직접파나 강력한 강도의 반사파가 있는 경우 페이딩에 대한 레일리 분포함수는 더 이상의 의미가 없어진다. 이러한 경우, 페이딩은 라이시안 확률분포함수를 따른다.

③ Log-Normal 페이딩

Log-Normal 확률분포 함수는 장구간 페이딩인 경우 적용되는 함수이다.

④ 주파수 선택적(Frequency Selective) 페이딩

송신되는 신호의 대역폭 내에 f1과 f2 두 주파수 성분을 고려할 때 두 주파수 성분이 동일한 다중경로를 통해 전송되더라도 그 페이딩의 특성이 같지 않다. 만약 두 주파수의 차가 작으면 이 효과를 무시 할 수 있지만 주파수 차가 커지면 f1과 f2 두 주파수의 상이한 페이딩 특성은 무시할 수 없는 값이 된다. 이와 같이 f1과 f2 두 주파수에 의한 페이딩의 특성이 작아서 무시 할수 있는 정도의 주파수차를 Coherence 대역폭이라 한다.

레일리 페이딩의 특성은 주파수에 대해 선택적이다. 즉 주파수가 다른 두 신호가 동일한 다중경로로 수신되었어도 각각의 파자에 대한 상대적인 크기들이 다르기 때문에 그

페이딩 특성이 같지 않다. 상관관계가 거의 없는 페이딩을 갖는 주파수 간격을 Coherence 대역폭이라 하며 도심지에서는 대략 100~300KHz 정도이다.

⑤ 지연 특성(Delay Spread)

다중 경로파에 의한 신호 도달시간의 차이는 디지틀 통신에서는 전송되는 부호와 부호간의 간섭 및 중첩을 일으켜 ISI(Inter Symbol Interfrence)를 야기 시킨다.

지연특성을 나타내는 지표로써는 평균지연시간(Mean Delay Time)과 이의 표준편차인 지연확산(Delay Spread)이 있고, 이의 측정은 Impulse을 적당한 간격으로 반출, 송출하여 수신하는 방법과 PN(Pseudo Random)부호를 이용해 광대역으로 신호를 송출해 이를 수신 상관관계를 취하여 얻는 방법이 있다.

4) 다이버시티(Diversity)

무선전화 환경에서 어쩔 수 없어 발생하는 페이딩 현상을 극복하기 위해 동일 정보를 갖는 상관되지 않는 2개 이상의 입력신호를 수신해서 처리함으로써 고품질 전송을 실현하는 기법을 다이버시티라 한다.

이러한 다이버시티 기법으로 다음과 같은 종류가 있다.

① 공간(Space) 다이버시티
② 경로(Path) 다이버시티
③ 시간(Time) 다이버시티
④ 주파수(Frequency) 다이버시티
⑤ 각(Angle) 다이버시티

여기서는 CDMA시스템에서 사용되고 있는 공간, 경로, 시간 다이버시티에 대해서만 기술한다.

표 6.6 다이버시티 수신의 종류

종 류	특 징	문제점
주파수 다이버시티	송신시 주파수 대역에서 서로 분리된 주파수를 이용한다	주파수를 분리해서 사용해야 하므로 스펙트럼 효율이 떨어진다
공간 다이버시티	수신시 공간적으로 분리된 여러의 안테나를 이용한다	차량에서는 효율적이지만 기지국에서는 공간적 분리가 커야하는 문제가 있다
각 다이버시티	수신시 지향성 안테나를 사용한다	안테나 수가 3개로 제한된다
편광 다이버시티	송신시 편파의 직교성을 이용하여 신호를 송신한다	송신시 전력을 두 안테나로 나누어 보내야한다
시간 다이버시티	송신시 서로 다른 시간에 같은 신호를 다시 송신한다	차량이 정지해 있을 때는 diversity에 의한 잇점이 없다

① 공간 다이버시티

공간 다이버시티는 셀룰러 이동통신에서 가장 경제적이고 가장 많이 이용되는 다이버시티 기법이다. 복수의 수신안테나를 공간적으로 이격 시키는 복수의 수신계(Diversity Branch)로써 페이딩의 영향을 경감하고 단일 수신계로 수신한 경우보다도 양호한 품질을 얻는 방식이다. 공간다이버시티 시스템에서 비상비 상관된 복수의 신호를 얻기 위해서는 일반적으로 안테나 어레이를 사용한다. 이때 고려하여야 할 사항은 다이버시티 안테나의 배치, 다이버시티 브랜치(Branch) 요소들간의 간격, 다이버시티 브랜치의 수, 부하 임피던스(Load Impedance)등이 있다. 그 중에도 공간 다이버시티 시스템을 고려 할 때 가장 먼저 고려되어야 할 사항은 송수신 안테나 어레이 사이의 신호가 비 상관 되도록 안테나 간격을 분리시키는 것이다.

② 경로 다이버시티

CDMA 디지털 셀룰러 시스템은 광대역 신호가 협대역 신호에 비해 경로 다이버시티가 높은 장점을 RAKE 수신기로 구현한 특징이 있다. 즉 전송신호의 대역폭이 코히런스(Coherence) 대역폭보다 좁을때는 전송신호의 모든 주파수 성분이 같은 감쇄와 위상 천이를 받는다. 따라서 수신기에 도달하는 다중경로 성분을 분해하기 어려운 하나의 페이딩 경로로 여겨진다. 그러나 코히런스 대역폭보다 넓은 대역폭 W를 갖는 광대역 신호의 경우 다중경로 확산이 Tm일 때 Tm*W개의 분해가능한 성분을 가지고 있기 때문에 다이버시티를 취할수 있다. 즉, 코히런스 대역폭내의 신호성분은 상호 상관도가 높으므로 다이버시티가 어려우며 코히런스 대역폭보다 넓은 W대역폭을 갖는 광대역 신호의 경우 'W/Coherence 대역폭' 의 다이버시티 브랜치가 가능하다.

따라서 레이크(RAKE) 수신기는 동일한 정보를 가지고 시간차를 두어 수신되는 L개의 다이버시티 브랜치 정보를 Channel Tap Weight를 최적으로 예측하고 최대비 합성기(Maximun Ratio Combiner)에서 출력을 얻는다.

③ 시간 다이버시티

시간 다이버시티는 동일한 정보를 반복시켜 반복된 데이터에 대해서는 시간적으로 분리시켜 전송함으로써 어떤특정한 비트열에 페이딩으로 인한 에러가 발생하더라도 반복된 데이터를 이용 원래의 정보를 복원할 수 있는 다이버시티 기법이다. CDMA 채널 생성 흐름상에서 Block Repetition 및 Interleave가 시간 다이버시티를 구현하는 기술이다.

6.3 무선통신 기기

6.3.1 AM(DSB) 송·수신기

(1) 진폭변조 (Amplitude Modulation ; AM)

변복조 시스템을 논할 때 가장 기본이 되는 진폭변조 (AM)시스템은 구조가 간단하고 구현하기도 쉽기 때문에 여러 분야의 통신에 광범위하게 사용되어 왔다. 아래 그림에서 보이듯이, AM은 신호파형이 변화하는 양을 높은 주파수의 반송파(carrier)의 조밀한 한 파장 단위 높낮이에 맞추어 실어보내게 된다.

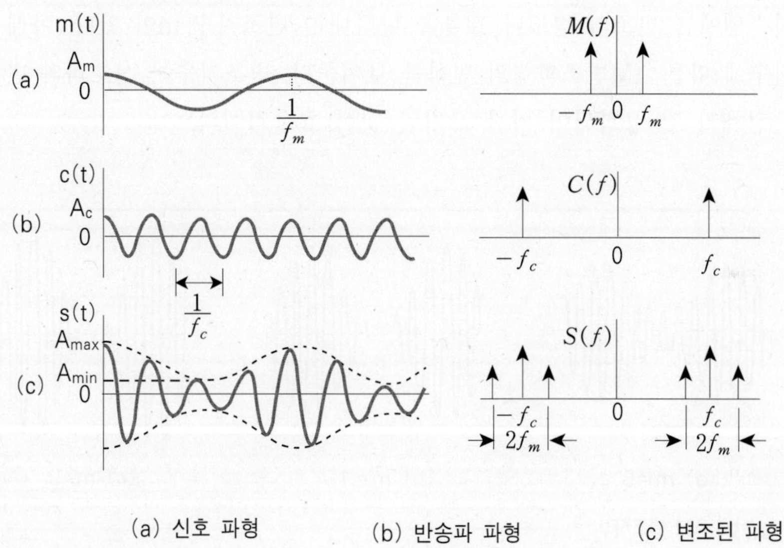

그림 6.17 AM 파의 변조과정

(2) DSB (Double Side Band)

일반적인 진폭변조 시스템(Conventional AM)의 경우, 위 그림의 주파수 분포도에서 알 수 있듯이 신호파형이 원점을 중심으로 음과 양의 주파수로 나누어져 있다. 그래서 높은 주파수에 변조시키면 (c) 의 주파수 분포도와 같이 반송파 주파수를 기준으로 양쪽에 주파수 성분을 가지게 된다. 이러한 일반적인 AM 변조방식을 DSB(Double Side

Band) AM이라고 한다. 그 중에서 변조지수를 높이고 반송파의 전력을 억제하여 효율을 증가시킨 것을 DSB-SC (DSB-Suppressed Carrier)라고 한다.

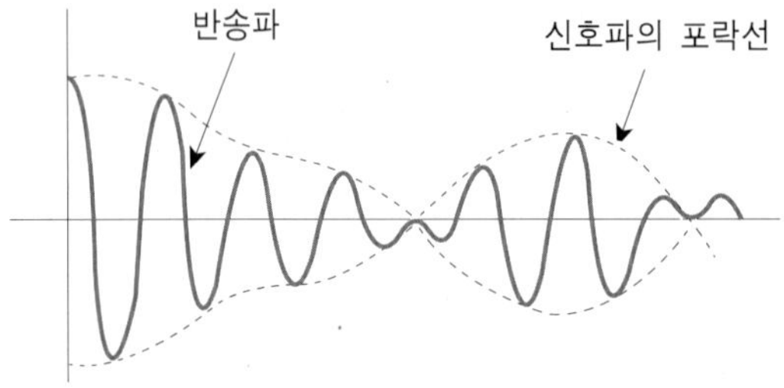

그림 6.18 DSB-SC 변조파형

(3) 변조지수

변조 시스템에는 변조의 정도나 효율을 나타내는 변조지수 m이 있다. 아래 그림에서는 변조지수에 따른 AM변조파형의 변화를 보여준다. 변조지수는 신호파와 반송파의 전압변화의 관계가 잘 융화되어 약간 모자란 것이 효율적이다.

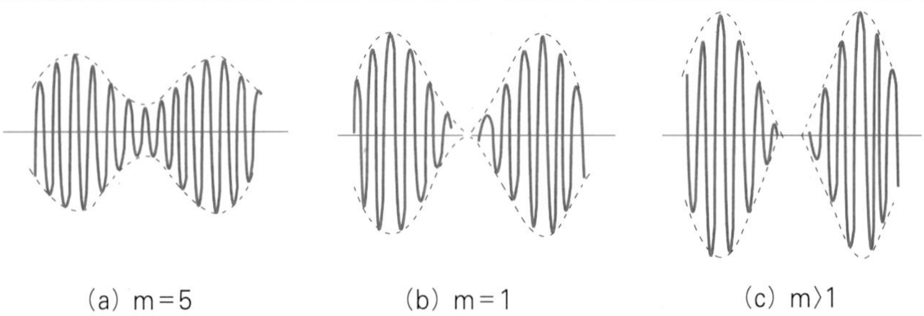

그림 6.19 AM 변조지수

(4) AM 송 · 수신기

1) AM 송신기

송신기란 원래의 정보를 전기신호(저주파)로 변환한 후 이를 고주파 에너지를 발생시켜 증폭하고 체배하여 원하는 주파수로 변조하여 규정된 출력으로 증폭하여 전송하는 장치를 말한다. AM 송신기는 진폭변조(AM)를 수행하여 신호 파형이 변화하는 양을 높은 주파수의 반송파(carrier)에 실어보내는 장치이다.

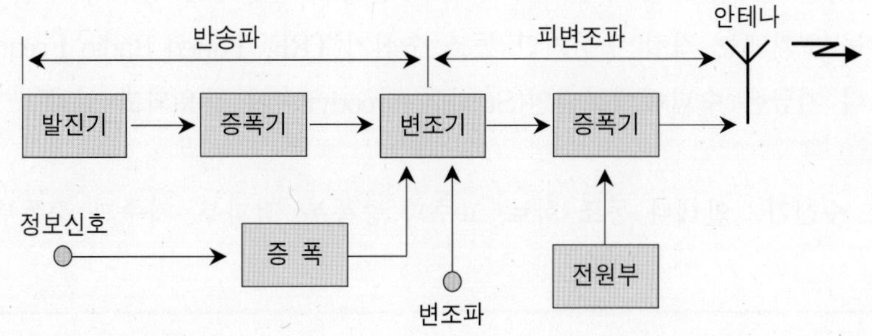

그림 6.20 AM 송신기의 기본 구성도

① AM 송신기의 구성

- 3요소 : 발진부(발진기), 변조부(변조기), 안테나.
- 주파수 체배기, 증폭부, 전원부

② AM 송신기의 회로와 기능

- 발진부 : 수정 발진기, LC 발진기, 완충 증폭기, 주파수 체배기
- 증폭부 : 일반 증폭기, 여진 전력 증폭기, 전력 증폭기, 기생 진동의 원인과 방지책, 출력 동조 회로의 효율, 종단 전력 증폭기의 조정, 결합 회로
- 변조부 : 피변조파의 전력, 변조 회로의 종류
- 전원부 : 정류 소자, 공급 전원, 정류 회로, 평활 회로, 축전지, 부속 장치

③ 송신 장치의 조건

- 발사 주파수의 안정도가 높을 것
- 불요파인 스퓨리어스의 발사가 적을 것
- 점유 주파수 대역폭이 가능한한 최소일 것
- 일그러짐이나 왜곡 등의 잡음이 적을 것
- 출력 전원이 일정하게 유지할 것
- 전력 효율이 높을 것
- 조정이나 보수가 쉬우며, 고장이 적을 것

④ 송신기의 실제 예 : 소형 단파 송신기, 중파 방송 송신기.

2) AM 수신기

송신기에서 만들어진 변조파는 공간을 통하여 원거리를 전파해오고, 전파해온 이 미

약한 전자파의 변조신호를 수신하여 원래의 신호로 변환하는 장치가 수신기이다.

수신기는 초기에는 직접 수신기인 동조 수신기(TRF, Tuned Radio Frequency)가 사용되었으나 지금은 수퍼헤테로다인(Superhetereodyne)이 사용되고 있다.

① 동조 수신기 : 안테나 동조 회로, 고주파 증폭부, 검파부, 저주파 증폭부 및 스피커

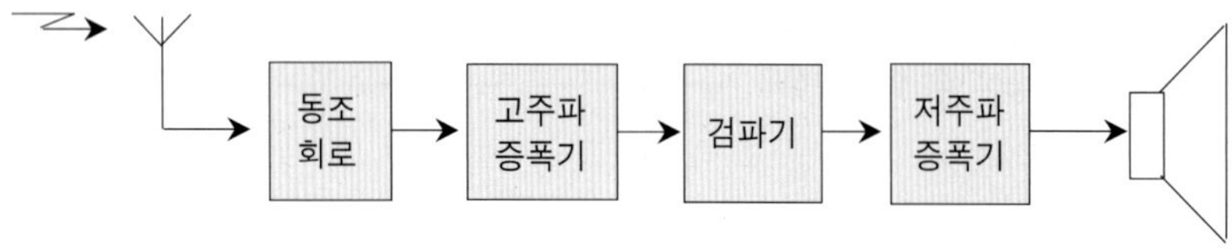

그림 6.21 동조 수신기의 기본 구성도

② 슈퍼헤테로다인 수신기 : 수신 안테나 회로와 고주파 증폭부, 주파수 변환부, 중간주파 증폭부, 복조부와 AGC 부속 회로, 저주파 증폭부와 음성 복원, 전원부와 부속 회로

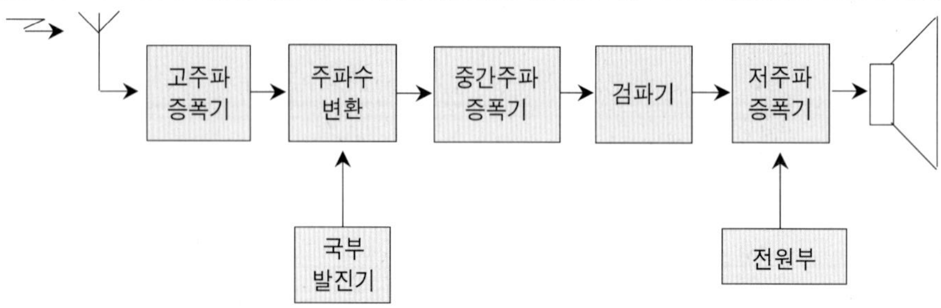

그림 6.22 슈퍼헤테로다인 수신기의 기본 구성도

③ 수신기의 성능(종합 특성)

- 감도(Sensitivity) : 어느 정도 미약한 전파를 수신하여 충실하게 정보를 재생할 수 있는가를 나타낸다.
- 선택도(selectivity) : 수신기 입력단의 희망 신호 이외의 성분을 분리 제거할 수 있는 능력을 표시하며, 주로 증폭 회로의 주파수 특성에 의해 결정된다.
- 안정도(Stability) : 일정한 입력 신호를 가했을 때 재조정하지 않고 얼마나 오랫동안 일정한 출력을 얻을 수 있는가의 능력을 표시한다.

• 충실도(Fidelity) : 원래의 신호를 얼마나 정확하게 재생시킬 수 있는냐의 능력을 나타내며, 주로 주파수 특성, 고조파, 검파, 위상 등의 왜곡 및 잡음 등으로 결전된다.

6.3.2 SSB

(1) SSB (Single Side Band)

일반적인 AM변조의 경우 대역폭이 W인 신호파가 변조되면 2W로 대역폭이 늘어나게 된다. 이것은 원래 신호 파형이 가지고 있던 음의 주파수 성분, 즉 허수(imaginary) 성분이 주파수 대역을 이동하면서 따라갔기 때문이다. 이러한 DSB 변조방식의 경우 주파수효율이 나쁘기 때문에 어느 한쪽 주파수 대역을 잘라낸 AM 변조방법이 바로 SSB(Single Side Band) AM이다. 신호 주파수는 0점을 기준으로 서로 반대된 거울 같은 영상이기 때문에, 한쪽만 있어도 모든 정보가 전송이 가능하므로 상측파대 혹은 하측파대를 필터로 제거하여 전송하게 된다.

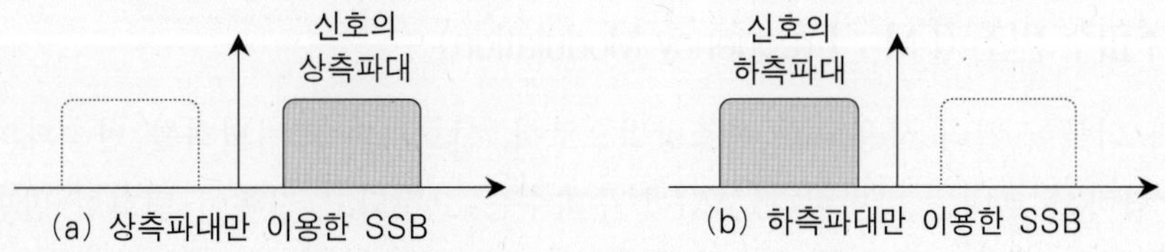

그림 6.23 SSB 변조 신호와 주파수 분포

(2) SSB의 종류

SSB는 일단 하측파대를 제거하느냐 혹은 상측파대를 제거하느냐에 따라 두 가지로 분류되지만, 그 성능차이가 미미하기 때문에 대역 환경에 따라 사용자가 알아서 선택하게 된다. 대신에 반송파부분을 제거하느냐 안하느냐에 따라서 3가지의 SSB 방식이 존재한다.

1) 억압반송파 SSB : 반송파를 측파대 최대전력의 1/10000 이하로 억압하여 전송한다.
2) 저감반송파 SSB : 반송파를 측파대 최대전력의 1/100 이하로 저감시켜 전송한다.
3) 전반송파 SSB : 반송파를 전부 전송한다.

(3) SSB의 장단점

SSB가 DSB에 비해 가진 장점과 단점은 다음과 같다.

1) 장점

① 주파수 이용효율이 높아진다.

② 적은 전력으로도 양질의 통신이 가능하다.

③ 대역폭이 작아서 잡음영향이 줄어들어 SNR이 좋아진다.

④ 전력효율이 좋다.

⑤ 변조전력이 작아서 소형화가 쉽다

2) 단점

① 회로구성이 복잡해진다.

② 다단변조를 하게 되어 가격이 비싸진다.

③ 복조기에 국부 발진기가 추가로 필요해진다.

④ 동기가 잘 맞지 않으면 왜곡이 심해진다.

6.3.3 FM 송·수신기

(1) 주파수 변조 (FM ; Frequency Modulation)

AM과 더불어 널리 사용되는 변조방법으로서, 신호파의 크기변화를 반송파의 주파수 변화에 담아서 보내는 방법이다. AM이 주파수는 고정되고 진폭이 변화한 반면, FM은 주파수가 변하는 대신 진폭은 항상 같은 값으로 유지된다. 아래 그림에서 보여지듯이 신호 파형의 전압이 높을수록 주파수가 높아져서 파장이 조밀해지고, 그 반대로 전압이 낮을 때는 주파수가 낮아져서 파장이 넓어지게 된다.

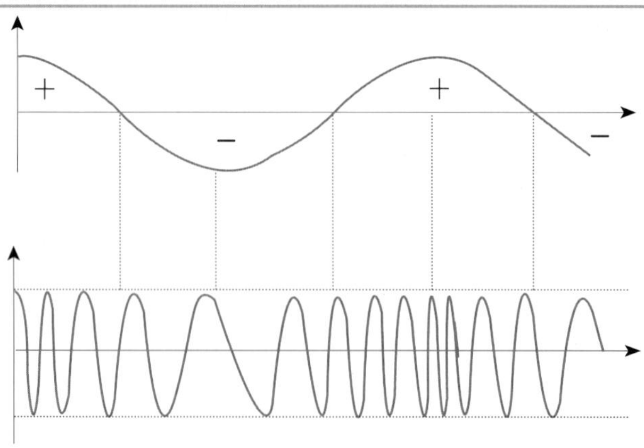

그림 6.24 FM 변조의 원리

(2) 변조지수

FM에서의 변조지수 는 다음과 같은 식에 의해 결정된다.

$$\beta = \frac{\text{최대 주파수 편이}}{\text{신호의 주파수}}$$

이론상 FM통신을 위해서는 무한대의 주파수대역이 필요하지만, 값을 기초로 하여 주요한 주파수 대역만을 선택하여 골라낼 수 있다. 값이 높아질수록 변조율은 높아지겠지만 주파수 대역폭이 점점 더 늘어나게 되며 에 따른 중요 측파대 주파수의 개수는 다음의 표와 같다.

변조지수	0.1	0.3	0.5	1.0	2.0	5.0	10	20	30
중요측파대 주파수 개수	2	4	4	6	8	16	28	50	70

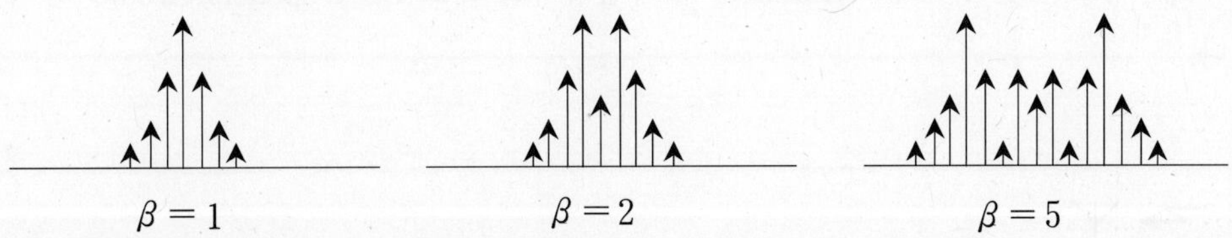

그림 6.25 변조지수에 따른 FM의 주파수 분포

(3) FM 송 · 수신기

1) FM 송신기

FM 송신기는 신호를 주파수 변조하여 송출하는 송신기로서 발진기, 주파수 체배기, 전력증폭기 등은 AM 송신기와 같다.

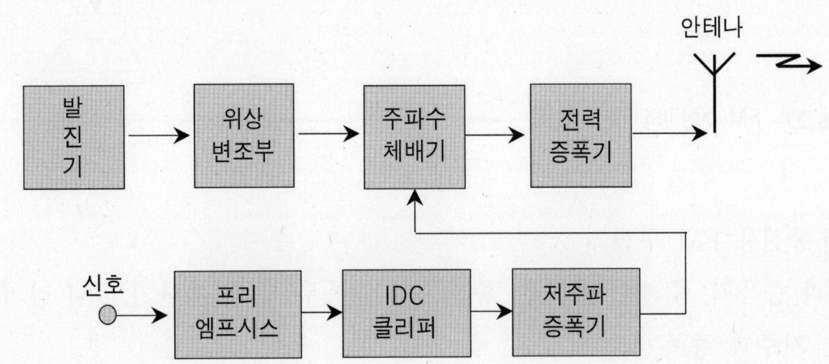

그림 6.26 FM 송신기의 기본 구성도

① 직접 주파수 변조 방식
직접 주파수 변조의 원리, 직접 FM 송신기

② 간접 주파수 변조 방식
간접 주파수 변조의 원리, 간접 FM 송신기

③ FM 스테레오 방송용 송신기
스테레오, FM 스테레오의 구성

2) FM 수신기

FM 수신기는 AM 수신기와 비교하여 주파수 변환 및 중간 주파수변환기 등은 같으나 특수 회로인 진폭 제한기(Limiter)와 디앰피시스 회로(De-emphasis circuit) 등이 다르다.

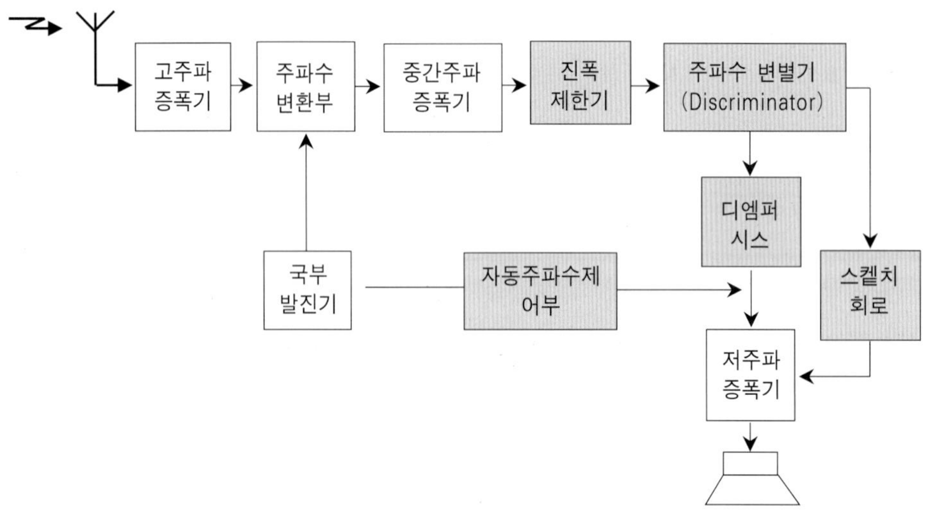

그림 6.27 FM 수신기의 기본 구성도

① 일반 통신용 FM 수신기
고주파 증폭기, 주파수 변환부, 중간주파 증폭부, 진폭 제한기, FM 검파부, 스위치 회로, 저주파 증폭기

② 방송용 FM 수신기

③ FM 스테레오 수신기

④ 부속 회로

자동 주파수 제어 회로 구성, 주파수 신시사이저

⑤ FM 수신기의 특징

- 수신 주파수 대역폭이 넓다.
- 진폭 제한 회로가 있어 S/N비가 개선된다.
- 주파수 변별기로서 검파한다.
- 수신 전계의 변동이 심한 이동 무선에 적합하다.
- 디엠파시스 회로(De-emphasis circuit)가 있다.

연습문제

제 6 장

1. 무선통신의 기본 개요에 대하여 설명하시오.

2. 전리층에 대하여 설명하시오.

3. 주파수 밴드별 전파의 특성에 대하여 설명하시오.

4. 전파전파에 대하여 설명하시오.

5. 전파 손실의 종류와 각각에 대하여 간략하게 설명하시오.

6. 다이버시티의 종류와 각각에 대하여 간략하게 설명하시오.

7. AM 송신기의 구성 요소에 대하여 간략하게 설명하시오.

8. AM 수신기의 구성 요소에 대하여 간략하게 설명하시오.

9. AM 수신기의 성능측정 요소에 대하여 설명하시오.

10. SSB 변조에 대하여 설명하시오.

11. SSB 변조의 장·단점을 설명하시오.

12. FM 송신기의 구성 요소에 대하여 간략하게 설명하시오.

13. FM 수신기의 구성 요소에 대하여 간략하게 설명하시오.

14. FM 수신기의 특징에 대하여 설명하시오.

제7장 이동 및 위성통신 기기

7.1 이동통신 기기

7.1.1 이동 통신 시스템

(1) 이동통신의 개요

통신의 궁극적인 목적인 언제나, 어디서나, 누구와, 무엇이든지 습득 가능한 정보와 개인의 의사 등을 즉시 전달하고 교환할 수 있는 다양한 정보전달 수단을 필요로 하게 되어 기존의 고정된 개념의 통신이 아닌 이동하면서 원하는 그 무엇과 상호 정보교환을 할 수 있는 이동통신이 점차 발전하게 되었다.

이동통신(Mobile Telecommunication)은 사람, 자동차, 선박, 열차, 항공기 등 이동체와 일반 유선가입자 사이의 통신과 이동체 상호간 통신을 대상으로 하는 고정통신에 대비된 개념이다. 즉, 기존 통신서비스에 이동성(Mobility)을 추가하는 형태로 볼 수 있으며, 이동성의 정의는 다음과 같다.

1) 단말기 이동성

코드리스, 셀룰러, 위성 이동통신 등 무선 접속을 이용하여 서비스 중에도 연속적으로 움직일 때도 망에 접속할 수 있으며, 기능과 인증이 접속점에서 추적 관리될 수 있는 사용자 단말의 식별 등 무선접속 기술과 로밍 기술이 이에 해당한다.

2) 개인의 이동성

① 개인 단말에서 번호를 등록하여 개개인의 위치를 통신망에 알림으로써 개인이 어떤 장소, 어떤 통신망에서 위치하더라도 통신이 보장되어야 한다.

② 단말 번호가 아닌 개인번호를 사용함으로서 호의 착신 방향을 제어하며 지능망의 기능을 이용한다.

3) 서비스 이동성(service mobility)

이용 주파수 대역을 높여서 무선채널을 광대역화 함으로써 음성, 데이터 및 영상까지 제한 없이 수용할 수 있다.

한편 이동통신의 발전형태는 무선채널의 광대역화를 통한 서비스 이동성확보와 지능망을 기반으로 한 이용자 이동성 확보 및 저궤도 위성을 이용한 서비스 제공 지역의 범세계화 등으로 볼 수 있다.

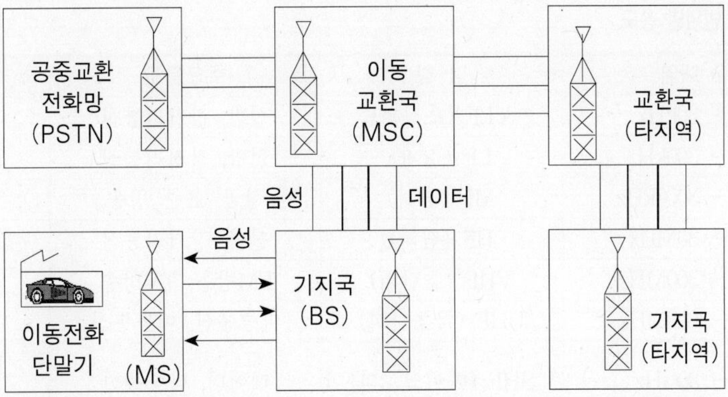

그림 7.1 이동통신 시스템의 기본구성

(2) 이동통신의 분류

1) 주파수이용 측면에서 본 이동통신

전파는 동일시간, 동일장소, 동일주파수를 복수의 목적에 사용이 불가능하고, 각종 업무 및 지역별로 할당된 주파수 범위 내에서 이용하는 것이 전제 조건이 된다.

주파수 이용의 국제적 원칙은 국제전기통신조약에서 결정되며, 이에 따른 조약의 실시에 필요한 구체적 세부사항(즉, 주파수의 국제적 배분, 기술기준, 국제적 조정, 무선국의 감독 등)은 세계 무선통신 주관청 회의(World Administrative Conference)에서 주관하여 결정되어 지고, 한편 스페인 토레몰리노스에서 열린 WARC 92회의에서 이동통신 등 무선사용의 주파수 대역을 크게 확장하고, 저궤도위성을 이용한 범세계적인 이동통신망의 구축을 위한 주파수 할당에 합의했다. 이로써 세계 어디서라도 이동통신이 가능한 서비스가 출현하게 되었다.

① 주파수 분배와 할당

무선통신규칙내 구체적인 주파수가 분배되어 있는데, 9kHz ~ 400GHz까지의 주파수대를 육상이동, 해상이동, 항공이동, 방송, 우주 등의 업무별로 세분화하였고, 동시에 전세계를 3개의 지역으로 구분하여 각국의 특성을 고려하여 배분하였다.

- 제 1지역 : 유럽, 소련, 아프리카
- 제 2지역 : 남북아메리카
- 제 3지역 : 1, 2지역 이외의 지역으로 우리나라는 아시아 제국과 함께 제 3지역에 속해 있다.

② 무선통신의 주파수대

■ 무선 주파수대의 분류

표 7.1 주파수 범위별 용도

주파수 대역	명 칭	주요용도	비 고
3kHz ~ 30kHz	VLF (초장파)	선박, 장거리통신	
30kHz ~ 300kHz	LF (장파)	선박, 장거리통신	
300kHz ~ 3000kHz	MF (중파)	항공, 표준 방송	
3MHz ~ 30MHz	HF (단파)	선박, 장거리통신	
30MHz ~ 300MHz	VHF (초단파)	FM방송, TV방송	
300MHz~3000MHz	UHF (극초단파)	다중통신, 이동통신	
3GHz ~ 30GHz	SHF (마이크로파)	레이더, 다중통신	15~30GHz : 준밀리파
30GHz ~ 300GHz	EHF (밀리파)	미사일	
300GHz ~ 3000GHz	Decimillmeter		서브밀리파

■ 이동 및 위성통신에서의 명칭

◆ 이동통신

표 7.2 이동통신의 대역명칭

명 칭	주파수 범위(GHz)	명 칭	주파수 범위(GHz)
A-Band	0.1 ~ 0.25	H-Band	6 ~ 8
B-Band	0.25 ~ 0.5	I-Band	8 ~ 10
C-Band	0.5 ~ 1	J-Band	10 ~ 20
D-Band	1 ~ 2	K-Band	20 ~ 40
E-Band	2 ~ 3	L-Band	40 ~ 60
F-Band	3 ~ 4	M-Band	60 ~ 100
G-Band	4 ~ 6		

◆ 위성통신

표 7.3 위성통신의 대역명칭

명 칭	주파수 범위(GHz)	명 칭	주파수 범위(GHz)
P-Band	0.23 ~ 1	Ku-Band	12.5 ~ 18
L-Band	1 ~ 2	K-Band	18 ~ 26.5
S-Band	2 ~ 4	Ka-Band	26.5 ~ 40
C-Band	4 ~ 8	Milimeter wave	40 ~ 300
X-Band	8 ~ 12.5	Submilimeter ware	300 ~ 3000

③ 무선 주파수 할당 현황

이동통신 분야의 국내 무선 주파수 할당 현황을 요약하면 아래와 같다.

표 7.4 무선 주파수의 할당 현황

서비스 종류		용 도	주파수 대역	단위 채널폭(전체 채널수)	비 고
셀룰러 이동 통신	FDMA	이동국 송신용	824~849MHz	30kHz(832채널)	
		기지국 송신용	869~894MHz	30kHz(832채널)	
	CDMA	이동국 송신용	824~849MHz	1.25MHz	
		기지국 송신용	869~894MHz	1.25MHz	
무선 호출		160MHz 대	161-169MHz	25kHz(320채널)	단방향통신이므로 기지국에서 단말기 방향의 채널만 필요
		320MHz 대	322~325MHz 327~329MHz	25kHz(200채널)	
무선 데이터		이동국 송신용	896~898MHz	1.25kHz(160채널)	TDD적용으로 송신과 수신채널이 분리되지 않음
		기지국 송신용	936~938MHz	1.25kHz(160채널)	
발신 전용 휴대전화(CT-2)			910~914MHz	100kHz(40채널)	
주파수 공용 통신 (TRS : Trunked Radio Service)		중계국 송신용	380MHz 대 (389.5~399.5MHz)	12.5kHz(800채널)	
			800MHz 대 (851~866MHz)	25kHz(600채널)	
		이동국 송신용	380MHz 대 (371.5~381.5MHz)	12.5kHz(800채널)	
			800MHz 대 (806~821MHz)	25kHz(600채널)	
개인휴대통신 (PCS)		이동국 송신용	1750~1780MHz대		
		기지국 송신용	1840~1870MHz대		
IMT-2000		이동국 송신용	1885~2025MHz		
		기지국 송신용	2110~2200MHz		
저궤도 위성 이동통신 (LEO : low earth orbit)		1 GHz대 이하	399.9~400.05MHz 455~456MHz 459~490MHz		
		1~3GHz 대	2010~2025MHz		
		5GHz 대 이상 (feeder link용도)	6.091~6.250MHz 6.700~7.075MHz 19.300~19.6MHz 29.100~39.4MHz		

2) 서비스측면에서 본 이동통신

① 통신 목적 별 분류

■ **공중이동통신**

일반 공중통신망(PSTN ; Public Switched Telephone Network)과 접속하며, 그 종류와 특징은 아래 표와 같다.

표 7.5 서비스별 특징

항 목		자동차전화	내항선박전화	항공기전화	열차공중전화
무 선 주 파 수		800MHz 대	250MHz 대	800MHz 대	400MHz 대
주파수 대역폭		15MHz*2	3.9MHz*2 2.55MHz	2MHz * 2	450MHz 600MHz
송 수 신 간 격		55MHz	9MHz, 15MHz	55MHz	40MHz
인접 채널 간격		25kHz	25kHz	25kHz	25kHz
무 선 채 널 수		600ch	285ch	80ch	24ch
변조방식	음성신호전송	아날로그 FM	음성신호전송FM	아날로그 FM	FM다중(24ch)
	제어신호전송	300b/s FSK	병직열톤FM	300b/s FSK	FM단일채널
송신전력	기 지 국	25W	40W	40W	2W
	이 동 국	5W	10W	10W	4W
지역반경(평균치)		5~7km	50km	400km	20km
반 복 지 역 수		20	3	3	3

② 전용이동통신

업무용 특성상 전용 목적으로 사용(경찰, 소방/구급 등)

③ 서비스 영역별 분류

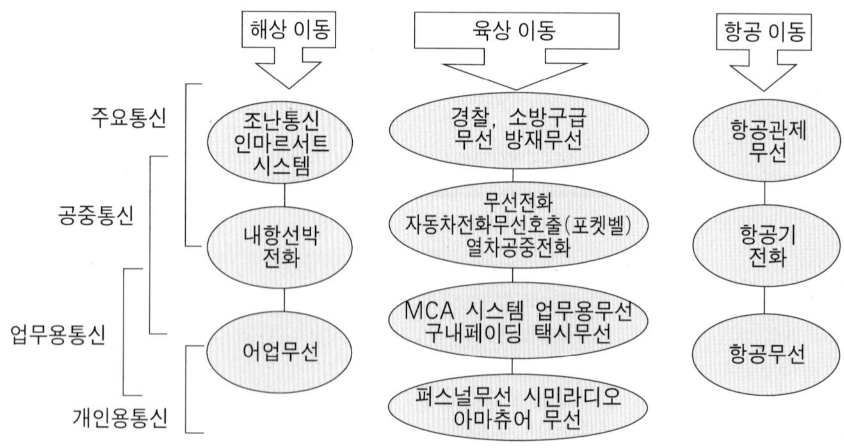

그림 7.2 서비스 영역별 분류

3) 기술측면에서 본 이동통신

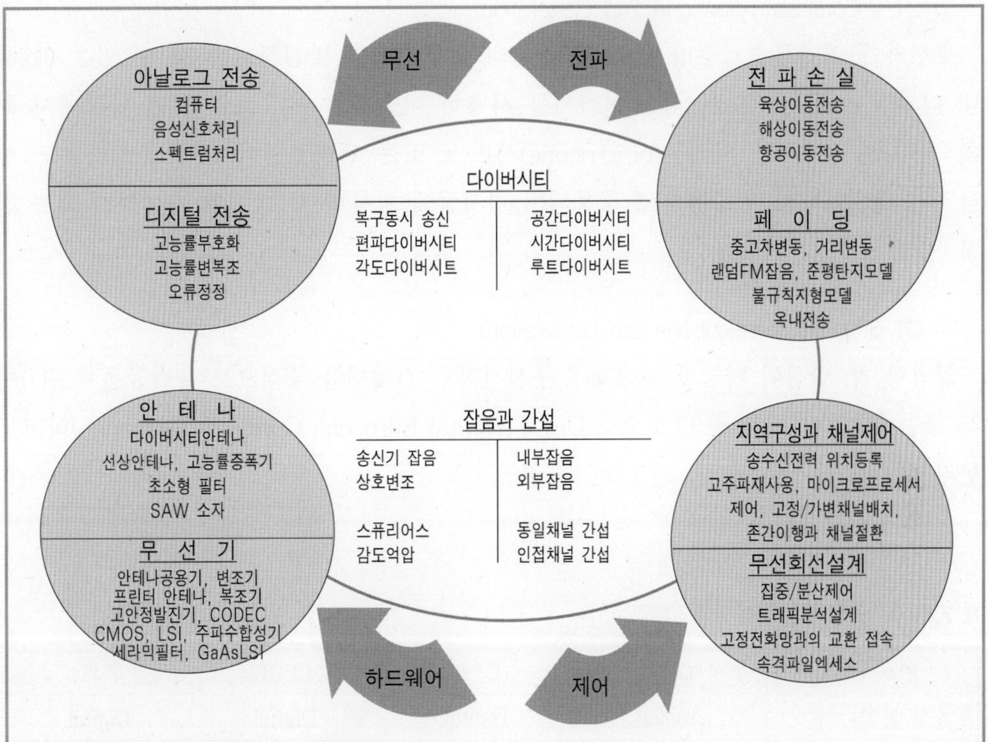

그림 7.3 기술측면에서 본 이동통신

(3) 이동통신의 기본시스템

1) 무선 전화

무선 전화는 현재 가정에서 사용되고 있는 무선전화기인 CT-1(Cord - less Telephone 1st Generation)과 공중전화박스 개념인 CT-2(Cordless Tele - phone 2nd Generation), 그리고 CT-2에 pager 등을 부착한 CT-2+와 양방향 착발신 전용휴대전화인 CT-3로 발전되었으나 국내에서는 가정 무선전화기인 CT-1만 사용하고 있다.

코드리스의 발전 방향

CT-1 → CT-2 → CT-2+ → CT-3

① CT-1(Cordless Telephone 1st Generation)

최초의 무선 전화기의 형태로 가정에서 쌍방향 통신이 가능하고, 저가격, 소전력을 송신이 가능한 반면 제한 거리 이내에서 통신이 가능하다.

② CT-2(Cordless Telephone 2nd Generation)

보행자가 기지국으로부터 100~200m이내의 장소에서 발신통화를 할 수 있는 제2세대 디지털 cordless Telephone 전화기를 사용한 이동전화 서비스로 '89년 영국에서 최초 서비스를 시작한 시티폰(city-phone)서비스 또는 텔리포인터(Telepoint)라고도 한다. 가정용, 업무용, 공중용으로 구분되어 기지국에 등록한 후 발신만 가능하게 되는 전화 형태다.

③ CT-3(Cordless Telephone 3rd Generation)

양방향 착, 발신이 가능한 제 3세대 무선전화로 스웨덴을 중심으로 유럽공동체(EU)에서 공동개발하여 사용 중인 것으로 DECT(Digital European Cordless Telephone)라고도 한다.

④ 기타

표 7.6 CT 관련 무선 접속 규격

비교 항목	CT-1	CT-2	DECT	PHS
음성 전송	Analog	Digital	Digital	Digital
주파수 대역	885~887MHz 903~932MHz	864~868MHz	1.88~1.90MHz	1.89~1.91MHz
대역폭	2 * 2MHz	4MHz	20MHz	23MHz
채널간 간격	25MHz	100MHz	1700MHz	3000MHz
이중 통신 방식	FDD	TDD	TDD	TDD
다원 접속 방식	FDMA	FDMA	TDMA	TDMA
캐리어 수	80	40	10	77
캐리러당 채널수	1	1	2 * 2	2 * 4
전체 이중채널수	80	40	120	308
음성부호화	-	ADPCM	ADPCM	ADPCM
변조 방식	Analog FM	GMSK	GMSK	QPSK
데이터 전송율	-	72kbps	1152kbps	384kbps

2) 주파수공용시스템 (TRS)

① 개요

주파수공용시스템이란 중계 교환망의 Trunk 개념(교환국간의 한 선로를 다수의 사용자가 시분할 방식으로 차례대로 공용하므로 가입자 단위로 전용되는 가입자 선로시설에 비해 이용 효율이 높다.)을 도입하여 할당된 주파수 자원을 모든 사용자에게 공용시킴으로서 효율을 극대화 할 수 있는 무선 통신시스템으로 TRS(Trunked Radio System : 미국) 또는 MCA(Multi-Channel Access : 일본)이라 불리는 무선통신 시스템이다.

TRS는 여러 개의 주파수 중 빈 채널을 자동으로 선택하여 통화를 하므로 통화연결이 쉽고 외부로부터 혼선이 없으며 통화누설이 되지 않아 통화품질이 양호하다.

TRS는 1972년 미국 시카고에서 상업용 서비스를 시작한 이후 미국, 일본, 유럽 등 전 세계에 걸쳐 활발히 운용되고 있으며 대부분 정부 기관에서 주도한 공공 시스템(경찰, 소방, 철도 등)과 민간 사업자가 주도한 사설시스템(운송업, 토목 건설업, 서비스업 등)으로 나뉜다.

사용 주파수대는 미국, 일본, 우리 나라에서는 800MHz대가 이용되며, 미국에서는 SMR(Specialized mobile radio: 70%이상이 TRS 방식으로 구축되어 있다.) 서비스 확대에 따라 900MHz대에서도 허용되고 있고, 유럽에서는 100MHz대와 450MHz에서 사용되고 있다.

② TRS 서비스의 특징

- **반경 20~30km의 통화 영역권이 다수 개 모여 단일 통화 영역뿐만 아니라 타 통화 영역에서도 통화가 가능하다.**

- 1:n **통화방식**(Dispatch Service)

TRS는 지령(dispatch) 통신을 위주로 하는 통신시스템으로 다른 공중망과 연동하여 데이터, 무선호출 등의 서비스를 제공할 수 있으며, 이때 가입자에 속한 여러 대의 단말기를 동시에 일제 호출이 가능하다. 1개의 순방향 링크 주파수 채널로 동시에 다수의 단말기에 음성신호를 보내기 때문에 주파수효율이 높고 산업계에서 가장 효과적으로 이용되어진다.

- **접속시간의 단축**

이동전화망에 비해 TRS는 채널을 공유함으로서 접속시간을 단축시킬 수 있다. 전국권으로 0.7초미만인 것으로 알려지고 있다.(광역권: 0.5초 , 지역권: 0.25초미만)

- PTT(Press to talk) **통화**

TRS에서는 전화망 접속 통화를 제외하고는 PTT를 이용한 반이중(half duplex) 방식을 이용하고 있으며, 채널당 가입자 수를 최대로 하기 위하여 통화 시간은 일반적으로 1~3분 정도로 제한하고 있다.

표 7.7 국내 TRS 주파수 현황

구 분	A 밴드	B 밴드	C 밴드
사용 목적	자가망	사업용	사업용
800MHz 주파수대역	806~811MHz, 851~856MHz (200채널)	811~816MHz 856~861MHz (200채널)	816~821MHz 862~866MHz (200채널)
300MHz 주파수대역	371.5~376.5MHz 389.5~394.5MHz (400채널)	376.5~381.5MHz 394.5~399.5MHz (400 채널)	
채널배정 현황	경찰청 : 75채널 한전 : 25채널 교통 방송 : 10채널 LG 산전 : 5채널	항만 전화: 53채널 한국통신에서 일부 지역사용	예비 채널
주파수 배정순	국가 기관 - 지방 자치 단체 - 정부 투자기관 - 사기업체	지정 사업자	지정 사업자

③ 시스템 구성

하나의 지령국과 여러 개의 교환국, 이동국으로 구성되어지며, 많은 가입자들이 적은 주파수를 공용해야 하므로 채널당 더 많은 가입자를 수용할 수 있도록 제어채널을 설계한다.

■ **전용제어 채널**

중계국의 여러 채널중 하나 또는 두 개 이상의 채널을 제어 채널로 미리 고정 할당하여 시스템내의 모든 신호 정보를 제공하며 나머지는 통화채널로 사용하므로 채널의 활용 효율이 떨어진다. 또한 제어채널에서 통화채널로의 절체시 시간이 소요되어 접속시간이 증가된다.

■ **분산제어 채널**

시스템의 단말기가 중계국의 여러 채널 중 사전에 할당된 채널을 제어채널로 사용하므로 중계국내의 모든 채널이 제어 및 통화 목적으로 사용한다. 따라서 제어 채널을 통하여 통화채널로 사용할 수 없으므로 접속시간이 단축되며, 이들을 효율적으로 관리하기 위한 시스템의 구성이 복잡해진다.

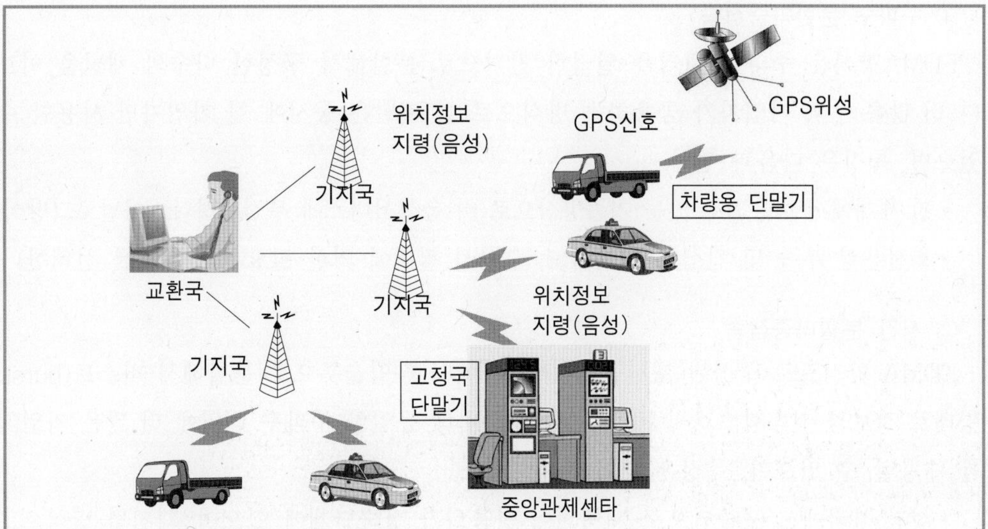

그림 7.4 TRS 시스템 구성도

표 7.8 셀룰러, TRS, PTT무전기의 비교

구 분	셀룰러 시스템	TRS 시스템	PTT 무전기
통신 방식	복신	단신 및 복신	단신
기지국 범위	3~10km	20km	5~10km
호출 방식	개별 호출	일제 그룹, 개별	일제 호출
통화 방식	다이얼	다이얼, PTT	PTT
로 밍	가능	가능	불가능
핸드오버	가능	불가능	불가능
주파수 활용 효율	30가입자/채널	100가입자/채널	낮음
사용 주파수	824~849MHz 869~984MHz	806~821MHz 851~866MHz	150MHz, 200MHz, 400MHz

(4) 이동통신의 기술

1) 무선다중접속방식

이동통신 및 위성통신에 적용되는 무선다중접속방식의 종류로는 기존에 이용되고 있는 주파수 분할다중접속(FDMA ; Frequency Division Multiple Access)과 위성통신시스템과 지구국 사이의 다중접속을 위하여 개발된 시분할다중접속(TDMA ; Time Division Multiple Access), 군용 통신에서 사용되던 주파수 확산대역(spread spectrum) 방식을 이동통신 분야에 도입한 코드분할다중접속(CDMA ; Code Division Multiple Access) 등으로 나누어진다.

① 주파수 분할다중접속

FDMA방식은 주파수 대역을 일정한 간격으로 분할해서 구성한 다수의 채널을 이보다 더 많은 수의 가입자가 공용하는 방식으로 한 채널은 동시에 한 가입자만 사용할 수 있으며, 특징은 다음과 같다.

- 전 세계에서 이용되고 있는 기존방식으로 비 음성서비스에 부적합하다. (아날로그방식)
- 회선용량 부족 및 간섭에 취약하고, 수신시 필터에 의한 필요한 반송파를 선택한다.

② 시간 분할다중접속

FDMA 방식으로 구성된 채널을 시간 영역에서 타임슬롯으로 분할해서 버스트(burst) 형태로 정보를 전송함으로써 FDMA 방식에 비해 동일한 주파수 대역에 더 많은 가입자를 수용할 수 있으며, 특징은 다음과 같다.

- 선진 각국에서 표준안으로 채택되어 상용화가 성숙단계에 있으며, 디지털 방식으로 비 음성서비스를 효과적으로 제공할 수 있다.
- FDMA 방식에 비해 동일한 주파수 대역 내에서 4~8배 정도로 회선 용량을 증가시킬 수 있으며, CDMA 방식보다 상용화의 시기가 빠르다.
- 간섭의 영향이 감소되고, 수신시 타이밍 동기가 요구된다.

③ 코드분할다중접속

가입자마다 상관도가 낮은(un-correlated) 서로 다른 부호를 할당해서 전송신호를 변조하고, 수신시에는 송신시 사용한 부호와 동일한 부호로 복조하는 방식으로서 가입자 단위로 할당되는 부호가 서로 직교(orthogonal) 관계에 있기 때문에 서로 영향을 미치지 않는다. 이에 따라 다수의 가입자가 동일한 주파수 대역을 동일한 시간 동안에 이용할 수 있기 때문에 회선 용량이 증가되며, 다음과 같은 특징이 있다.

- 회선 용량, 보안성, 경제성 등 우수한 방식으로 상용화 단계에 있으며, 디지털 방식으로 화상, 데이터 등과 같은 비 음성서비스를 효과적으로 수용할 수 있다.
- FDMA 방식에 비해 회선 용량을 10~20배까지 증가시킬 수 있으며, 가입자 단위로 서로 다른 부호를 할당하므로 통신의 비밀이 보장된다.
- 주파수 재사용 효율이 높으며 셀 계획(cell planning)이 용이하며, 군용통신에서 사용되던 대역 확산(spread spectrum) 기법을 도입하였다.
- 다양한 PN code의 사용으로 미래 휴대통신에 적당하고, 다중경로 페이딩(multi-path fading)에 강하다.
- 이용자가 기지국 근처에 위치하는 경우 이것을 감지해서 통화하는데 필요한 최소의 출력레벨을 유지하므로 배터리 수명을 연장시킨다.

- 가입자 수용 능력이 간섭에 영향을 받기 때문에 기지국과 이동국의 송수신레벨을 기준레벨로 유지하는 자동 전력 레벨제어(power control) 기능이 중요하다.
- 송수신에 사용된 부호가 동기 되지 않으면 잡음으로 처리되며, 저 전력 단말기가 사용되고 또한 정밀한 전력레벨 제어가 필요하다.

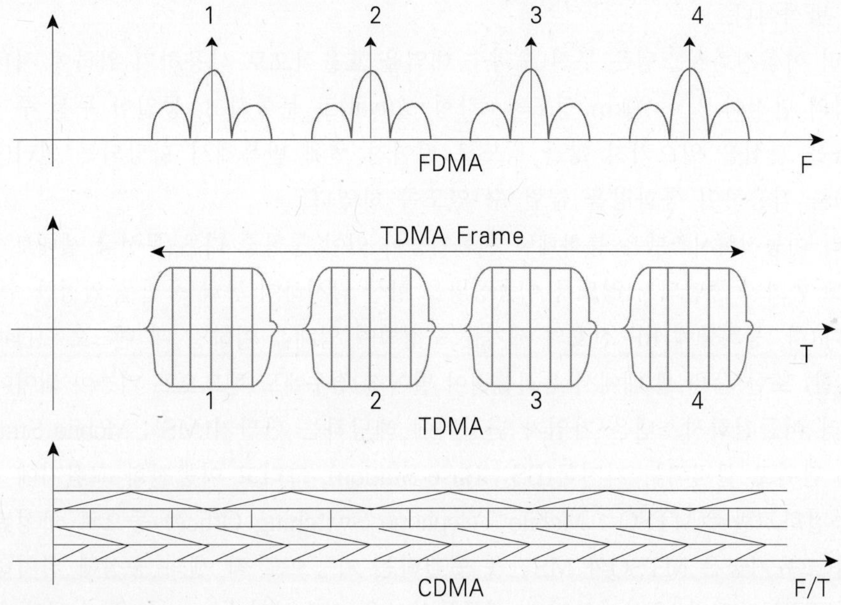

그림 7.5 다중접속의 도식적 비교

표 7.9 무선다중접속방식 특성 비교

항 목	FDMA	TDMA	CDMA
회선수용용량 (FDMA기준)	1	4~8 (E-TDMA:10~15배)	10~20
주파수 재사용 (re-use) 비율	N=7	N=7	N=1
채널 대역폭(kHz)	30(NAMPS:10kHz)	30	1,250
Hand-off 기능	어렵다	어렵다	유연하다
표준화 지역	북미, 유럽, 한국, 일본	미국, 유럽, 일본	미국, 한국
데이터 통신속도	-	9.6kbps 이하(E-TDMA:미정)	9.6kbps이상
단말기 mode	FDMA(NAMPS: FDMA/NAMPS dual mode)	FDMA/TDMA dual mode (E-TDMA:FDMA/TDMA/ E-TDMA tripple mode) 유럽의 GSM 규격은 TDMA single mode)	FDMA/CDMA dual mode

7.1.2 셀룰러 이동전화 시스템

(1) 셀룰러 휴대 전화

셀룰러 이동전화시스템은 무선통신을 이용하여 이동중인 차량 전화기와 정보를 주고 받는 통신시스템으로 1979년 일본 NTT에서 자동차 전화서비스를 도입한 것이 최초의 셀룰러 방식이다.

셀룰러 이동전화시스템은 무선 주파수 대역을 효율적으로 사용하기 위하여 서비스 대상 지역의 반경이 2 ~ 20km 정도의 6각형 셀(cell)로 분할하고, 동일한 무선 주파수 채널 그룹을 간섭을 일으키지 않을 정도로 떨어진 셀에 반복해서 할당되는 원리(주파수 재사용)를 적용하여 통화량을 늘릴 수 있도록 하였다.

셀룰러 이동전화시스템은 통화채널 전환기능이 있어 통화중 다른 무선국 셀내로 진입할 경우에도 통화가 중단되지 않도록 이동상황을 항상 감시하여 통화 품질을 일정한 수준으로 유지한다.(즉, 통화중에 RF 신호의 세기를 수정하여 임계값 이하일 때 핸드오프(Hand off) 처리를 함) 또한 같은 셀 내에서 통화품질이 떨어질 경우에도 핸드오프 기능이 되어야 한다.

셀룰러 이동전화시스템은 가입자 단말기에 해당하는 단말기(MS ; Mobile Station)와 셀(cell) 단위로 설치되는 기지국(BS ; Base Station), 그리고 이동전화 교환기에 해당하는 이동전화교환국(MTSO ; Mobile Telephone Switching Office) 등으로 구성된다.

BS의 고유기능은 MTSO와 MS간을 연결하는 기능으로 각 셀의 중심에 위치하고 있으며, MTSO는 일반 유선전화망과 이동통신망을 접속시켜주는 기능을 수행하며, 이동 가입자와 유선전화 가입자간 혹은 이동 가입자간 통화를 연결시켜 주고, 핸드오프(Hand off) 기능, 이동체 위치 검출 및 위치등록(Roaming) 기능 등을 수행한다.

또한 가입자에게 착신호가 걸려올 때 공통의 제어채널을 이용하여 호출정보를 송출하는 페이징(paging) 기능과 가입자의 서비스 이용 가능여부와 불법사용을 방지하는 인증(authentication) 기능 등이 있다.

MS의 위치등록방법은 MS 스스로 판단하여 독자적으로 행하는 방법과 MTSO의 명령에 따라 주기적 또는 비 주기적으로 행하는 방법으로 분류가 되며, 그 구체적인 방법으로는

① 기지국의 제어채널(forward control channel, paging channel)을 통하여 주기적으로 송출되는 시스템 관련 정보에 근거하는 방법

② 제어 채널을 통해 송출되는 거리 정보를 바탕을 하는 방법

③ 이동국이 전원을 켜거나 끄는 경우에 하는 방법

④ 서비스 요청을 위해 제어채널(reverse control channel, access channel)을 점유할 때 하는 방법

⑤ 무조건 주기적으로 등록하는 방법 등이 있다.

한편 MS 전원을 끈 상태에 있거나, 빈 통화채널이 없는 경우 VMS(Voice Messaging System)을 이용하여 음성사서함을 구축하여 발신자에게 안내 메시지를 전달하거나, 혹은 음성메시지의 조회 등을 할 수 있다.

(2) 셀룰러 망의 구성

1) 이동전화 교환국(MTSO ; Mobile Telephone Switching Office)

① 이동전화감시 기능, 신호 처리 기능

② 일반 유선 전화망(공중망)과 이동 통신망의 접속

③ 통화중 셀 변경 시 통화채널 절체(Hand over) 기능과 MS의 위치검출 및 위치등록(roaming) 기능 등 수행

④ HLS(Home Location Register), VLR(Visitor Location Register) 등과 같은 방대한 DB를 갖는다.

■ HLS

실시간 액세스 DB로서 MS으로 착신호를 연결시켜 주거나 그 밖의 이동통신 서비스를 제공하는데 필용 한 MS의 모든 정보를 저장하고 있는 데이터베이스

■ VLR

다른 MTSO에 등록되어 있는 이동국이 자신의 관할 구역으로 이동하여 왔을 때, 그 이동국의 위치 등록절차에 따라 그 이동국의 가입자 정보를 일시적으로 저장하는 데이터베이스

2) 차량 전화기(Mobile Station, Mobile Telephone)

① 기지국과 무선 채널을 통하여 통신함

② 호 설정을 위한 호 처리 기능/채널 선택 기능이 있음.

3) 기지국(Base Station)

① 차량 무선 전화기와 MTSO 사이에 위치

② 무선 링크와 유선 링크에 적합하도록 신호 포맷 변환

③ 이동체의 수신 전계 강도를 측정하여 차량전화기의 위치를 파악해서 MTSO에 제공

④ 각 셀의 중심에 위치하는데 송・수신기 안테나 및 제어 부분으로 이루어진다.

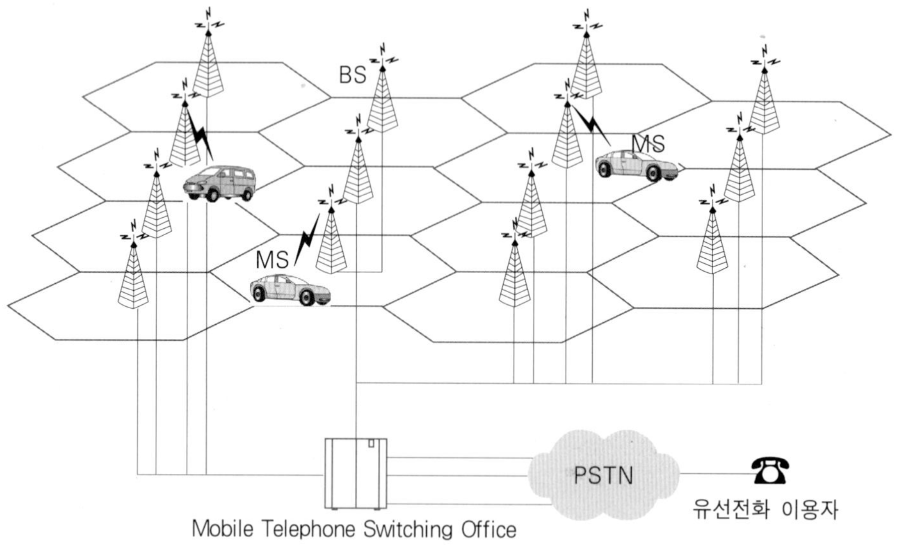

그림 7.6 셀룰러 휴대전화 시스템의 구성

(3) 핸드오버와 로밍

1) 핸드오버 (Hand-over)

핸드오버란 의미 그대로 통화가 진행되는 도중에 통화채널, 즉 기지국과 이동국간의 무선채널(음성)이 다른 채널로 바뀌는 것을 말한다.

핸드오버 유형에는 동일 기지국내에서의 전환, 기지국과 기지국간의 전환 그리고 교환국과 교환국간의 전환 등의 3가지 형태가 있으며, 교환국은 통화중에 항상 이동국과 감시톤(Signalling Tone)을 주고받으면서 음성채널의 품질(전계강도)을 체크하여 음질이 일정수준 이하로 떨어지면 양호한 채널을 선택하여 전환기능을 수행한다. 동일 기지국내라 하더라도 건물이나 나무 등 전파 방해물의 영향으로 통화품질이 이동국의 위치에 따라 일정치 않으므로 전환이 일어난다.

또한 이동국이 기지국과의 거리가 멀어져 전계강도가 약해지면 교환국은 인접 기지국에 명령하여 이동국의 전계강도를 측정케하고 가장 강한 쪽의 기지국을 선택하여 전환기능을 수행한다. 일반적으로 기지국간의 채널전환이 가장 많은 빈도를 차지한다. 교환국간의 채널전환은 자주 발생되지 않으나 주로 고속도로상에서 발생하는데 이 경우는 무선채널 뿐만 아니라 기지국 및 교환국간의 접속경로 변경을 수반한다. 기존의 AMPS와 같이 아날로그방식에서 채널전환에 걸리는 시간이 약 300~400ms로 순간적인 통화의 단절현상이 일어나지만 전화(음성)서비스의 경우 이용자가 느낄 수 없을 정도이고 데이터 전송의 경우는 재전송 절차가 필요하다. 그러나 CDMA와 같은 디지털 방식에서는 통화의 끊김이 없이 핸드오버(Hand-over)가 이루어지므로 데이터서비스도 문제가 없다.

2) 로밍(Roaming)

로밍이란 단말기가 등록되어 있는 시스템의 서비스지역이 아닌 다른 지역시스템의 서비스 지역에서도 통화를 가능하게 하는 것이다. 단말기가 자기가 가입한 시스템이 아닌 타 시스템의 서비스지역으로 이동하였을 경우 타 시스템에 의해 제공받는 서비스를 로밍 서비스라 한다.

미국 등과 같이 여러 사업자가 지역별로 구분하여 서비스를 제공하는 경우에 로밍 서비스가 가능하려면 사업자 상호간에 로밍 협정을 체결하여야 한다.

7.1.3 개인통신서비스(PCS)

(1) PCS의 개요

PCS를 처음 제창한 사람은 1988년 영국 브리티시텔레콤(BT) 연구소의 레이먼드 스틸박사인데 그의 구상은 "언제 어디서 누구하고나 통화할 수 있게 하자" 라는 것이며, 미국연방통신위원회가 내린 PCS 정의는 "이동 또는 휴대용 무선통신의 집합으로서 언제, 어디서나 개인 또는 사업자에게 서비스를 제공하며 상호 경쟁관계에 있는 서비스망들이 융합될 수 있는 것"이라 표현하고 있다. 80년대 중반부터 셀룰러 방식의 이동전화가 공급되면서 유선통신의 이동성 제약이라는 불편함이 해소되어 이용자가 크게 증가하고 있으나, 통신망 건설비의 과다 소요, 단말기의 고가, 가입자 수용능력의 한계성 등 셀룰러 이동전화의 특수성 때문에 보편적인 서비스로 일반대중에 자리잡기는 어려운 실정이다.

한편 현행 유선전화처럼 제한된 장소의 고정통신이 아니고, 또한 셀룰러 전화처럼 값비싼 서비스가 아닌 일반 국민을 대상으로 하는 보편적 서비스로 제공되었으면 하는 바램이 PCS의 개념을 태동시키게 되었다.

현재의 통신서비스는 공동적으로 사용되는 단말기 기준으로 식별번호(ID)가 부여되고 있으나, PCS는 이동자 각 개인에게도 이러한 식별번호를 부여함으로써 이용자가 이동하거나 단말기의 종류가 변경되더라도 개인의 식별번호를 이용하여 자유롭게 통신할 수 있는 서비스이다.

(2) PCS 서비스의 특징

개인휴대통신 서비스의 특성은 다음과 같다.

1) 단말기 경량화 및 가입자 수용능력 증대로 개인의 이동성(Personal Mobility)을 제한다.

2) 개인번호라는 개념이 실현된다. 개인번호란 단말기에 할당된 번호가 아니라 개인에 부여된 번호를 통하여 서비스를 제공받을 수 있다는 것을 의미하는데, 이는 가입자가 여러 종류의 네트워에(PSTN, 데이터망, ISDN 등)에 한 개의 번호로 접속이 가능하다.

3) 기본음성서비스 외에 데이터 서비스가 가능하다. 별도의 장비 없이도 개인통신 단말기와 데이터 터미널만 있으면 인터넷 접속 등 여러 종류의 데이터 서비스를 제공받는 것이 가능하다.

4) 마이크로 셀 구조로 1.8~2.3GHz 고주파 대역을 사용한다.

5) 높은 보안성의 음성 및 데이터 통신이 가능하다.

6) 서비스의 개인화로 IC 카드나 스마트카드(Smart card) 이용이 가능하게 된다.

(3) PCS 서비스의 목표

개인휴대통신 서비스는 기본적으로 다음사항을 서비스 제공 목표로 하고 있다.

1) 공공지역, 거주지역, 업무지역 등 장소에 관계없이 이동중인 이용자에게 통신서비스 제공

2) 발신자는 착신자의 위치를 알 필요 없이 망의 추적기능에 의해 서비스 연결

3) 유선전화와 대등한 품질(음질, 보안) 및 다양한 서비스 제공

4) 사용요금의 저렴화 및 휴대단말기의 소형화, 저렴화

(4) 시스템 구성의 예 (S사)

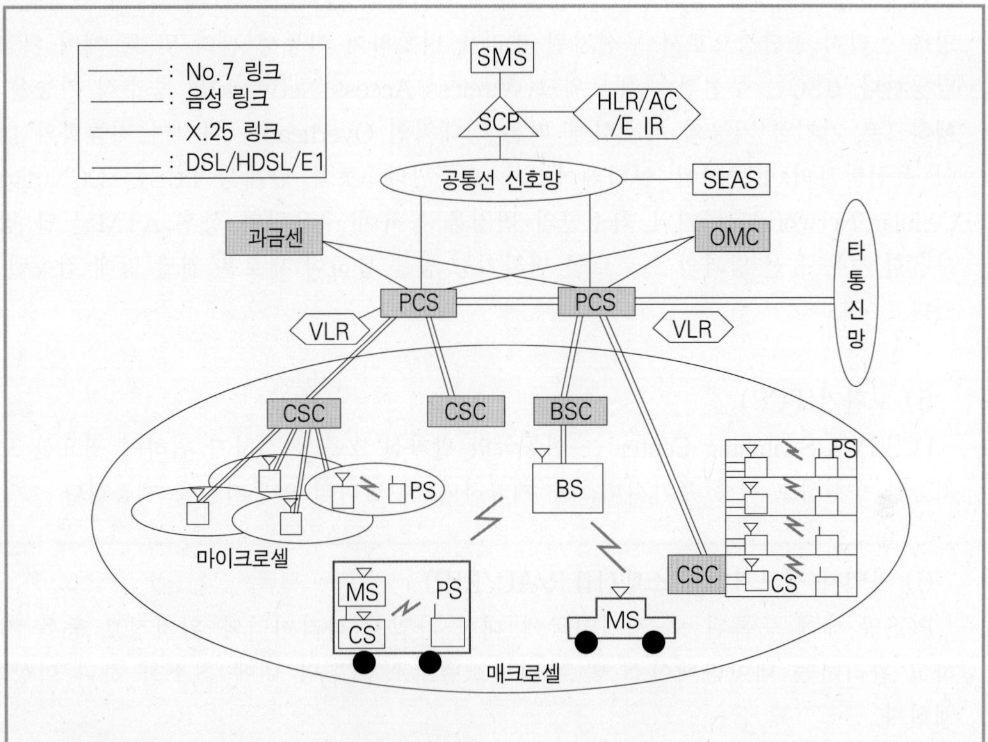

그림 7.7 SK Telecom의 PCS 시스템 구성도

1) 이동국 (PS)

무선링크의 종단장치로서 가입자가 보유하는 이동단말장치이다.

2) 기지국(CS)

저속 보행자 중심의 서비스를 위한 마이크로셀 기지국으로서 최대 출력은 100㎽이고 수용채널은 4채널과 62채널이 있다. 이동국과 기지국 제어기간에 투명성을 유지하도록 기능이 최소화된 장치로서, 이동국과 교환기간의 정보전송을 제어한다. 주로 도심지역 내에 설치한다.

3) 기지국(BS)

고속차량용 서비스를 위한 매크로셀 기지국으로 최대 출력은 10W이고 수용채널은 62채널이다. 개인국과 기지국 제어기간에 투명성을 유지하도록 기능이 최소화된 장치로서 개인국과 교환기간의 정보전송을 제어한다. 주로 도심외곽지역에 설치하여 불감지대를 없앰으로서 도심과 도심외곽지역의 완벽한 PCS 서비스를 제공한다.

4) 기지국 제어기(CSC)

기지국을 제어하는 장치로서 이동국과 교환기간의 정보전송을 제어하며 무선접속의 망측 논리적 종단점으로서 무선자원 관리를 비롯하여 이동성 관리 및 호 제어 기능을 담당한다. CSC는 무선접속 네트워크(Wireless Access Network)의 중추적 기능을 수행하므로 기지국 기능의 최소화에 따른 상대적인 Overhead를 가지며 지능화와 더불어 유선망과의 표준화된 인터페이스가 요구된다. 초기 단계의 PCS는 DCN(digital Cellular Network)교환기의 최소한의 변경을 통하여 수용되며 향후 ATM전 달 망을 사용할 경우 유선 망과의 프로토콜 변환기능 등을 통하여 새로운 전달 망에 접속될 수 있다.

5) 교환기(PCS)

PCS(PCS Switching Center)는 이동국의 발착신 호를 설정하기 위하여 필요한 모든 기능을 수행하고 각종 부가서비스를 제공하며 타 망과의 연동기능을 제공한다.

6) 가입자 정보처리 시스템(HLR/AC/EIR)

PCS망 내에 등록된 모근 개인국에 대한 가입자 파라미터와 위치정보 등을 저장하고 관리하는 데이타베이스 및 관리시스템으로 PCS망 내에 최소한 하나 이상 존재한다.

7) 서비스제어 및 관리시스템(SCP/SMS)

서비스의 개발 처리 및 관리 시스템을 담당하며 지능망 서비스의 품질과 망 성능이 보장될 수 있도록 망 요소와 망 자원의 관리 기능을 수행한다.

8) 운용보전센터 및 과금센터(OMC/Billing Center)

망구성 요소에 대한 중앙집중 운용 및 유지보수 기능을 제공하며 CAMA (Central Automatic Message Accounting)의 구현을 위하여 X.25 및 TCP/IP 프로토콜을 이용한다.

9) 공통선 신호망 및 관리시스템(CCSN/SEAS)

지능망 서비스의 구현을 위하여 필요한 공통선 신호의 전달 기능을 수행한다. 또한 PCS망을 포함하여 디지털 및 아날로그 셀룰라망 무선호출망 등의 KMT 망자원을 포함하는 종합망에 요구되는 신호전달망으로 발전할 수 있다.

7.1.4 가입자선로 무선용 시스템 (WLL)

(1) WLL의 도입배경

WLL(Wireless Local Loop) 이란 초고속 멀티미디어서비스를 제공하기 위하여 가입자 선로를 무선화 하는 유·무선 복합망으로, 한국통신과 하나로통신은 가입자선로무선용시스템(WLL)을 가입자 선로의 신·증설이 곤란한 구간에 우선적으로 적용하고, 주요통신 및 VIP 고객의 선로를 유·무선으로 이원화시키는 등 차별화를 위한 네트웍에 적용되며, 종합이동통신망 (IMT-2000)으로 네트웍을 진화시킬 계획이다.

또한 WLL 서비스는 2.3GHz 대역의 반송파로 반경 13km 이내의 일반 가정집까지 ISDN급 (2B+1Q : 144kbps) 서비스를 목적으로 하는 통신으로 개발도상국의 시내전화 가입자 선로구축이나, 통신 선진국의 제2사업자용 네트웍 구축 및 재해 대책용으로 진급을 요하는 네트웍 구축에 적합하다.

즉, WLL시스템은 교환기와 단말기간을 유선이 아닌 무선으로 연결하여 음성, 통신, FAX 등의 서비스를 제공하는 무선통신망으로 Hand-off 기능이 없고, 교환기와 단말기간에 별도의 제어 채널을 두어 다양한 부가서비스를 제공할 수 있는 무선 통신망이다.

(2) WLL 시스템의 특징

WLL은 가입자의 위치가 고정되므로 초기에 시뮬레이션 값에 따라 기지국을 치국하면 되고, 시스템 확장 및 이전 시에도 쉽게 전개할 수 있다. 또한 경로손실이 자유공간의 손실에 근거하므로 기존 이동통신에 비해 서비스 권역을 증가와 간섭의 감소로 인한 주파수 재사용 비율의 증가가 가능하며, WLL은 유선에 비해 다음과 같은 장점을 지닌다.

1) 신속한 설치가 가능하며, 설치비용이 상대적으로 적게 소요된다.
2) 망 운용, 유지보수 비용이 적게 소요되며, 시설 확장 비용이 적게 소요된다.
3) 투자에 대한 회수 시기가 빠르고, 가입자 증가에 따른 망 설계의 유연성이 증가한다.
4) 고속 데이터, 팩시밀리(G3 Fax) 서비스의 제공이 가능하다.

WLL은 기존의 유선가입망이 교환기와 개개의 가입자를 유선가입자선로를 이용하여 연결하던 것과는 달리 각 가입자들에 대해 무선으로 가입자선로를 제공하는 기술이다. 이 기술은 가입자의 입장에서는 기존의 유선가입자망이 음성대역 데이터 전송속도가 64kbps 까지로 협대역의 한계성이 있지만 디지털 무선가입자망은 모뎀이 필요 없이 64kbps급 이상의 고속 디지털 데이터 서비스를 제공할 수 있다는 장점이 있고, 서비스

공급자의 입장에서는 설치비용을 절감할 수 있고 설치 기간을 단축할 수 있으며 WLL 시스템을 이용한 POTS, 데이터, ISDN BRI (Basic Rate Interface) 등 다양한 부가 서비스 등을 기대할 수 있다.

WLL은 기술적 측면에서 구분할 경우 WLL 전용 기술, 셀룰러 기술, 코드리스 기술 등으로 나뉜다. 이중에서 셀룰러 기술이 WLL을 실현하는 가장 유력한 방안으로 대두되고 있다. 셀룰러 기술을 응용한 Narrow band-CDMA WLL 시스템은 휴대전화와 동일한 망을 공동으로 사용할 수 있으며 전송손실이 휴대전화에 비해 훨씬 작아 같은 출력의 장비라도 전파의 도달거리가 멀어 질 수 있으므로 결과적으로 동일 출력으로 넓은 지역에 대해 서비스가 가능하여 기지국의 수를 줄일 수 있게 된다. 또한 다중경로 페이딩에 의해 발생할 수 있는 여러 가지 기술적인 장애가 상대적으로 적어 수신국에서의 혼신도 줄일 수 있어 무선채널품질이 우수하며 동일 주파수를 일정 구역 내에서 재사용 할 수 있는 수가 증가하게 된다.

WLL은 무선채널을 통신매체로 이용한다는 관점에서 이동통신망과 유사한 특성을 가지지만 이동성이 없으므로 WLL망의 전파환경이 이동통신망의 전파환경보다는 훨씬 양호하다는 장점이 있고 이외에도 이동 통신망과 비교했을 때 다음과 같은 특징이 있다.

첫째. 이동 통신망의 전파환경은 안테나의 높이가 주변 건물보다 낮은 위치에 존재하게 되고 이로 인해 비 가시거리(Non-Line-Of- Sight) 환경이 되어 주변 건물에 의한 직진파의 차단, 반사, 회절로 전파경로손실이 40dB/ decade 정도이나, WLL망의 전파 환경은 단말기의 안테나를 건물 옥상과 같이 높은 곳에 설치할 수 있으므로 가시 경로(Line-Of-Sight) 환경이 확보되어 전파경로손실이 20dB/decade 정도로 작아 동일한 송신전력으로 보다 넓은 지역을 서비스할 수 있다.

둘째 WLL망의 전파환경은 점 대 점방식의 고정통신이기 때문에 점 대 이동국 방식의 이동통신망의 전파환경보다 다중경로로 인한 페이딩 현상이 훨씬 적다는 점이다.

셋째 WLL망은 고정 무선 통신망이므로 핸드오프가 발생하지 않는다. 따라서 이동 통신망에서 호단절 없는 통신서비스를 위해 필요한 여분의 핸드오프용 무선채널의 확보가 WLL망에서는 필요 없게 되며, 이 여분의 무선채널을 일반 호용으로 사용할 수 있어 무선채널의 효율증가 및 가입자 수용 용량의 증가 효과를 얻을 수 있다. 또한, 각 건물과 기지국간의 무선 링크는 특정한 가입자에게 간섭을 줄이기 위한 방향으로 구축할 수도 있으며, 설치된 후에 가입자가 너무 많이 증가한다던가 또는 셀 분할을 하는 경우가 아니면 무선링크는 변화가 없기 때문에 WLL망의 설계는 이동 통신망보다는 훨씬 간단하다.

넷째 WLL망은 고정 무선통신이기 때문에 순/역방향 링크에 방향성 안테나를 사용하여 개개의 가입자에게 미치는 동일채널 간섭영향을 줄일 수 있으며 이로 인해 주파수 재사용 거리를 줄일 수 있다. 주파수 재사용 거리의 감소는 단위면적당 가입자 수용 용량의 증가를 가져온다.

(3) WLL 시스템 구성

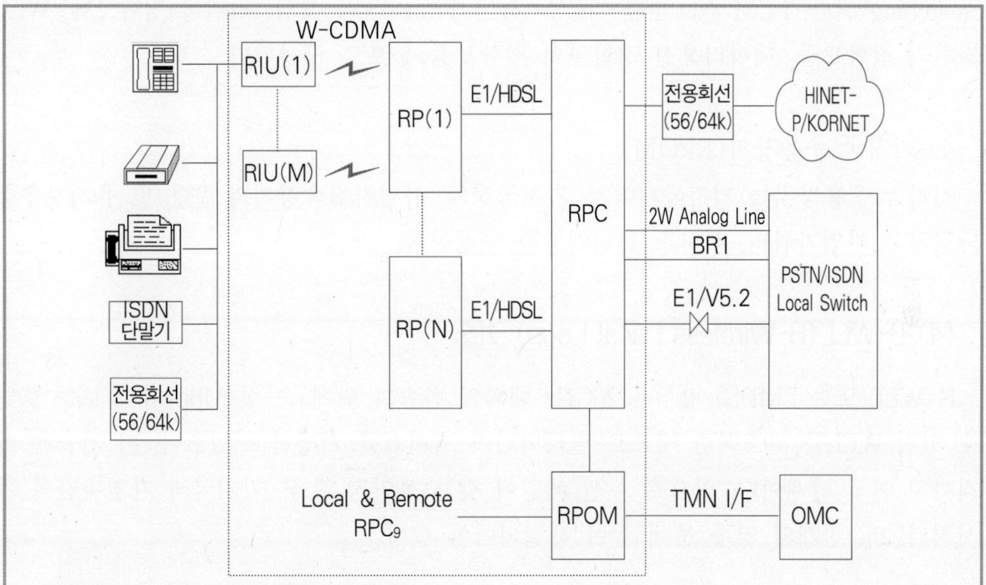

그림 7.8 WLL 시스템 구성도

WLL 시스템은 그림과 같이 일반적으로 가입자접속장치 (RIU : Radio Interface Unit), 기지국 (RP, Radio Port), 기지국제어기 (RPC, Radio Port Controller), 기지국운용장치(RPOM, Radio Port Operation & Maintenance Center) 등으로 구성된다.

1) 가입자접속장치(RIU)

가입자접속장치는 크게 RF 처리부, 디지털 처리부, 인터페이스부로 나뉘어진다. RF 처리부는 수신장치, 송신장치 및 이득제어장치, 주파수 합성기 등을 구성된다. 디지털 처리부는 프로세스부와 Transcoder부, CDMA 변복조부로 구성되며 인터페이스부는 SLIC, SIO, ISDN BRI(2B+1D)부로 구성된다.

2) 기지국(RP)

기지국은 전반적인 관리기능을 수행하는 기지국제어모듈(RCP)과 고출력/저잡음 증폭 및 송수신 변환기능을 수행하는 RF 모듈, 아날로그 접속모듈, CDAM 채널관련 신호처리 기능을 수행하는 모뎀모듈(MODEM Module), 기지국제어기와 정합하기 위한 중계선(E1) 접속기능을 수행하는 라인접속모듈로 구성된다.

3) 기지국제어기(RPC)

기지국제어기는 전반적인 관리기능을 수행하는 기지국제어기 제어모듈(RCCP), Time Switching 모듈, PCM 신호변환 기능을 하는 Transcoder 모듈, 기지국 정합모듈, WLL 교환기 정합모듈, 데이터통신 정합장치 정합모듈 등으로 구성된다.

4) 기지국 운용장치(RPOM)

기지국 운용장치는 기지국제어기, 기지국장치, 가입자접속장치의 운용 및 유지보수를 담당하고 가입자관리, 서비스 관리기능을 수행한다.

(4) B-WLL(B-Wireless Lacal Loop) 기술

B-WLL(또는 LMDS) 방식은 26GHz 대역의 반송파 위에 수 십 Mbps의 정보를 보낼 수 있는 WLL을 고도화한 것으로 멀티미디어 서비스를 겨냥하고 있으나, 이 기술은 아직까지 연구 단계이다. 앞으로 무선 채널이 갖는 불안정 요소, 기기국과 가입자간의 가시거리, 비, 안개의 영향 문제 등이 해결되어야 한다.

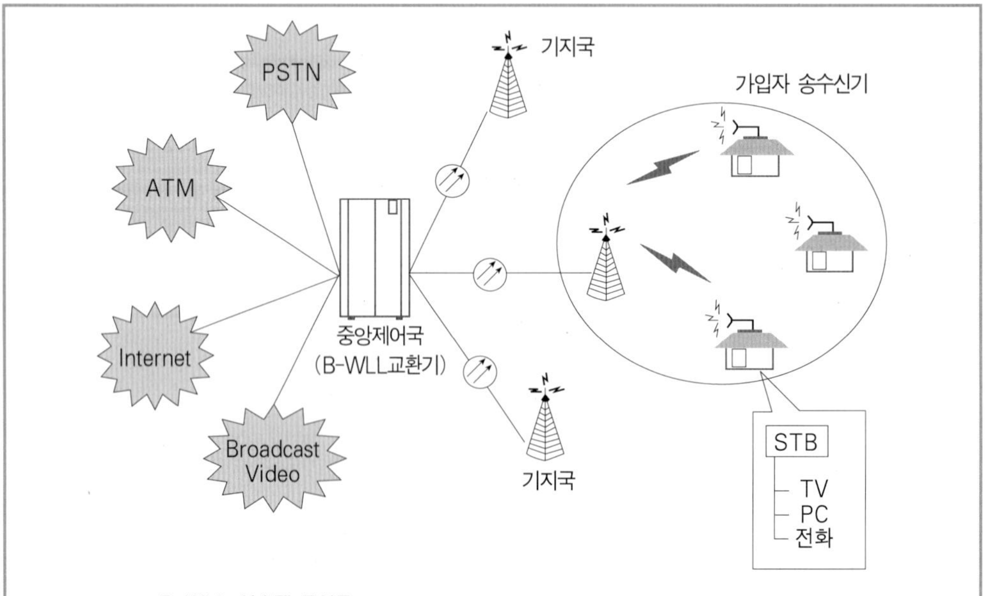

그림 7.9 B-WLL 시스템 구성도

광 대역 무선가입자망(B-WLL ; Broadband Wireless Local Loop)은 24~26GHz 대역의 주파수를 이용하여 다양한 가입자측 장치와 각종 통신망을 연결하는 가입자계 무선망을 말한다.

준밀리미터파 대역의 무선 주파수 대역을 사용하며 64k~155Mbps까지의 동적 대역할당 기능을 제공하고 53바이트의 ATM 셀에 기초한 전송방식을 채택하고 있다. 주파수범위에 따른 서비스 제공거리는 대략 2~3km에 이르고 있다. B-WLL의 네트웍 구조는 그림과 같이 중앙 제어국(Headend), 기지국(Base Transceiver Station) 및 가입자 장치(Customer Premises Equipment)로 구성된다.

중앙제어국은 일반전화망, 방송망 및 데이터망과 기지국사이에 위치하여 무선가입자망 전체 장비에 대한 운용 및 유지보수 기능을 담당하고, 일반전화 및 데이터의 다중화/역다중화와 가입자 관리 역할을 수행한다. 데이터를 무선전파 신호로 변환하고 증폭하여 전송하기 위하여 중앙제어국측에서는 기지국을, 가입자 역할을 수행한다. 가입자측 장비로는 송수신 데이터를 제어하고 각 단말기에 적합한 신호로 다중화/역다중화를 수행하기 위해 STB (Setup Box)가 있다.

이러한 B-WLL 시스템은 통신망 구축이 용이하고 수요의 변화에 용이하게 대처할 수 있는 장점을 가진다. 가능하다는 특징을 가지고 있다. 특히 망구축 수요가 빈번하게 발생하는 지역이나 경제성의 유무를 가늠할 수 없는 지역에 손쉽게 초고속네트웍을 구축할 수 있어 가입자망의 새로운 대안으로 부각되고 있다. 그러나 B-WLL은 이러한 장점에 비해 기술적으로 극복해야 할 몇가지 문제점을 가지고 있다. 우선 시스템의 구조상 서비스 셀이 밀집되어 있는 상태에서 다른 셀들로 부터 받는 동일채널 간섭과 서비스 영역에 제약을 받는 것을 가장 큰 문제점이라 할 수 있다. 또한 주파수의 특성상 LOS(Line of Sigh) 전파환경이 요구되기 때문에 가입자단에 안테나 설치에 대한 주의를 필요로 한다. LOS 환경을 설정했다고 하더라도 경로손실로 인한 신호의 감쇄현상과 강우에 의한 페이딩 현상을 극복하여야만 서비스의 품질을 만족시킬 수 있기 때문에 강력한 오류정정 방법이 필요하게 되는 단점을 가진다.

7.1.5 차세대 이동통신 IMT-2000

(1) IMT-2000 시스템의 개요

FPLMTS(Future Public Land Mobile Telecommunication System) 또는 IMT-2000(International Mobile Telecommunications-2000) 이라 불리는 미래 육상 이동통신시스템은 여러 종류의 유·무선시스템이 통합되어 이용자에게 마치 하나의 시스

템으로 인식되는 가상적 단일시스템으로 ITU-R의 TG/1에서 권고안을 작성하고 있는 제3세대 이동통신시스템이다. 이 시스템은 이동 사용자의 요구에 따라 PSTN/ISDN/B-ISDN 등과 같은 고정통신망에 의해 지원되는 다양한 통신서비스에 하나 이상의 무선링크를 이용하여 이동하거나 고정용 통신단 말기를 대상으로 넓은 지역에 걸쳐 다양한 통신서비스를 제공하게 되며 전파가 닿는 곳이면 언제 어디서나 장소의 제약 없이 서비스가 제공될 것이다.

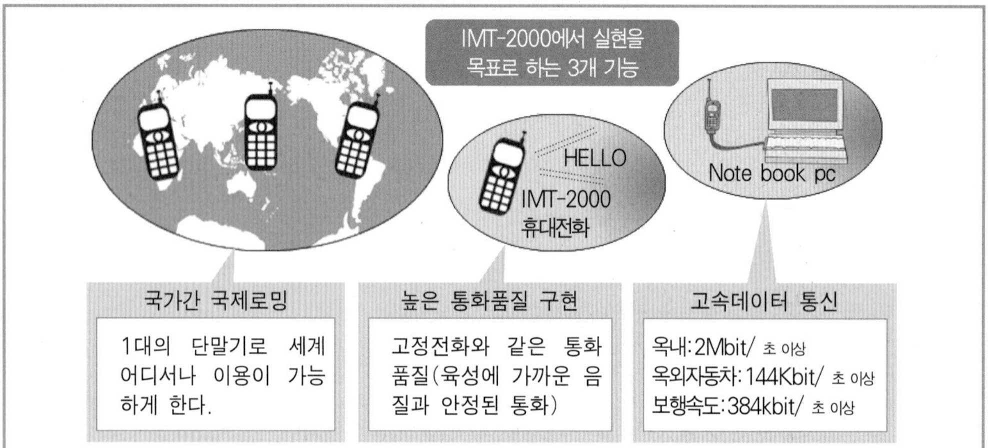

그림 7.10 IMT-2000 서비스 목표

한편 ITU-R TE8/1 제12차 회의(1972년 2월)에서 FPLMTS라는 용어를 그것이 사용 주파수대와 도입 연도 등을 고려하여 IMT(International Mobile Telecommunications)- 2000으로 바꾸어 사용하기로 공식적으로 결정하였다.

IMT-2000은 음성, 데이터뿐만 아니라 ISDN급, 수 Mbps의 멀티미디어 서비스를 제공하는 이동통신시스템으로서 주파수 효율을 최대로 하면서 다양한 이동 속도에 대한 최소 횟수의 핸드오버가 발생되도록 멀티 셀(pico·micro·macro cell 등) 개념을 도입하여 기존의 셀룰러, PCS, 위성이동통신 시스템을 통합하여 서비스를 제공한다.

IMT-2000 시스템은 전 세계적으로 공용주파수와(1,885~2,025MHz, 2,110~2,200MHz) 공통의 무선규격을 사용하므로 국제적인 로밍(roaming)서비스가 가능하다.

즉, IMT-2000은 기존의 이동통신시스템들을 통합하여 국제적인 로밍서비스, 멀티미디어 서비스 및 개인화(Personalization) 된 통신서비스를 제공하는 제3세대 이동통신시스템이라 정의할 수 있다. 그리고 다양한 시스템과의 상호 연동이 가능하며, 범세계적인 운용에 의한 고도의 서비스 호환성이 있으며, 높은 품질로 소형 경량의 전화기를 사용할 수 있는 특징을 가지고 있다.

(2) IMT-2000 주요 특징

IMT-2000의 대표적인 특징 중 가장 많이 인용되며, 모든 IMT-2000 권고안에서 공통적으로 발견되는 특징은 다음과 같다.

1) 시스템 설계에 있어서 전세계적으로 높은 공통성(commonality) 보장
2) IMT-2000 서비스와 고정통신망 서비스 간 상호 호환성(compatibility) 보장
3) 고품질서비스 제공 및 하나의 단말기를 통한 전세계 로밍 구현

또한 향후 개발될 발전된 기술과 다른 응용서비스를 쉽게 수용할 수 있는 개방형구조(open architecture) 및 가능한 작고 단순한 구성에서 서비스요구 증가에 따라 보다 크고 복잡한 시스템으로 구성할 수 있도록 모듈화된 구조 등의 특징으로 꼽을 수 있다.

또한 ITU 회의에서는 IMT-2000이 기존의 시스템과 구분되기 위하여서는 다음과 같은 특징과 기능을 지녀야 한다고 논의된 바 있다.

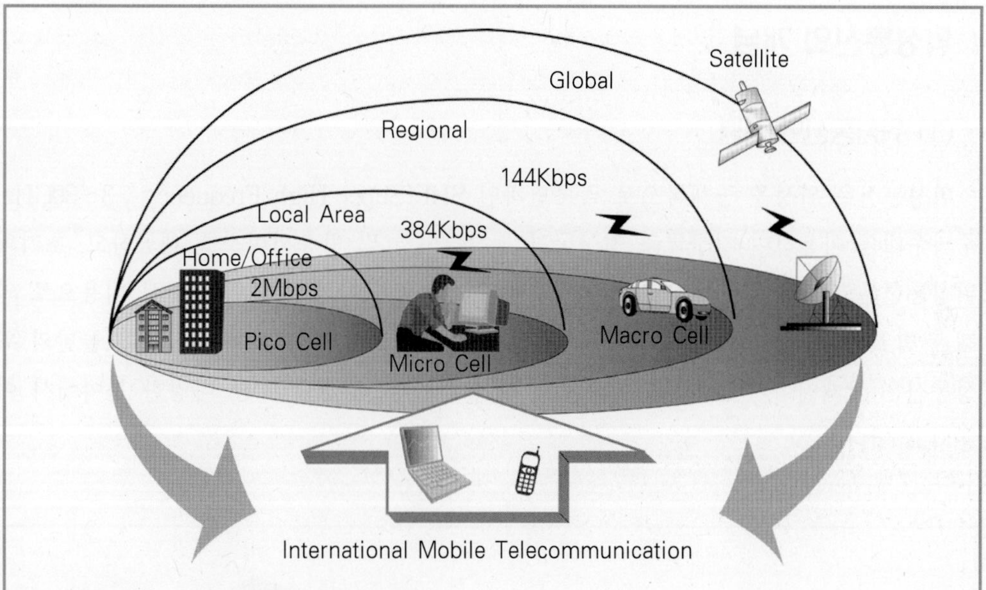

그림 7.11 IMT-2000 전송속도별 서비스

1) 고속데이터 처리 및 높은 서비스 품질(특히 음성서비스에서)
2) 전세계적인 표준화 및 단말기 이동성을 이용한 전세계적인 로밍
3) 지능망을 기반으로 한 서비스 창출 및 ITU-T Q.1200을 기반으로 하는 서비스 프로 파일(profile) 관리능력
4) 멀티미디어 지원

5) 다양하고 넓은 동작환경 및 넓은 시장확보를 통한 낮은 가격유도
6) 전 세계적으로 쉽게 구할 수 있는 장비와 공통된 주파수 대역
7) 보안성 향상 및 진화를 위한 유연성(flexibility)
8) ITU-T M.3000을 기본으로 하는 시스템 운영 및 개발도상국 요구 수용
9) 보다 쉽게 운영할 수 있어야 하며, 주파수 효율과 가격 경쟁력을 높이기 위한 유연한 무선 운영

7.2 위성통신 기기

7.2.1 위성통신의 개념

(1) 위성통신의 개념

위성통신은 위성을 중계국으로 극초단파인 SHF(Super High Frequency : 3~30GHz) 주파수대를 이용하여 지구국과 지구국간 통신서비스 및 방송서비스를 제공하고, 초기의 위성통신은 TV 중계나 국제전화로만 사용되었는데, 고가의 위성체와 발사 비용으로 인해 광범위하게 사용되지는 못했으나, 위성관련 제반 기술의 발전에 힘입어 오늘날의 위성통신은 국제전화나 TV중계 이외에도 데이터 전송, 영상회의 등 다양한 분야에서 이용되고 있다.

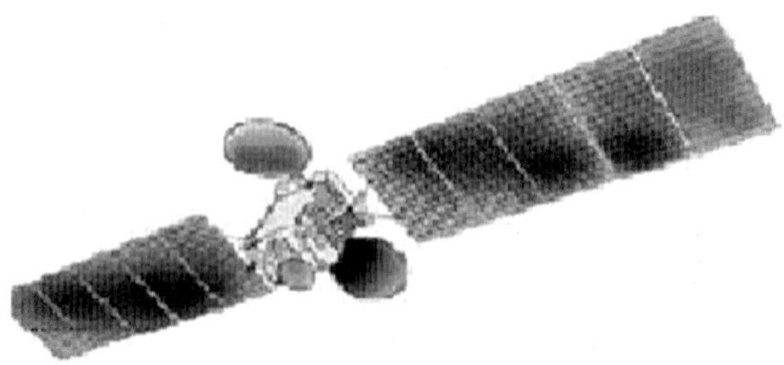

그림 7.12 통신위성 Echostar-3호

통신위성은 무궁화 1, 2호나 그림의 Echostar-3호와 같은 위성을 일컬어 통신위성이라 하며, 오늘날 100기 이상의 통신위성들이 정지궤도를 돌며 서비스 중이며, 또한 통신위성들은 우주공간상에서 중계국(Relay Stations) 역할을 한다. 임의의 송신지역에서 보낸 메시지를 중계시켜 다른 지역(수신지구국)으로 전송시키는데 이용하며, 이러한 메시지는 전화나 TV영상 혹은 인터넷 연결신호 등이다.

일반적으로 이동전화 서비스는 주요 도시지역에서는 거의 제공되고 있으며, 그 서비스 지역을 확대해 나가고 있다. 농어촌, 산간지역의 이동전화 서비스는 투자효율이 극히 나쁘나 변두리 지역, 산간지역 등의 비상 재해 대책용으로서의 사회적 역할을 고려하여 위성이동통신의 필요성이 제기되고 있으며 최근 이동통신시장의 급격한 성장과 함께 이동위성통신시스템의 중요성이 부각되고 있으며, 저궤도 위성기술의 발전으로 위성을 통한 글로벌 개인통신서비스가 현실화되고 있다.

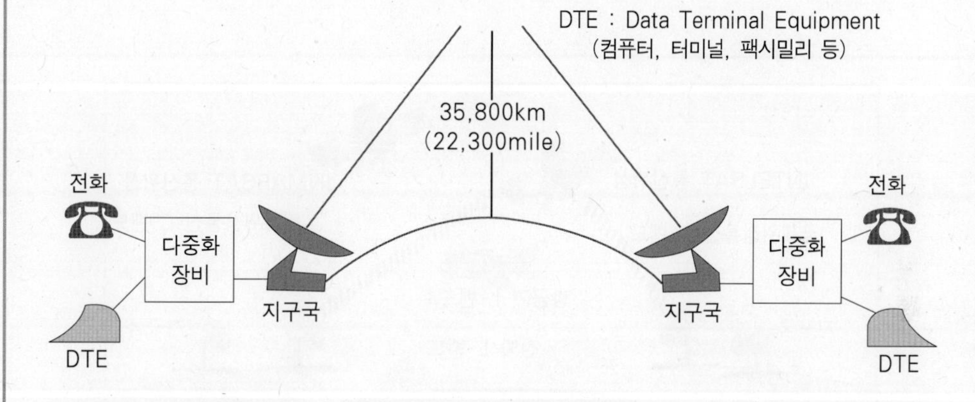

그림 7.13 위성통신의 구성

(2) 위성통신의 역사

최초의 위성통신 실험은 1960년에 미국이 쏘아 올린 [Echo 1호]이다. Echo 1호는 풍선의 표면을 알루미늄박으로 입히고 지상에서 송출된 전파를 이 알루미늄박에서 반사시키는 "수동형 통신위성"이었다. 그러나 이것만으로는 반사되어 지상으로 돌아온 전파가 너무 약해 도저히 실용성이 없었다. 그래서 위성에 중계기를 탑재하여 지상으로부터 송신된 전파를 증폭한 다음 지상으로 재송신하는 "능동형 통신위성"이 실용화되었다.

1962년에 미국의 벨연구소와 항공우주국(NASA)이 잇따라 쏘아 올린[Telstar1호]와 [Relay1호]가 바로 그것이며, Telstarq호는 미국과 유럽간의 텔레비전 전송과 다중전화

신호의 전송에 성공했고, Relay 1호는 미국과 일본간의 텔레비전 전송실험에 성공했다. 특히 Realy 1에 의해 일본으로 전송되어 온 영상은 당시 미국 대통령이었던 존F케네디의 암살 뉴스였음은 너무나도 유명하다.

이 2개의 위성은 모두 다 지구 둘레를 약 3시간에 도는 [주화위성]으로 이른바 [정지위성]은 아니다. 최초의 정지 통신위성은 1963년에 NASA가 쏘아 올린 [Syncom2호]이며 이어서 1964년에 쏘아 올린 Syncom3호에 의해 도쿄 올림픽이 전 세계에 중계되었다.

이렇게 해서 정지위성을 이용한 국제통신의 효과가 널리 인정됨에 따라 1965년에 쏘아 올려진[Intelsat I호] 를 사용하여 처음으로 상업위성 통신이 시작되었다. 처음에는 위성의 코스트가 높았기 때문에 주로 대륙간의 국제 통신에 사용되었다. 그러나 위성발사 기술의 급속한 진보와 초기에는 1년 6개월 정도였던 위성본체의 수명이 10년 이상으로 늘어나면서 위성의 코스트가 대폭 내려갔다. 또한 위성의 중량도 Intelsat I호는 40kg도 못되었으나 최근의 Intelsat VI호는 1.8톤에 가깝다. 위성이 클수록 중계기를 많이 탑재할 수 있고 회선수도 많이 확보할 수 있으므로 1회선 당 코스트가 저렴해진다.

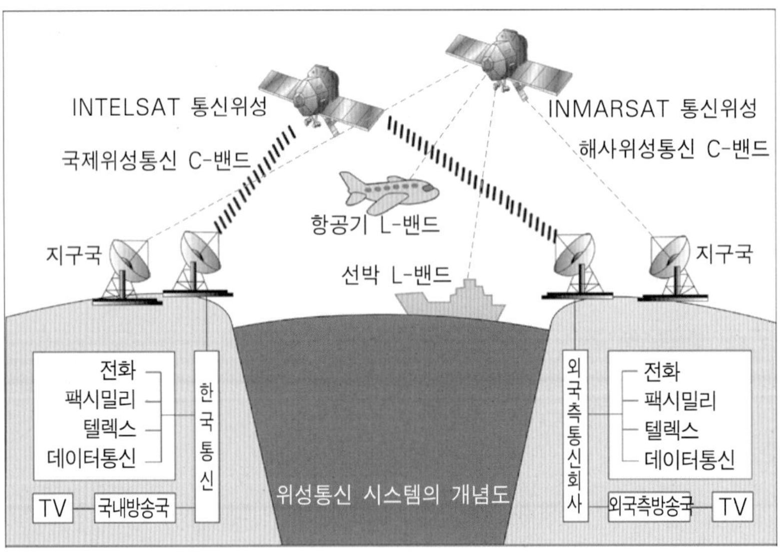

그림 7.14 위성통신 시스템의 개념도

이와 같은 기술진보의 덕택으로 위성통신은 가까운 이웃 국가들과의 통신이나 국내통신에도 널리 사용 될 수 있게 되었다. 용도도 전화나 TV중계, 데이터전송, 팩시밀리전송, 영상회의, 전용회선 등 여러 가지 다양한 사용방법이 등장하게 되었다. 또한 정지위성은 TV방송에도 사용되고 있다. 클라크의 제안이 있은지 반세기도 채 되지 않은 기간에 위성통신은 실로 우리들에게 친근한 존재가 된 것이다. 전 세계의 사건들을 실시간에 영상으로 볼 수 있는 것도 위성통신의 덕택이다.

동유럽의 개혁이나 걸프전쟁에서 위성통신이 보여준 역할 또한 눈부셨다. 위성통신의 실험이 처음으로 성공했을 때만 하더라도 과연 단기간내 이 정도로까지 보급되리라고 그 누구고 생각하지 못했을 것이다.

(3) 위성통신의 특징

위성통신의 특징은 지구 상공에 떠 있는 위성체를 통해 광범위한 지역을 커버할 수 있는 광역성과 지구국이 임의로 이동하면서 신속하게 통신할 수 있는 이동성, 같은 정보를 여러 곳에 산재해 있는 지구국에 동일하게 전송할 수 있다는 동보성, 그리고 지상에서 발생하는 천재지변과 같은 재해에 대해 강인하다는 내재해성 등을 들 수 있다. 그러나 지구국과 지구 궤도에 있는 위성간의 먼 거리 때문에 발생하는 전송지연 및 고출력의 전송신호가 필요하다. 또한 여러 지점에 동시에 같은 정보를 전송하는 특징 때문에 보안문제가 야기된다.

(4) 위성통신의 분류

위성통신의 분류는 서비스가 제공되는 방식에 따라 다음과 같이 크게 세 가지로 분류된다.

1) 고정위성 서비스(Fixed Satellite Service, FSS)

현재 제공되는 대부분의 서비스 형태로 지구 상공에 정지위성을 띄워 고정된 지역간의 통신서비스를 제공하는 것

2) 직접방송위성 서비스(Direct Broadcast Satellite, DBS)

위성을 통해 각 가정의 TV 프로그램을 직접 방송하는 것

3) 이동위성 서비스(Mobile Satellite Service, MSS)

서비스 대상에 따라 항공이동위성, 해상이동위성, 육상이동위성서비스로 분류되는데, 서비스 방식은 고정된 지구국과 이동체간에 또는 이동체와 이동체 사이의 통신을 위성을 통해 서비스하는 것을 말하는 것으로 광범위한 통신영역, 거리에 무관한 통신비용 등 많은 장점이 있다.

또한 위성은 수동위성과 능동위성으로 구분 할 수 있으며, 다시 능동위성은 정지궤도위성, 랜덤위성, 위상위성으로 나뉜다.

1) 수동위성은 지구상의 어느 지점에서 보내오는 전파를 단지 반사시킴으로써 지구상의 다른 지점에 중계하는 통신위성으로, 미국에서 1958년 12월 18일 쏘아 올린 스코어위성, 1960년 8월 12일 쏘아 올린 에코 1호 등 초기의 통신위성은 모두 수동위성이다. 그 후 등장한 능동위성과는 달리 중계증폭기를 탑재하고 있지 않았으므로 지상에서 수신할 때 전파가 아주 약해지는 결점이 있다
2) 능동위성은 중계증폭기를 탑재하고 있지 않았던 수동위성과는 달리 위성 내부에 증폭기를 탑재하고 있으므로 지상에서 보내온 전파를 증폭하여 재전송 할 수 있어, 수동위성과 비교하여 이용범위가 한층 넓다. 능동통신위성의 제1호는 1962년 7월 10일에 발사된 텔스타(Telstar) 1호이며, 이후에 발사된 실용 통신위성은 거의 대부분 능동위성이다.
3) 정지궤도위성은 적도상의 원궤도로 지구의 자전방향과 같은 방향으로 회전하며 위성의 공전주기와 지구의 자전주기가 같으므로 지상에 있는 관측자에게는 하늘공간에 고정되어 있는 것처럼 보여 위성추적이 불필요하며, 1일 24시간 연속통신이 가능하다. 정지궤도위성은 지표 상공의 약 36,000km 궤도상에 위치하며, 하나의 정지위성은 지구 표면적의 42%를 커버할 수 있으므로 정지위성 3개를 120도 간격으로 위치시켜 극지방을 제외한 전세계 통신망을 커버한다. 또한 국내·국제통신용 위성방식으로 널리 사용되며, 에러율이 적은 반면, 전파지연시간(최소 239ms, 최대 278ms)과 전송손실이 문제가 된다.

- 마치 위성이 정지한 것처럼 보이는 궤도로 약 36,000km의 궤도
- 지구의 반지름이 6,000km이며 반지름의 6배에 해당하는 거리
- 무궁화위성 1, 2, 3호
- 서비스 대상 : 통신, 방송, 기상

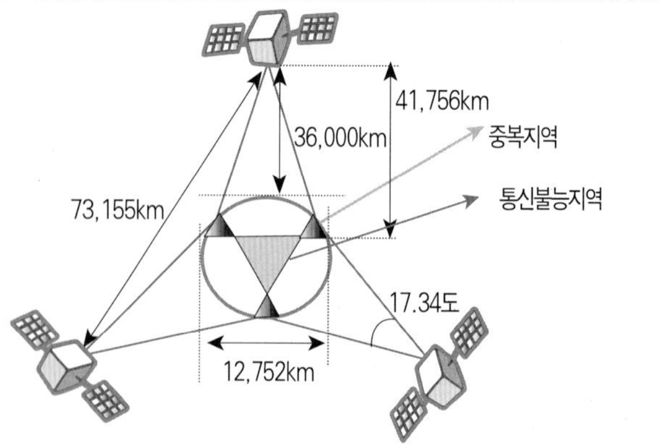

그림 7.15 정지지위성 범위도

위성 이동통신은 위성의 고도에 따라 비정지위성 계열인 LEO(Low Earth Orbit), MEO (Medium Earth Orbit) 및 EEO(Elliptical Earth Orbit)와 정지위성인 GEO(Geostationary Earth Orbit)로 구분된다.

4) 랜덤위성은 지구 상공 수백 km에 수 시간의 주기를 갖고 돌고 있는 위성으로 지구국과 위성이 마주 보이는 시간에만 통신이 가능하므로 상시 통신망을 확보하기 위하여 많은 위성을 사용하며, 이리듐, 글로벌 스타 등 저궤도 위성이 여기에 속한다. 랜덤위성은 저궤도위성과는 달리 극지방에서의 통신도 가능하며. 전파지연 및 전송손실이 작으나, 구축비용이 많이 든다.

5) 위상위성(Polar orbit satelite)은 극 궤도 상의위성으로 자원탐사용이나, 기상관측용 등으로 사용되며, 극지방에서도 통신이 가능하며, 전파지연 및 전송손실도 적다.

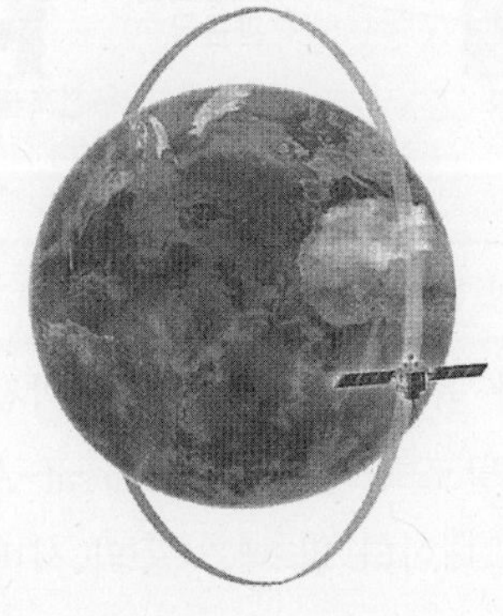

그림 7.16 위상 위성

극궤도는 저궤도위성의 특별한 형태로 유일한 차이점은 극궤도상의 위상이 일반적으로 동에서 서쪽방향으로 움직이는 것보다 더 많이 북에서 남쪽방향으로 치우쳐 움직인다는 것이다.

(5) Intelsat과 Inmarsat

대표적인 국제 위성통신시스템으로는 1964년에 발족한 국제전기통신위성기구(International Telecommunication Satellite Organization ; Intelsat)의 전기통신용 위성시스템과 1979년에 발족한 국제해상위성기구(International Marine Satellite Organization ; Inmarsat)의 이동통신용 위성시스템을 들 수 있다.

Intelsat은 80년대 초까지의 주 수입원은 국제전화 서비스였으나 90년대에 접어들면서 사설망 서비스 및 TV 서비스의 급속한 증가로 수입원이 다양화되었다. 현재 가맹국 수는 127개국에 이르며, 23개의 위성으로 약 1,700개의 국제 및 국내 지구국과의 연결을 통해 전세계 국제전화의 2/3와 TV 중계 서비스의 대부분을 차지하고 있다.

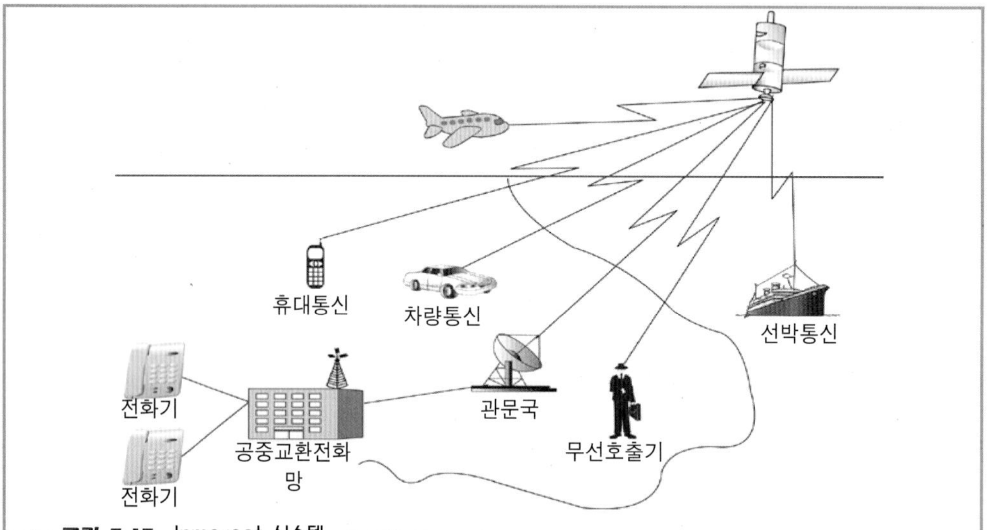

그림 7.17 Inmarsat 시스템

Inmarsat은 항해중인 선박과 육지 또는 선박과 선박간의 해상이동통신서비스제공을 목적으로 설립되어, 1982년 아날로그 방식인 Inmarsat-A 시스템을 사용하여 항해중인 선박을 대상으로 음성, 텔렉스, 데이터 및 팩스 등의 서비스를 제공하기 시작했으며, 현재는 선박뿐만 아니라 항공기 및 육상 이동체에 대해서도 서비스를 제공하고 있다.

7.2.2 위성통신의 기본구성과 기능

위성통신 시스템은 일반적으로 인공위성과 관련된 우주부분과 지상에 설치된 지구국과 제어국과 같은 지상부분 및 신호(전파)의 전송 방법이나 처리 방법 등에 대한 신호부분으로 나누어진다.

특히 정보 신호의 흐름으로 본다면 지상에 있는 송신국이 데이터를 위성에 송신하면, 안테나를 탑재하고 있는 위성의 중계기(트랜스폰더)에서 이러한 전파를 수신하여 주파수 변환과 전력증폭을 행한 후 원거리에 있는 수신국으로 재송출하게 되고, 수신국은 위성에서 재송출한 전파를 안테나를 이용하여 수신하여 정보를 재생하게 한다. 또한 제어국은 위성 안테나를 포함한 위성의 모든 설비들이 제대로 동작하도록 제어한다.

(1) 위성통신 시스템

위성체의 구성은 아래 그림과 같이 위성 업무수행을 하는 Payload시스템과 위성의 전력공급, 통신, 자세제어 등의 업무를 하는 위성본체(Bus)로 두 부분으로 나뉜다.

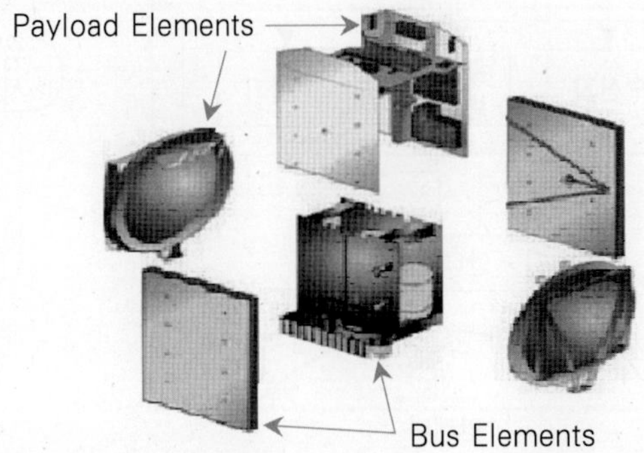

그림 7.18 위성체의 구성

표 7.10 위성체 시스템의 주요 기능

위성시스템	구성요소	주 요 기 능
페이로드 시스템	중계기 (Transponder)	·상향링크(Up) 신호를 받아 증폭 및 주파수 변환, 하향링크(Down) 신호변화 수행 ·RF front end, 주파수변환기, 전력증폭기로 구성
	안테나계	·무지향성 안테나 : 텔레메트리계 정보를 송수신 ·파라보라 안테나 : 좁은 지역을 커버하는 스폿빔을 형성 ·혼 안테나 : 넓은 지역을 커버하는 빔을 형성
버스 서버 시스템	전력계 (전원발생부 & 전원공급부)	·1차전원 : 태양전지를 사용, 태양에너지를 전기에너지로 변환, ·2차전원 : 축전기(Ni-Cd)를 사용, 위성의 일식(지구-위성-태양 일직선 상태로 태양으로부터 빛을 받지 못하는 상태)시 위성에 전원공급
	TTC계 (Tracking Telemetry & Control)	·위성 관제소로부터의 명령신호 수신, 위성의 자세 및 위치 등에 관한 텔레메트리 데이터를 위성관제소에 송신하는 기능, ·자세제어, 위치제어, 빔 증설 제어, 정상기능점검, 운용장비와 예비장비와의 절체기능 수행 등의 역활
	자세제어계	·스핀 안정방식과 3축 제어방식을 이용하여 위성의 자세를 제어
	열제어계	·위성체의 온도 조정
	추진계	·추진장치(Thruster) : 발사 전 위성 자세제어) ·원지점모터(AKM) : 위성을 전이궤도에서 표류궤도로 들어가게 할 때 사용
	구체계	·위성의 각 장치 및 기기들을 지지하고 유지하는 기본 구조체

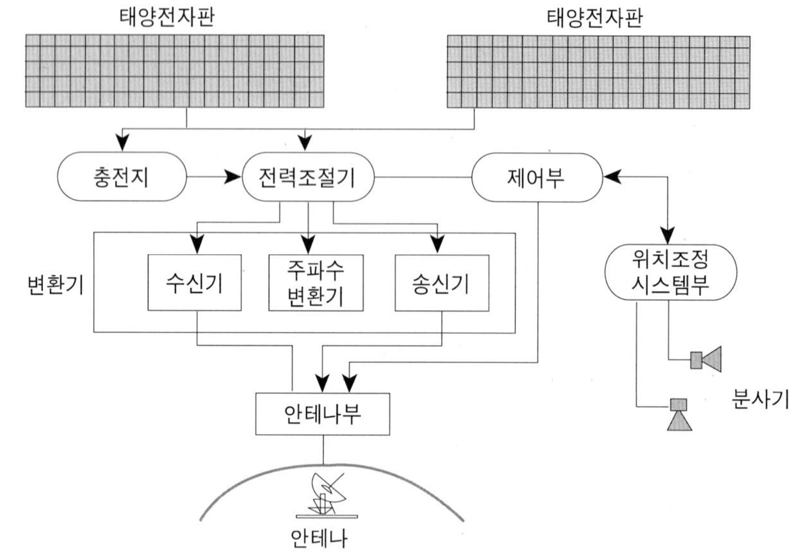

그림 7.19 통신위성의 기본 구성

(2) 지구국의 기본 구성과 기능

지구국은 통신위성과의 송수신을 행하는 지상설비로 기본적으로 송신기, 수신기 및 안테나로 구성되어 있다. 지상에 고정되어 있는 고정 지구국과 선박, 자동차, 항공기 등 이동체에 실려있는 이동 지구국으로 대별된다.

초기의 지구국은 위성체의 발사신호세력이 상당히 미약해서 그 신호를 수신하기 위해 지구국 안테나 직경이 무려 30m 나 되었고 무게는 약 300톤에 달하였으며, 지구국 안테나 시스템 전체가 위성체를 추적하기 위해 직경 20m의 원형궤적을 따라 회전할 수 있어야 했다. 그러나 최근에는 위성송신전력의 증가와 보다 높은 주파수를 사용함으로써 안테나의 직경을 줄일 수 있었으며, 그에 따라 지구국 건설비용과 규모도 크게 줄일 수 있게 되었다. 안테나 면적의 축소는 위성통신의 급속한 발전을 가져오게 되었다.

즉 안테나 직경이 1m전후가 되면서 이동성이나 댁내 설치가 가능하게 되었으며, 이동성을 이용한 긴급뉴스가 가능한 SNG, VSAT, 가정용 위성방송 수신안테나 등이 가능하게 되었다.

1) 지구국의 종류

위성통신을 위한 지구국은 그 사용목적에 따라 고정위성 업무용 지구국, 해상이동업무용 해안지구국, 선박지구국으로 나뉘며, 지구국의 규모는 일반적으로 안테나의 크기를 말한다. 일반적으로 지구국의 안테나는 송신용과 수신용이 공용으로 사용되며, 송·수신전파의 분리는 주파수의 차이를 이용하여 안테나의 분파기에서 수행하고, 또한 안테나는 접시모양의 반구형 반사경을 가진 구조인 카세그레인 안테나가 널리 사용되며, 여러개의 위성과의 신호 송수신이 가능한 토러스 안테나도 이용되고 있다.

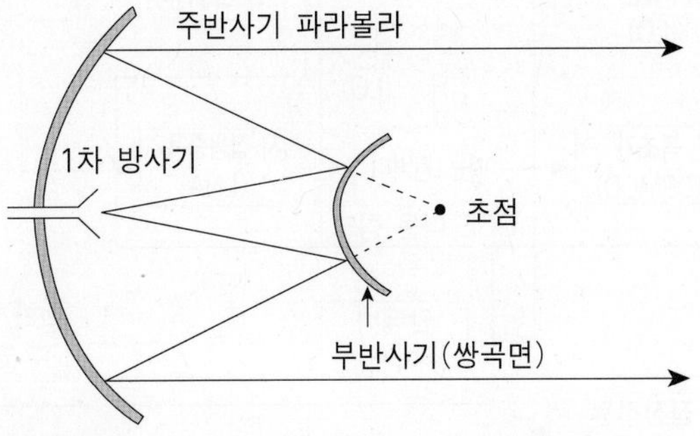

그림 7.20 카세그레인 안테나

2) 지구국의 구성

지구국은 위성에 탑재된 중계기(Transponder)를 통하여 지구국간 접속 및 지상통신망과의 상호 연결기능을 수행한다. 따라서 지구국의 규모, 구성 및 용도에 따라 지구국의 구성의 차이가 있으며, 일반적으로 안테나계, 송수신계, 변복조계, 감시제어계, 전원계로 구성되어 있다.

그림 7.21은 금산위성통신지구국의 전경이고 그림 7.22는 일반적인 지구국 구성도를 나타낸 것으로 각 부분에 대한 설명은 아래 표와 같다

그림 7.21 금산위성통신지구국 전경

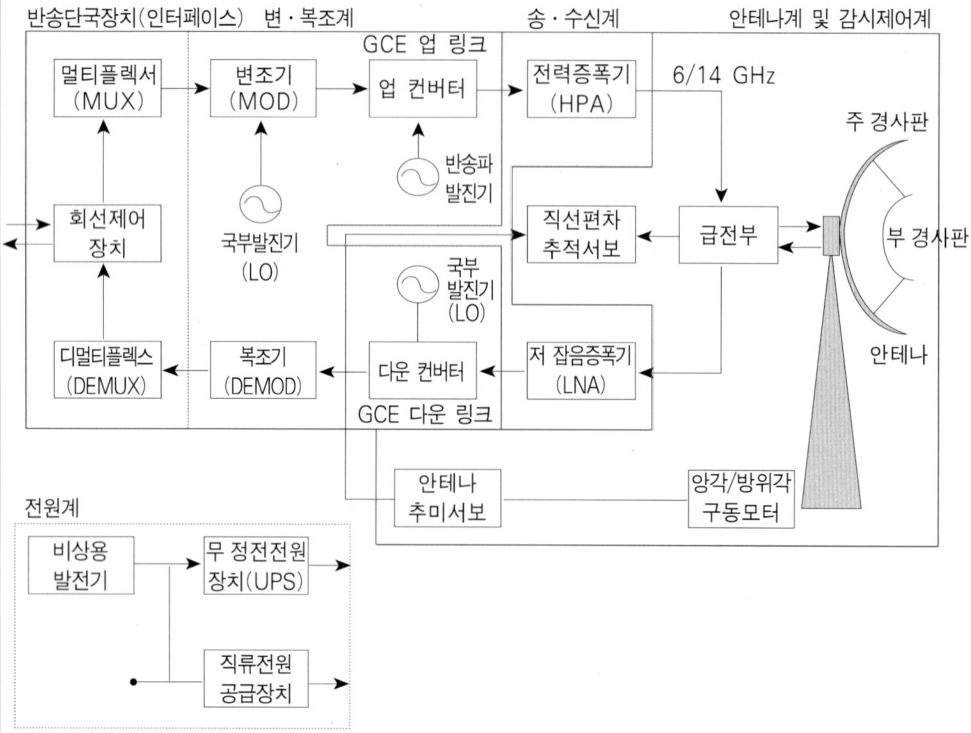

그림 7.22 지구국의 구성도

표 7.11 지구국의 주요 기능

구 분	주 요 기 능
안테나계	· 안테나계는 안테나, 급전부(diplexer와 feeder), 안테나 제어장치로 구성되며, 안테나 제어장치 안테나에서 복사되는 빔이 항상 위성의 안테나 방향으로 하는 안테나 추미서보(antenna tracking servo)와 앙각/방위각 구동모터(elevation / azimuth angle driving motor)로 구성된다. · 위성통신용 안테나는 개구면(aperture) 안테나인 카세그레인(casssegrain) 안테나가 주로 사용되며, 토러스(Torus)안테나, 파라볼라(parabola)안테나, 혼 반사가(horn reflector)안테나가 사용되고 있다.
감시제어계	· 추미장치 : 안테나 방향이 위성을 향하고 있는지의 여부를 판단 · 구동제어장치 : 추미장치에서 얻은 결과에 따라 안테나의 방향을 제어
송・수신계	· 송신계 : 대전력증폭기(HPA : high power amplifier)를 말하며, 지상통신장치(GCE :ground communication equipment)에서 전송된 RF신호를 안테나를 통하여 위성으로 전송할 수 있을 정도의 레벨로 전력증폭하는 역할을 수행 · 수신계 : 저잡음증폭기(LNA : low noise amplifier)를 말하며, 위성으로부터 수신한 미약한 신호에서 잡음을 제거한 순순한 신호만을 증폭하여 GCE로 전송

변 · 복조계	· 지상통신장치(GCE) 또는 신호처리장치 · 변조계 : 송신계와 연결되며, 다중화 된 기저대역(baseband) 신호를 중간주파수의 신호로 변환하는 변조기와 중간주파신호를 무선주파신호로 변환하는 업컨버터로 구성 · 복조계 : 수신계와 연결되며, 무선주파신호를 중간주파신호로 변환하는 다운컨버터와 중간주파신호를 기저대역신호로 변환하는 복조기로 구성

7.2.3 위성통신의 서비스

(1) 위성통신의 장점

장점	· SHF 주파수대를 반송파로 이용하므로 고속데이터전송 및 영상회의 등 대용량 통신이 가능. (전송속도 : 64kbps ~ 6Mbps) · 거리나 지형과는 무관하게 전송품질이 우수하므로 장거리 통신이 가능 · 지진이나 풍수해 등의 자연 재해에 강하다. · 통신망 건설의 신속성 및 트래픽 변동의 유연한 대처 등 사고에 의한 절단이 없고, 회선의 Back-up용으로서의 이용가치가 높다.
단점	· 지구 자기장에 의한 위성의 흔들림 현상에 대한 고도의 기술 필요 · 기후 현상에 대한 신호의 감쇄 · 전송지연 발생 : 63,000km의 왕복시간 동안 최소 238ms에서 최대 278ms 정도의 전송 지연이 발생하게 된다 · 방송과 마찬가지로 보안성이 없어 암호화 필요 · Point-to-Point회선만 구성 가능

(2) 위성통신의 서비스 이용형태

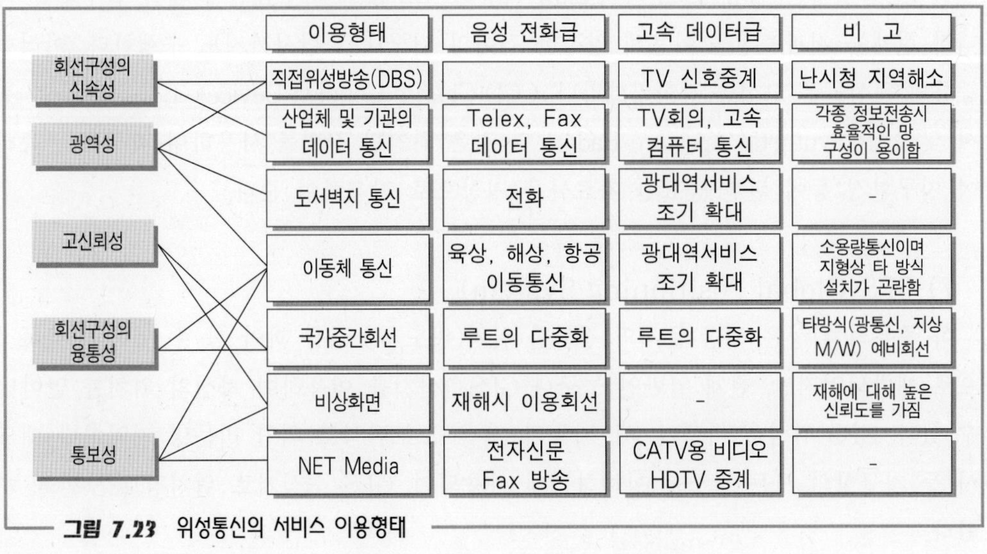

그림 7.23 위성통신의 서비스 이용형태

(3) 위성통신의 이용분야

1) 장거리 전화통신, 텔렉스
2) 데이터 통신, ISDN 서비스
3) 직접 위성방송서비스(DDS : Direct Broadcasting Service)
4) HDTV 방송서비스, 복합위성방송서비스
5) GMPCS(이리듐, 글로벌스타, 오딧세이, ICO 등)
6) 원격탐사 위성

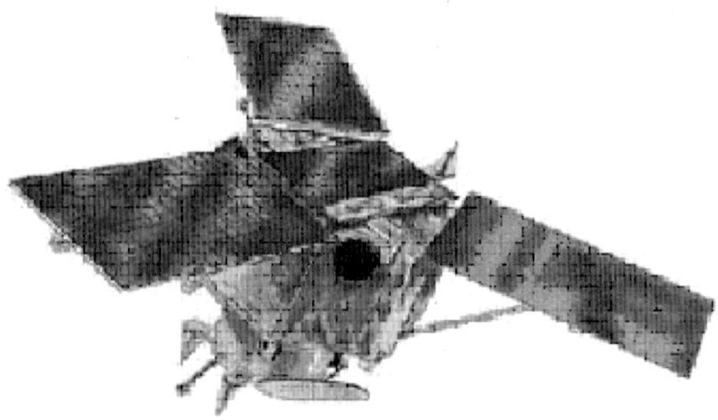

그림 7.24 원격 탐사 위성

원격탐사위성은 지상으로부터 480km 이상의 고도에서 지구표면에 대한 연구뿐만 아니라 현재는 전파측정을 이용해 일정한 깊이의 지구내부 탐사까지도 수행한다. 이러한 종류의 위성들은 고성능 광학카메라나, CCD(Charge Coupled Device) 소자를 이용한 센서 및 SAR(Synthetic Aperture Radar) 와 같은 최첨단 장비를 사용하여 지구를 관측하여 지구환경 등에 관한 중요한 자료들을 지상으로 전송하여 준다.

7) GPS(Global Positioning System)

이 종류의 위성은 해당 물체의 정확한 위치(위도, 경도)를 파악 할 수 있어 군사목적으로 개발되었지만, 현재 일반인 누구나 GPS수신기를 이용하여 자신의 위치를 알아낼 수 있다. GPS 위성은 비행기, 배, 자동차, 혹은 도보탐사로 외딴 비문명 지역이나 대도시 등 지구상의 모든 장소를 항해하는데 사용되며, GPS 수신기로 위치정보를 받을 수 있다.

7.2.4 이동 위성통신(GMPCS ; Global Mobile Personal Communication System)

(1) 개요

GMPCS란 지상 700~10,000km의 저궤도 및 중궤도에 수십 개의 소형 통신 비정지궤도 위성을 쏘아 휴대단말기와 지구국을 연결하여 세계를 단일 통화권으로 연결하는 개념이다. 위성스시템이 어느 궤도를 이용하든 글로벌화와 개인의 휴대통신서비스를 제공한다면 GMPCS의 범주에 포함된다. GMPCS는 전세계적으로 음성, 데이터, 팩스, 위치정보 등의 서비스를 제공하는 것을 목표로 한다. 1990년 Motorola사의 Iridium 계획을 시초로 여러 시스템이 제안되었다.

표 7.12 위성통신 시스템과 GMPCS 시스템의 비교 특징

항 목	기존의 위성시스템	GMPCS 시스템
사업주체	Intelsat, Inmarsat 등 각 국의 동등한 참여	통신 선진국의 일부 민간기업 또는 이들 기업의 주도에 따른 컨소시움
사업성격	공공성	사업성(이윤 추구)
사업영역	국제망 부분에 한정 (기존 통신망이 제공하지 못하는 틈새시장)	국제 부분 및 국내 부분 구분 않음 (기존의 통신망과 경쟁 관계)
시장체제	독점	경쟁(기술력에 의한 독과점)
규제자와의 관계	규제자 = 사업자	규제자 ≠ 사업자

위 표는 기존위성통신 시스템과 GMPCS와 비교표이고, 아래 표는 GMPCS 시스템의 특징을 나타내며, 이 시스템들의 공통점은 TDMA나 CDMA 등의 디지털 다중접속 방식을 채택하여 음성, 데이터통신, 위치정보, 무선호출 및 팩스 등의 서비스를 제공 한다. 또한 주파수 재사용을 통해 용량을 증가시키기 위해 다중빔 위성이며, 셀룰러시스템과 위성시스템 모두에서 사용할 수 있도록 듀얼 모드를 지향하고 있다.

표 7.13 제안된 GMPCS 시스템의 전반적인 특징

사업명	이리듐	글로벌스타	ICO	오딧세이
주요기업	모토롤라	로랄,퀄컴	인마샛	TRW
서비스개시	1998년	1998년	1999년	2000년
대상지역	전세계	인구밀집지역	인구밀집지역	인구밀집지역
서비스	음성, FAX, 데이터,페이징	음성, 데이터 측위, 메시지	음성, 데이터, 페이징, 측위	음성, 측위, 메시지
위성수(중량)	66개,700kg	48개, 750kg	12개	12개, 1134kg
궤도높이	780km	1,414km	10,355km	10,354km

사업명	이리듐	글로벌스타	ICO	오딧세이
접속방식	FDMA/TDMA	CDMA	TDMA	CDMA
주파수대	상향(GHz) 29.1-29.4 하향 19.3-19.6	상향(GHz) 5.091-5.25 하향 6.70-7.075	상향(GHz) 5.091-5.25 하향 6.70-7.075	상향(GHz) 29.1-29.4 하향 19.3-19.6
한국업체	SK텔레콤	데이콤,현대	한국통신	금호텔레콤, 대우

GMPCS 시스템의 구현에 있어서 제일 중요한 기능은 위성간 핸드오프이며, GMPCS에서의 핸드오프는 단말기가 기지국간을 이동하면서 발생하는 기존의 셀룰러 방식에서의 핸드오프와 달리 위성의 이동에 의해 발생한다.

(2) GMPCS의 핵심 기술

1) 위성탑재 신호처리 기술

현재 기존의 수동형 중계기와는 다른 기능을 수행하는 위성장치에 대한 연구가 진행중이며 초고속통신망의 등장으로 위성망 자체가 지상망과 완전히 통합을 이루는 형태로 진행되고 있다. 위성탑재 신호처리 기술로는 복조 및 재변조, 중계기 채널 및 빔 스위칭, 클럭 생성 및 복구, 채널의 동기화 및 등화, 간섭신호의 검출 및 제거 등을 포함한다. 위와 같은 기술의 실현을 통해 전송량의 증대나 지구국의 소형화, 통신망간 연결의 융통성 증대 등 많은 이점을 얻을 수 있다.

2) 위성간 통신링크 기술

서로 다른 위성망의 지구국들간 통신이 지상 중계나 이중 위성중계에 의하지 않고 위성간 통신로를 이용해 직접 연결이 되게 한다. 위성간 통신링크 기술을 통해 위성사이의 통신이 지구국을 경유하지 않고 우주공간에서 직접 이루어지게 함으로써 위성통신망의 융통성을 크게 향상시킨다.

3) 위성안테나 구성기술

위성안테나는 한 개의 주 반사판으로 송수신하는 형태와 송신용 안테나와 수신용 안테나로 분리하는 형태로 나누어 볼 수 있는데, 서비스 빔 커버리지, 전체시스템구성, 요구서비스 등 시스템 조건에 따라 여러 형태의 위성안테나 구성 기술이 채택된다. 지구국 설치 장소의 효율적 이용을 위해 한 안테나에서 여러 위성과 동시에 접속할 수 있는 안테나의 멀티 빔화가 연구 중에 있다.

(3) GMPCS 시스템의 다중접속 방식

현재 이리듐 시스템에서는 TDMA 방식을 채택하고 있으며, 글로벌스타 시스템은 지상 이동통신에서는 CDMA 방식의 IS-95표준을 이동위성통신 환경에 맞게 변형하여 사용한다. 글로벌스타의 역방향링크는 각 이동체마다, 파일롯 신호를 보내는 것이 비현실적이므로 비동기 복조방식을 사용하고 이에 따른 성능저하를 막기 위해 64-직교변조방식과 에러정정을 위한 길쌈 부호를 사용한다.

(4) GMPCS 시스템

■ 이리듐(Iridium)

이리듐은 1987년 미국 모토롤라사에 의해 고안되었으며 초기에는 77개의 통신위성으로 전세계적인 통신망을 구축할 계획을 세웠으며, 그후 기술개발에 의하여 위성 수를 66개로 감소시켰다. 이리듐의 주요 특징은 각 위성에 동일궤도 상과 인접궤도 상의 전후좌우의 위성간을 연결하는 4개의 안테나를 두어 25Mbps 속도의 위성간 링크(23.18~23.38GHz 사용)를 구성하고 있다는 것이다. 따라서 휴대전화의 상공을 통과하는 위성을 차례로 교체하면서 통화를 계속할 수 있고, 단말기 상호간에 지상의 유선망을 거치지 않고 위성이 관통하는 장소라면 전세계 어디에서나 직접 통화를 할 수 있도록 하였다.

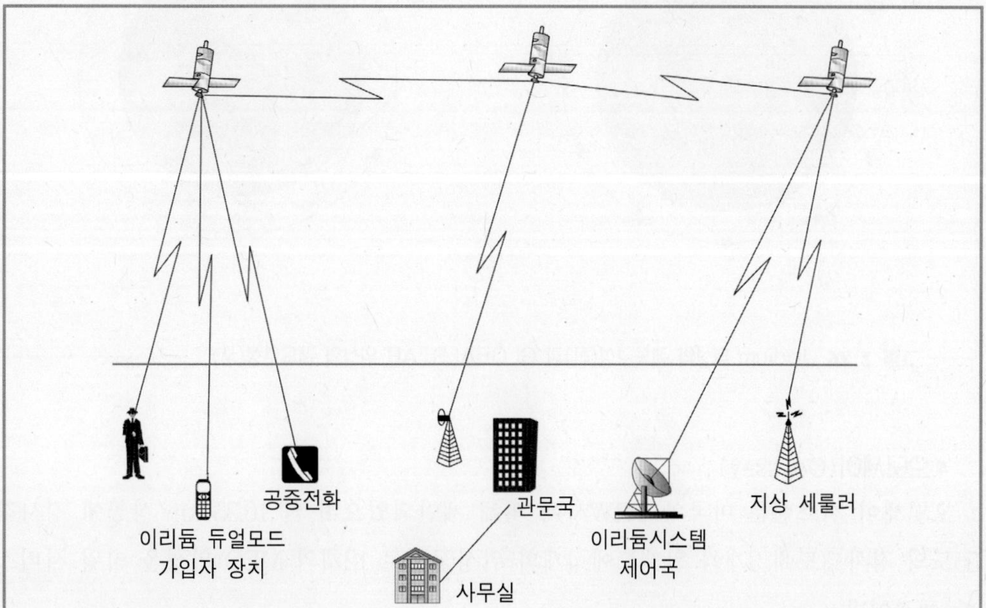

그림 7.25 이리듐 시스템의 망구성

이리듐 시스템은 제한된 대역폭을 효율적으로 사용하기 위해 FDMA와 TDMA를 함께 적용하고, L대역(1,616-1,626.5MHz)은 위성과 이리듐 가입자 장치간의 링크에, Ka대역(19.4-19.6GHz 다운링크용, 29.1-29.3 업링크용)은 위성, 관문국, 지상 단말기 사이의 링크 역할을 한다.

■ 글로벌스타

글로벌스타는 미국의 Loral/Qualcomm사에 의해 제안되었는데, 지상 1,414km 궤도에 소형 위성 48개로 구성되며, 전세계를 균일하게 커버하는 이리듐과 달리 궤도를 양극에서 어느 정도 경사 시킴으로서 비교적 인구가 밀집된 지역을 중점적으로 커버할 예정이다. 이 시스템은 위성간 링크를 구성하지 않으며, 어느 지상위치로부터 신호가 위성에 수신되면 그 위성은 수신신호를 인접 Gateway 지상국으로 재전송하고 여기서부터 목적지까지는 지상망을 통하여 전송함으로써 기존 지상망(PSTN)을 최대한 이용한다.

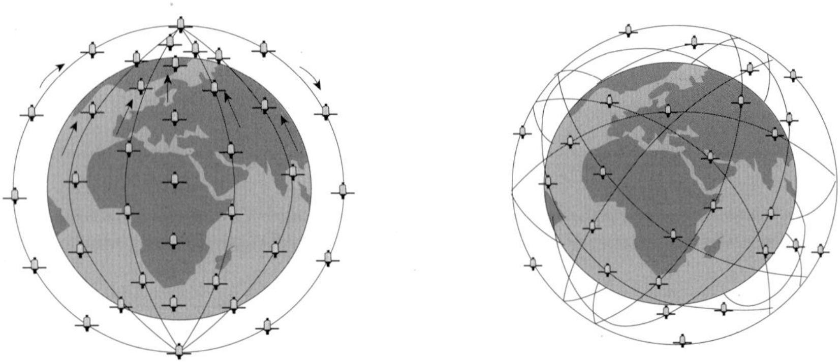

그림 7.26 Iridium 위성의 궤도구성(좌)과 GLOBALSTAR 위성의 궤도구성(우)

■ 오딧세이(Odyssey)

오딧세이 시스템은 미국의 TRW사에 의해 제안되었으며 약 10,354km 상공에 경사각 56도의 경사궤도에 3개씩 원궤도에 4개의 위성군으로 12개의 MEO 위성을 띄워 서비스할 예정이다.

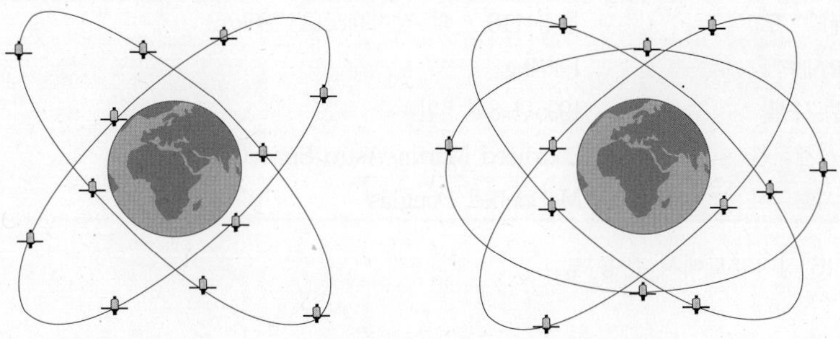

그림 7.27 ICO위성의 궤도구성(좌)과 ODYSSEY위성의 궤도구성(우)

■ ICO(Intermediate Circular Orbit)

ICO는 Inmarsat에 의하여 제안되었으며, LEO 대신 중궤도(ICO)를 채택하고 있다는 것이 특징이다. 위성의 총수는 2 x 5 = 12개로 구성되는데, 5개가 하나의 궤도면상에 분포하며 서로 직교하는 2개의 궤도면이 45도의 경사각 궤도를 이룬다. 나머지 2개의 위성은 고장에 대비한 대체용이다.

7.2.5 우리나라 위성

(1) 무궁화위성 1호

온 국민의 뜨거운 성원 속에 무궁화위성 1호는 1995년 8월 5일 미국 플로리다의 케이프 케너베럴 발사장에서 McDonnell Douglas(MD)사의 Delta II 발사체에 실려 발사되었다. 그러나 주엔진에 부착된 보조로켓 중 하나가 분리시스템의 도화선 손상으로 인하여 제때에 분리되지 않아 위성이 목표궤도(원지점 35.786km)에 6.351km나 못미치는 사고가 발생하였다. 그래서 위성을 정지궤도 (GEO,Geostationary Orbit)에 진입시키기 위하여 위성 자체가 가지고 있던 추진제를 사용하였으며, 그 결과 위성의 수명이 당초 10년에서 4.5년으로 단축되었다. 이런 수명단축으로 인한 손실을 보전하기 위하여 장기간의 보험협상을 하여 손해수명분에 대한 보험료 6천4백여 만불을 보상받았다. 이런 과정은 무궁화위성에 대한 국민의 관심도를 높이고, 무궁화 사업 관계자들이 위성사업 초기부터 다양한 경험을 할 수 있는 계기가 되었다고 할 수 있다.

무궁화위성 1호는 1996년 3월부터 상용 서비스를 개시하였는데, 이 위성의 제원은 다음과 같다.

표 7.14 일반제원

궤　도	동경 116。 의 정지궤도(35,786km)
발사무게	1,464kg
발 사 일	1995년 8월 5일
위성제작사	Lockheed Martin Astro Space(LMAS)
발사용역사	McDonnell Douglas

※ 동경 116°정지궤도에서 운용 중

표 7.15 기술적인 제원

구　분	통 신 용	방 송 용
중계기수	12	3
TWTA 출력(W)	14	120
대역폭(MHz)	36(Ku-Band)	27(Ku-Band)
EIRP	50.2	59.4
G/T(dB/K)	13.5	13.0
편파(Polarization)	수평(상향), 수직(하향)	좌원형편파(LHCP)

(2) 무궁화위성 2호

원래 무궁화위성 1호의 예비위성으로 계획되었던 무궁화위성 2호는 1996년 1월 14일에 성공적으로 발사되어, 1996년 7월부터 위성1호와 함께 운용되고 있다. 무궁화위성 2호의 제원은 무궁화위성 1호와 동일하나, 주파수 자원의 효율적 활용을 위하여 1호 위성과는 편파방식을 달리하여 운용된다.

표 7.16 일반제원

궤　도	동경 116°의 정지궤도(35,786km)
발사무게	1,464kg
발 사 일	1996년 1월 14일
위성제작사	Lockheed Martin Astro Space(LMAS)
발사용역사	McDonnell Douglas

※ 동경 113°로 이동하여 운용 중

표 7.17 기술적인 제원

구 분	통 신 용	방 송 용
중계기수	12	3
TWTA 출력(W)	14	120
대역폭(MHz)	36(Ku-Band)	27(Ku-Band)
EIRP	50.2	59.4
G/T(dB/K)	13.5	13.0
편파(Polarization)	수평(상향), 수직(하향)	좌원형편파(LHCP)

(3) 무궁화위성 3호

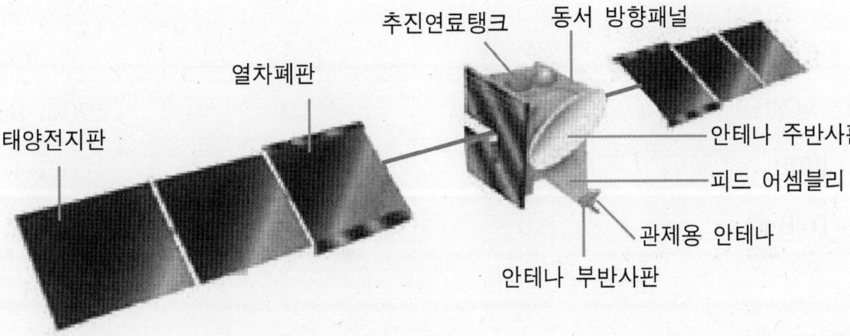

그림 7.28 무궁화위성 3호의 구성

무궁화위성 3호는, 무궁화위성 1호가 발사사고로 인하여 예정보다 수명이 단축될 것으로 예상되어 현재의 서비스를 중단없이 제공하기 위하여 남미에 위치한 가이아나 쿠루기지에서 성공적으로 발사되었다. 3호 위성은 1, 2호 위성 서비스의 연계 뿐 아니라, 신규 서비스 및 수요증가에 대처할 수 있도록 1, 2호 위성보다 대용량, 고출력의 제원을 갖도록 설계되어 고속인터넷, 데이터 영상, 오디오 등이 복합된 첨단 멀티미디어형 위성통신 서비스와 최대 168개 채널의 고화질, 고음질의 직접위성방송 서비스를 제공하게 된다. 특히 위성을 통한 초고속망의 구현 및 Ku-band 중계기의 초과 수요에 대처하고 4호의 수요창출을 위해 첨단의 Ka-band 중계기도 함께 탑재되고, 동남아 지역의 수요 발생을 대비하여 가변빔으로 서비스할 수 있는 안테나도 탑재되어 국내 뿐 아니라 아시아 지역까지 서비스가 가능하다.

표 7.18 일반제원

궤 도	동경 116。 의 정지궤도(35,786km)
발 사 무 게	2,800kg
발 사 일	1999년 9월 5일
위 성 제 작 사	Lockheed Martin Astro Space(LMAS)
발 사 용 역 사	Arianespace

표 7.19 기술적인 제원

구 분	통 신 용		방 송 용
	Ku-Band	Ka-Band	
중계기수	24	3	6
대역폭(MHz)	36	200	27(Ku-Band)
EIRP	50.5 / 54.7	55	59.4
G/T(dB/K)	13.6	9.4	14.0

(4) 무궁화위성 제원비교

표 7.20 무궁화 위성 비교

항 목		무궁화1, 2호 위성	무궁화 3호 위성
위 성 수 명		10년	15년
발사 질량	Launch Mass	1,460kg	2,800kg
	Dry Mass	652kg	1,305kg
DC 전력 소비량		1,600W	4,800W
탑재 중계기수	통신용(Ku-Band)	각 12기(36MHz)	24기 (36MHz)
	방송용(Ku-Band)	각 3기(27MHz)	6기 (27MHz)
	통신용(Ka-Band)	없음	3기 (200MHz)
	계	각 15기	33기
빔 커버리지(서비스지역)		한반도	한반도 및 아시아 전역

Ku밴드 DBS커 버리지	Ku밴드 FSS커버리지	Ka밴드 DBS커버리지
A) UP link :0.82x0.67(deg)	A) UP link : 1.2x1.0(deg)	A) UP link :0.74x0.74(deg)
B) Downlink:1.06x0.86(deg)	B) Downlink:0.86x0.86(deg)	
X) 빔 Center: 127。 E, 36。 N	X) 빔 Center :127。 E, 36。 N	X) 빔 Center :128。 E, 37.75。 N
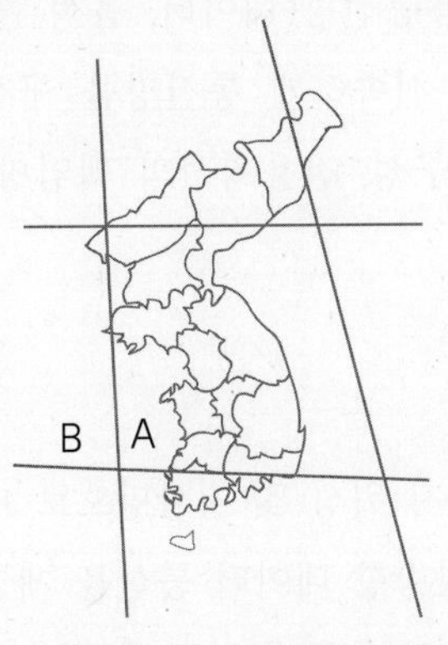	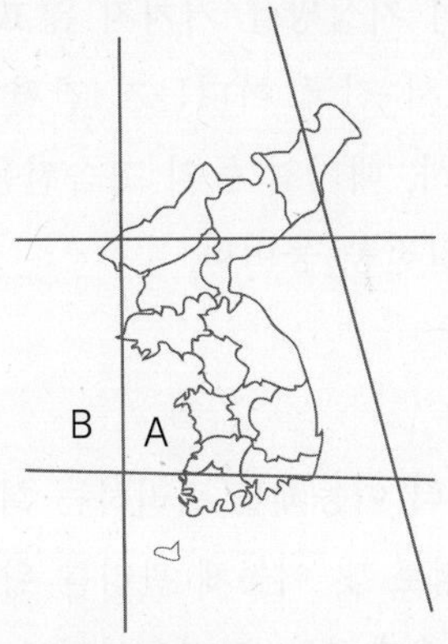	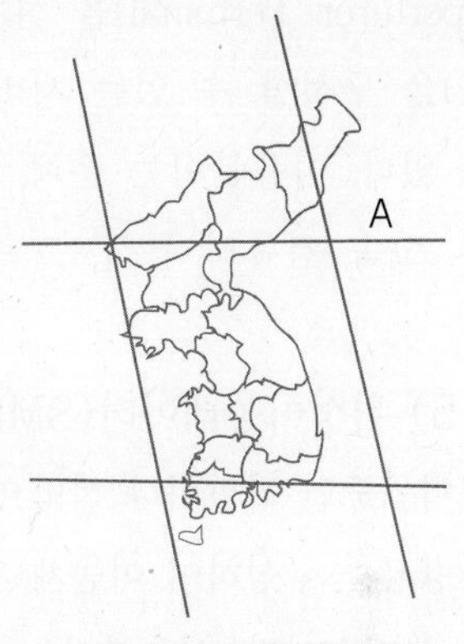

(5) 무궁화 위성의 서비스 (기존서비스)

1) 위성 고정 비디오(TVRO)

위성을 이용하여 TV신호(영상, 음성)를 전국 각지에 흩어져 있는 사업장에 동시에 전송하는 서비스로 위성수신시설(RO ; TV Receive Only)만 설치하면 전국 어디서나 간편하게 이용할 수 있다. 이용분야는 사내 TV방송, 광고방송(전광판 등), 원격강의, 원격설교, 경마중계 등이 있다.

2) 위성이동중계(SNG)

한반도 어디서나 현장에서 직접 영상프로그램을 전송할 수 있는 서비스로 차량형과 휴대형의 위성이동중계(SNG ; Satellite New Gathering)장비를 전국 대도시 지역에 분산 배치운용하고 있다. 이용분야는 뉴스취재, 스포츠 중계, 행사중계 및 재해지역이나 산악, 도서지역에서의 긴급영상 전송 등이 있다.

3) 위성전용망 전속회선(VSAT)

전국에 흩어져 있는 지사, 지점, 공사현장 등의 사업장에 위성통신설비(VSAT ; Very Small Aperture Terminal)를 설치하여 도서, 벽지 등 전국 어느 곳과도 간편하게 전용통신망을 구성할 수 있다. 이용분야는 건설업체 공사현장, 산간오지의 전산망, 은행-증권사-보험사 등의 온라인 전산망, 고객관리-재고관리 전산망 등이다.

4) 위성전용망 고속회선(TSAT)

고객사의 사업장에 고속 전용통신용 위성 지구국 (TSAT ; T1 carrier Small Aperturer Terminal)을 설치하여 지상망을 거치지 않고 전용통신망(데이터, 음성, 영상 등)을 구성할 수 있는 서비스로서 전국 어디든지 간편하고 신속하게 통신망을 구성할 수 있다. 이용분야는 은행, 증권사, 대기업 등의 고속전용망 구성, 전용회선의 백업망 구성, 고속 컴퓨터 통신, 고속 파일전송 등이다.

5) 위성이동데이터(SMDS)

이동중인 차량이나 선박으로부터 이동체를 관리하는 회사까지 위성 및 지상망으로 데이터링크를 구성하여 이동체 위치정보 및 이동체 관리를 위한 양방향 데이터 통신을 제공하는 서비스이다. 이용분야는 화물 운송회사, 경비용역회사, 해운회사 등의 이동체 관리이다.

6) 직접위성방송(DBS)

안테나 하나로 무궁화위성으로부터 직접 방송을 수신하는 서비스로서 방송국에서 지상중계소들을 거치지 않고 위성을 통해 직접 가정이나 직장에서 방송을 시청할 수 있는 서비스이다. 위성방송용 지구국은 제작된 프로그램을 위성으로 송신하는 송신 지구국과 위성에서 재송신하는 신호를 각 가정에서 소형 안테나와 수신장비로 직접 수신할 수 있는 수신전용 지구국이 있다. 96년 3월부터 무궁화위성이 운용됨으로써 한반도 전체와 중국 산둥반도, 러시아 연해주지역에서 위성방송 수신이 가능하게 되었다.

(6) 무궁화 위성의 서비스 (신규 서비스)

1) 지역위성 서비스(Ku밴드 FSS 가변빔)

3호 위성에는 가변빔이 장착되어 있어 1,2호 에서는 제공이 불가능하였던 지역 위성 서비스를 제공할 예정이다. 즉, 기존의 1,2호 위성은 서비스 지역이 국내에 한정되어 지역위성 사업기반을 구축할 필요성이 대두되었다.

따라서 아시아-태평양 지역에 잠재된 Ku밴드 주파수 자원을 확보하기 위하여 3호 위성에는 가변빔 안테나를 장착하도록 설계되었다. 가변빔 안테나는 일반적인 지역 위성용 안테나에 비해 서비스 영역 이 작은 스팟빔(spot beam)을 사용하기 때문에 송신출력과 수신감도가 좋아 고품질의 서비스 제공이 가능하다.

또한 가변빔을 이용하여 서비스 지역을 수시로 변경할 수 있기 때문에 아시아-태평양 지역내 어느 곳이라도 서비스 수요가 있을 경우 서비스 제공이 가능하다. 가변빔 안테나를 이용한 서비스 수용방안으로는 다음과 같이 여러 가지가 가능하다.

첫째로 아시아 지역 스포츠 행사 중계용으로 활용이 가능하다.

둘째로는 한반도 주변국의 재외국민 및 동남아 등의 해외지사와 국내 본사와의 통신망제공을 들 수 있다.

셋째로는 남북간의 무역이 활발해질 경우 예상되는 통신망 구축에 활용할 수 있으며, 한반도의 통일이 이루어질 경우 급증하게 될 통신망 수요에 대처할 수 있다.

마지막으로 네 번째 방안으로는 동남아지역 사업자에게 중계기를 임대하는 방안을 들 수 있다. 위에서 설명한 서비스에 대한 가능성 및 수요에 따라서 가변빔의 크기가 결정될 예정이다.

현재는 빔크기를 3°로 예정하고 있으나 한국통신의 서비스에 대한 충분한 검토결과에 따라서 빔크기를 변경하는 방안도 검토 중이다.

2) Ka밴드 서비스

3호 위성의 Ka밴드에서는 대역폭이 200MHz이며 고출력의 TWTA를 탑재하여 3개의 채널이 서비스를 제공할 예정이다. 이것은 향후 초고속 통신 서비스에 대비하여 OC3급인 155Mbps까지의 초고속 전송이 가능하며, 서비스 대상도 한반도 전체를 선택하여 통일 후 남북전역의 서비스 수요에 대처하기 위해 설계되었다

3) 제공 가능한 서비스는 다음과 같다.

① 광대역 정보검색 서비스(Direct-PC)

사용자가 위성단말기를 이용하여 국제 또한 국내 정보센터의 정보를 고속으로 받을 수 있는 서비스를 말하며, 대표적인 예가 인터넷 서비스이다.

② 원격 진료 복지 서비스

농어촌 및 산간벽지 지역의 환자를 대도시의 종합 국립병원의 전문 의사에게 진료를 받을 수 있도록 위성을 통한 원격진료를 제공하는 서비스이다.

③ 초고속 LAN간 위성통신서비스

위성을 통하여 지역간의 초고속(155Mbps)통신을 제공하는 서비스를 말하며 국내 주요 도시간 기간망 구축에 이용될 예정이다.

④ 기타

고속 광내역의 오디오, 데이타 및 영상 등의 멀티 미디어 및 B-ISDN 등의 서비스 제

공이 가능하다.

(7) 우리별 시리즈

우리나라 최초의 인공위성으로 1989년부터 영국 써리(Surry) 대학과의 위성공동개발 교육프로그램을 통하여 인력양성과 위성기술의 습득을 추진하였다. 이를 바탕으로 각종 새로운 실험 탑재물을 개발하고 버스 시스템을 개량하여 우리별 1호를 제작하였다. 우리별 1호의 성공적인 발사 및 운용과 함께 두 번째 위성인 우리별 2호의 개발이 이루어졌다. 우리별 1호의 개발을 주도한 연구원들이 귀국하여 국내의 연구팀들과 함께 위성의 임무분석과 설계, 제작, 시험까지의 모든 일정을 인공위성센터에서 수행하였다.

연습문제

제 7 장

1. 이동통신 시스템에서 이동성의 정의에 대하여 설명하시오.

2. 이동통신 서비스에서 무선 주파수의 할당 현황에 대하여 설명하시오.

3. 무선 다중접속 방식(FDMA, TDMA, CDMA)에 대하여 각각 비교 설명하시오.

4. 이동통신 서비스에서 무선 주파수의 할당 현황에 대하여 설명하시오.

5. 셀룰러 망의 구성 요소와 각각에 대하여 설명하시오.

6. 핸드 오버와 로밍에 대하여 설명하시오.

7. PCS의 특징에 대하여 설명하시오.

8. PCS 시스템의 구성 요소와 각각에 대하여 설명하시오.

9. WLL의 장점과 이동통신과 비교했을 때 특징에 대하여 설명하시오.

10. 셀룰러 망의 구성 요소와 각각에 대하여 설명하시오.

11. WLL 시스템의 구성 요소와 각각에 대하여 설명하시오.

12. B-WLL에 대하여 설명하시오.

13. IMT-2000의 특징에 대하여 설명하시오.

14. 위성통신의 특징에 대하여 설명하시오.

15. 서비스가 제공되는 방식에 따라 위성통신을 분류하고 각각에 대하여 설명하시오.

16. 정지궤도 위성에 대하여 설명하시오.

17. 위성통신에서 위성체 시스템의 구성 요소와 각각에 대한 기능을 설명하시오.

18. 위성통신에서 지구국의 구성요소와 각각에 대한 주요 기능을 설명하시오.

19. 위성통신의 장·단점에 대하여 설명하시오.

20. 위성통신과 이동 위성통신 시스템간에 비교 설명하시오.

21. 무궁화호 위성(1,2,3호)의 특징을 비교 설명하시오.

제8장 ISDN 및 뉴미디어 기기

8.1 종합정보통신망(ISDN)

8.1.1 ISDN의 개념

(1) ISDN의 특징

ISDN(Integrated Services Digital Network)은 CCITT 권고안에 따르면 "전화망으로부터 발전된 망으로서 음성과 음성 이외의 여러 가지 다양한 서비스를 제공하기 위한 종단간 디지털 연결을 제공하는 망이며, 사용자는 몇 개의 표준화된 다용도 사용자-망 인터페이스를 통하여 망에 접근할 수 있다" 정의하고 있다. 즉, ISDN이란 기존의 음성, 데이터, 영상 등의 서비스마다 개별적으로 운용되던 통신망을 하나로 통합시켜 제공하는 고속, 고품질의 디지털 통신망을 말하는 것이며 ISDN은 전혀 새로운 네트워크를 만든 것이 아니라 기존의 전화망에서 발전하여 형성된 것이다.

ISDN 단말로는 디지털전화기, G4 팩시밀리, PC, 정지화 단말 등이 있다. 기존의 보편화된 광역 통신망(PSTN : 전화망, PSDN : 패킷 교환 데이터 통신망) 들은 아날로그 전송방식과 디지털 전송 방식이 혼합되어 사용되었지만 ISDN은 통신망 전구간에 걸쳐 디지털 통신이 가능하게 하는 것이며 서비스 수용 능력에 따라서 협대역 ISDN과 광대역-ISDN(B-ISDN: Broadband-ISDN)으로 구분되고 협대역 ISDN(N-ISDN : Narrowband-ISDN) 은 기존의 64Kbps 전화망과 X.25 패킷교환 데이터 통신망을 근간으로 구성되었고 데이터 전송 속도는 64Kbps~1.92Mbps 이며 동기식 시분할 다중화 방식을 사용한다. 광대역 ISDN은 협대역 ISDN의 성능을 수용하고, 2Mbps~100Mbps 급의 광대역 종합 정보 통신 서비스를 제공하기 위해 개발되었으며 프레임이 아닌 셀(cell)개념의 통계적 시분할 다중화 방식을 사용한다.

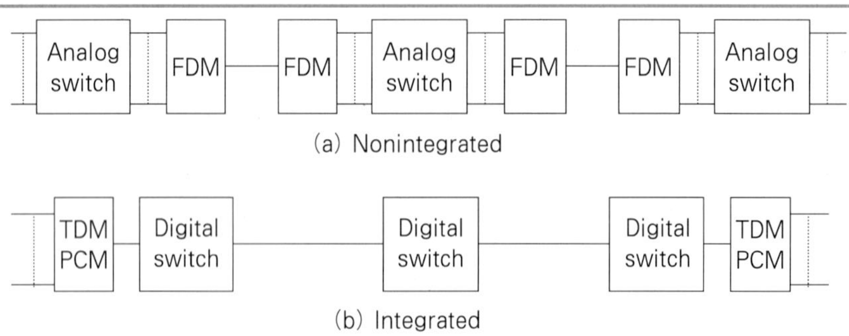

그림 8.1 디지털 전송과 교환의 통합

다시 말하면, ISDN 개념의 시작은 ISDN(Integrated Digital Network), 즉 디지털 전송과 디지털 교환 기술의 발전에 기초를 둔다.

ISDN은 디지털 전화/통신망을 위해 설계된 것으로, B채널 2개와 D채널 1개로 이루어져 있으며, B채널은 대표적인 정보 채널로 64K bps의 속도로 사용자가 자유로이 정보전송을 하기 위한 것으로 회선 교환이나 패킷 교환에 이용된다. D채널은 신호 채널이라고 불리며 정보 채널의 교환제어를 하기 위한 신호를 운반한다. 현재는 AO/DI 기능을 이용하여 적은 양의 데이터의 전송에 사용되기도 한다.

ISDN의 특징을 다음과 같이 요약할 수 있다.

1) 국제표준, 국내표준에 준한 유저망 인터페이스

멀티밴드화, 국제간 통신도 가능하고, 버스 배선과 커넥터 접속에 의한 자유스러운 단말 접속이 가능하다.

2) 고속, 고품질 디지털공중망

64Kbps~1.5Mbps의 고속 데이터 전송, 고정밀한 팩시밀리 전송이 가능하다.

3) 경제적인 디지털 공중말

다이얼 하나로 언제든지, 누구라도 종단간에 경제적인 디지털통신 가능, 종량성 요금, 기존망과 접속이 가능하다.

4) 다양한 부가 기능

신호채널이 정보채널과 분리됨에 따라 발신자 번호통지, 사용자간 정보통지, 다양한 부가 기능이 이용 가능하다.

5) 서비스의 통합화

하나의 회선으로 임의의 서비스를 자유로이 선택(회선교환/패킷교환)이 가능하고 하나의 회선으로 동시에 다른 상대와 통신, 멀티미디어 통신도 가능하다.

(2) ISDN 의 목표

사용자에게 비용절감과 유연성(flexibility)을 제공하기 위하여 ISDN은 다음과 같은 목표를 갖는다.

1) 표준화

범용 억세스와 값싼 장비의 개발을 위해 통일된 ISDN 표준안의 제공이 필요하다.

2) 투명성

사용하는 ISDN의 형태에 구애받지 않고 사용자가 응용과 프로토콜을 개발 할 수 있어야 한다.

3) 경쟁 기능의 분리

기본적인 ISDN 기능을 제외한 경쟁적으로 개발하여 제공될 수 있는 기능을 분리할 수 있어야 한다.

4) 전용 및 교환 서비스

사용자가 교환 및 경로 배정 기법을 최적으로 구현할 수 있도록 ISDN은 교환 서비스뿐만 아니라 전용회선 서비스로 제공해야 한다.

5) 비용에 따른 요금표

ISDN 서비스 가격은 전송하는 데이터의 형태와 무관해야 하며 한 종류의 서비스가 다른 서비스의 보조 수단이 되어서는 안된다.

6) 평탄한 이전

ISDN은 현존하는 장비 및 서비스와의 공존을 통해 점차적인 변환을 수행해야 한다.

7) 다중화된 지원

각 사용자에게 저용량 자원을 제공하는 것 이외에 다중화된 지원이 사설 CBX나 로컬 네트워크 장비를 수용하기 위해 제공되어야 한다.

8.1.2 ISDN 기능 및 구조

(1) ISDN의 전송구조

1) ISDN 채널의 종류

① B 채널 : 64 kbps

- 사용자 채널로서 디지털 음성, 팩시밀리, 데이터 등의 디지털 신호를 전송한다.
- B 채널로는 다음의 세 가지 연결이 가능하다.
  - 회선교환 연결 (연결과정은 별도의 신호채널에서 이루어짐)

- 패킷교환 연결 (X.25 망과의 연동 가능)
- 반영구적 연결 (semi-permanent) : 전용회선과 같은 연결형태

• 음성신호의 전송표준은 32 kbps 의 ADPCM 이다.

② D 채널 : 16 kbps (basic 엑세스), 64 kbps (primary rate 엑세스)

• 공통선 신호용 채널로 사용

• 저속의 패킷교환용으로도 사용

③ H 채널 : H0(384 kbps), H11(1536 kbps), H12(1920 kbps)

• 고속 팩시밀리, 비디오, 고품질 음향신호, 다중화된 고속 데이터 등의 전송시에 사용된다.

2) ISDN 억세스

① Basic 억세스 : 2B+D의 채널 구조를 갖는다.

• 단방향으로 192 kbps 전송속도 필요

• 대부분의 2선식 가입자는 basic 억세스를 사용한다.

② Primary 억세스 : 23B+D나 30B+D, 또는 여러 H 채널들의 조합으로 채널을 구성한다.

• Digital PBX 나 LAN에서 ISDN을 억세스하는데 주로 사용

• 미국, 카나다, 일본 : 23B+D

• 이외에도 3H0+D, 4H0+D, 5H0+D, H11, H12 등이 있다.

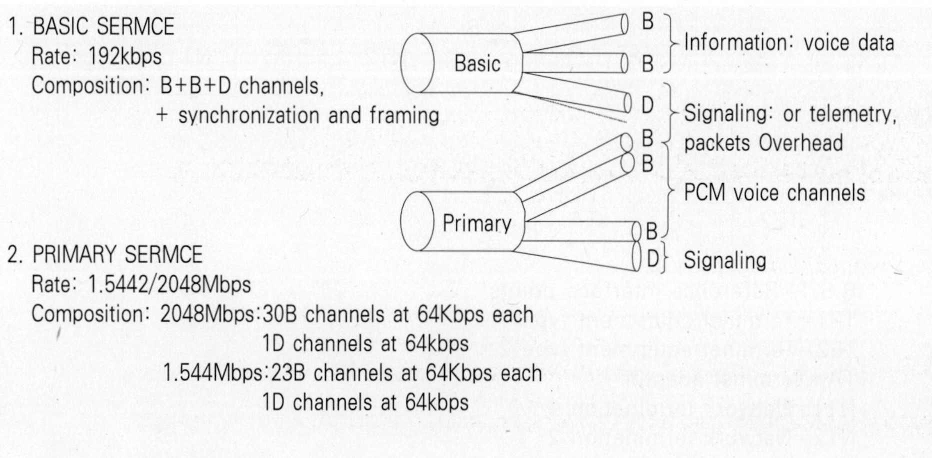

그림 8.2 ISDN 채널 구조

3) 속도 적응 (Rate Adaption)

① 기존의 64kbps 이하에서 동작하는 단말기들을 지원하기 위하여 필요

② Terminal Adapter (TA)에서 수행된다.

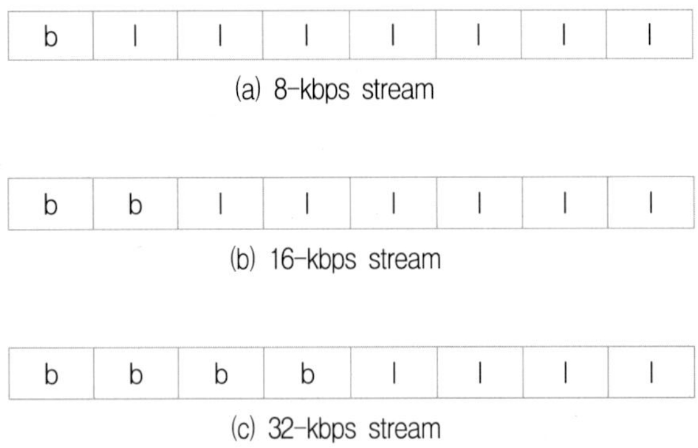

그림 8.3 속도 적응을 위한 B챌널의 Bit 할당 예

(2) 사용자-망 인터페이스 (UNI)

UNI(User Network Interface)는 참조점(Reference Point)와 기능 그룹 (Functional grouping)으로 구성되고 기능 그룹에는 NT1, NT2, TE1, TE2, TA이 있고 참조점은 R, S, T점이 있다.

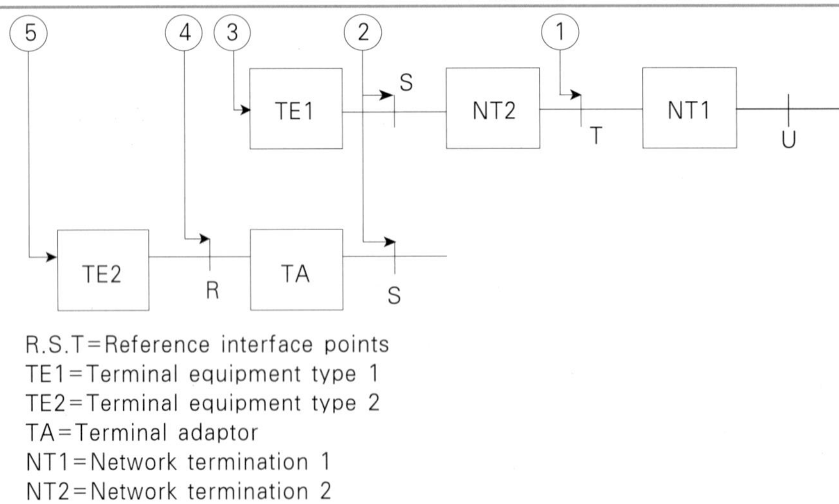

그림 8.4 ISDN 참조점과 기능그룹

1) 기능그룹

① NT1은 OSI계층 1에서 속하는 기능을 포함하며, 네트워크에서 경계를 형성하고 회선 유지 기능을 수행한다.

② NT2는 OSI계층 3의 기능까지도 포함할 수 있는 지능 장치로 교환과 집중화 기능을 수행한다. (ISPBX, LAN)

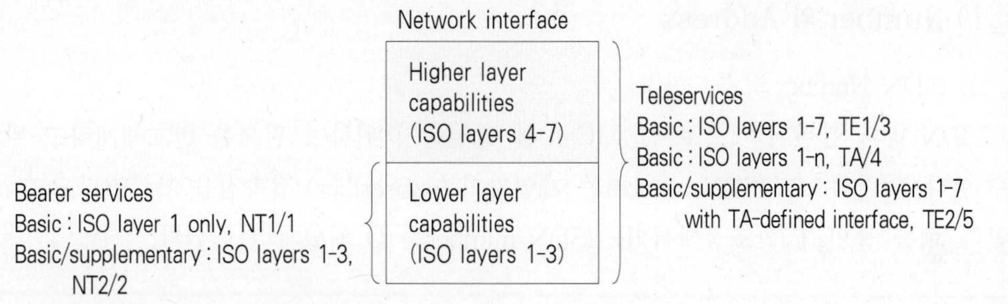

그림 8.5 ISDN의 서비스와 기능그룹

③ TE1은 표준 ISDN 인터페이스를 지원하는 장치로 디지털 스위치, 음성/데이타 집적 단말기, 디지털 팩시밀리 장비가 있다.

④ TE2는 ISDN 인터페이스에 접속되기 위해 터미널 어댑터(TA)를 필요로 하는 기존의 비 ISDN 장비이다.

⑤ TA는 ISDN의 요구를 따르지 않는 기존의 데이터 통신 장비, PC 및 W/S등이 ISDN에서 사용하도록 표준 인터페이스를 제공하는 장치를 말한다.

2) 참조점

① 참조점 T (Terminal) : 사용자 단말측에서 볼 때, ISDN 이 제공하는 최소한의 인터페이스를 제공받는 곳으로서 사용자 장비와 네트워 제공자 장비의 경계가 된다.

② 참조점 S (System) : 각각의 ISDN 단말기들에게 제공되는 인터페이스로서 사용자의 단말기와 네트워과 관련된 통신장비를 구분하는 곳이다.

③ 참조점 R (Rate) : 비 ISDN 단말기와 TA 사이의 인터페이스로서 CCITT의 V, X 계열 권고안을 따른다.

④ 참조점 U (User) : 가입자선 (subscriber line)상의 전이중전송 인터페이스를 기술한다.

3) UNI의 구성

① 베어러 서비스는 계층 1-3의 프로토콜 만을 사용하지만 텔리서비스는 7계층의 프로토콜을 모두 필요로 한다.

② CCITT I - 계열에서는 계층 1-3의 사용자 인터페이스 표준 프로토콜을 권고하고 있다.

(3) ISDN 주소 구조

1) Number 와 Address

① ISDN Number

ISDN 망과 관련된 것으로서, 호(Call)를 연결하기 위하여 필요한 번호체계라고 말할 수 있다. 일반적으로 ISDN number는 가입자의 (subscriber) 접속점을 가르킨다고 할 수 있다.(예를 들면 T 참조점에서의). ISDN number는 D 채널과 관련된다.

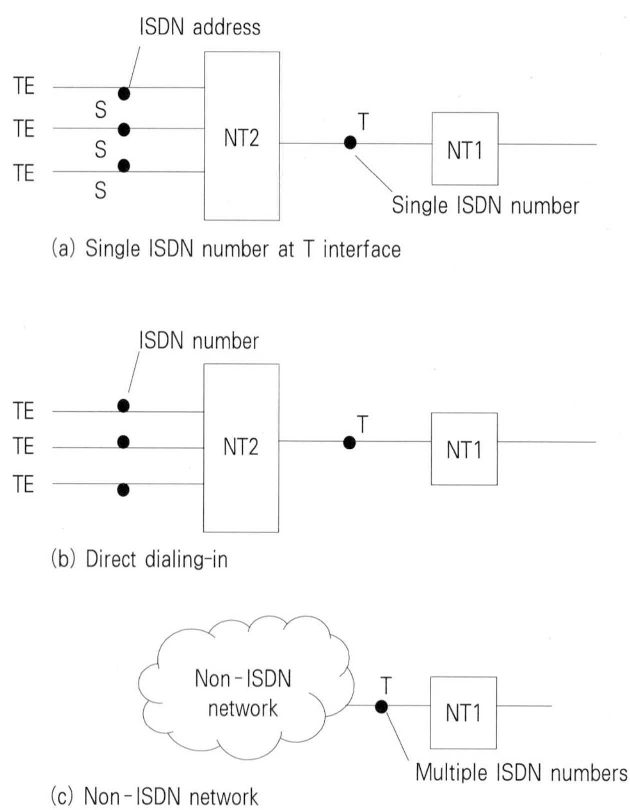

그림 8.6 ISDN의 주소법의 사용 예

② ISDN Address

ISDN Address 는 ISDN number 와 최종 가입자를 구분할 수 있는 주소를 합한 것을 지칭한다. 즉 ISDN Address는 각각의 단말기를 구분할 수 있는 주소를 말하며 S 참조점과 관련된 다고 볼 수 있다.

2) ISDN의 번호체계의 특징 (I.330, I.331)

① 전화망의 E.163 의 확장된 형태이다.

② 서비스의 종류와 무관하게 정해진다.

③ 15 자리의 십진수로 구성된다.

(4) ISDN의 서비스

ISDN은 하나의 통신 네트워크를 이용하여 각종 통신 서비스를 제공하는 기술로 초기의 ISDN에 통합되는 서비스는 주로 문자, 음성 정도였으나 현재는 영상 및 각종 텔레마틱 서비스를 모두 통합 대상으로 하고 있다.

ISDN은 OSI의 7층 모델을 채용하고 있으며 1~3 계층의 저위층 기능과 4~7 계층의 고위층 기능으로 대별하여 나눌 수 있으며 서비스는 베어러 서비스(bearer service) 텔레서비스(tele service), 부가 서비스(supplement service)로 나눌 수 있다.

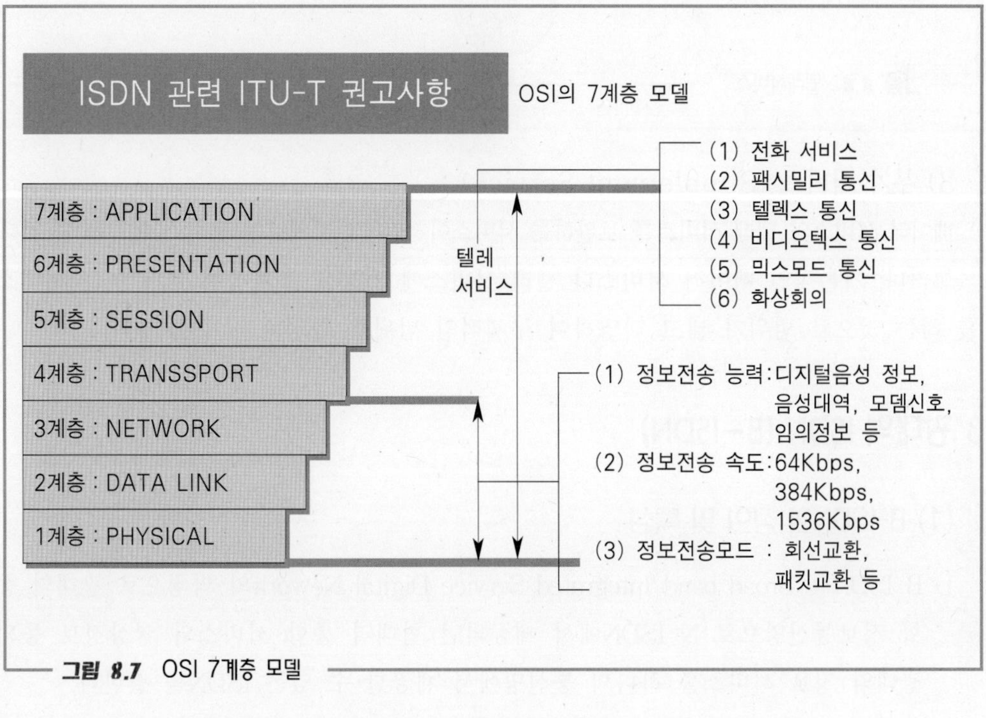

그림 8.7 OSI 7계층 모델

1) 베어러 서비스 (Bearer Service)

베어러 서비스는 저위층(1~3계층) 기능의 표준화된 프로토콜에서 제공되는 서비스로 투과성 정보전송과 교환기능을 제공한다. 베어러 서비스의 속성은 다음과 같다.

① 교환방식 : 회선 교환, 패킷 교환

② 정보 전송 속도 : 64/384/1,536/1,920 Kbps

③ 정보 전송 능력 : 디지털 통신/회화/3.1KHz 음성/7KHz 음성 등

④ 대칭성 : 양방향성, 양방향 비대칭, 단방향

2) 텔레 서비스 (Tele Service)

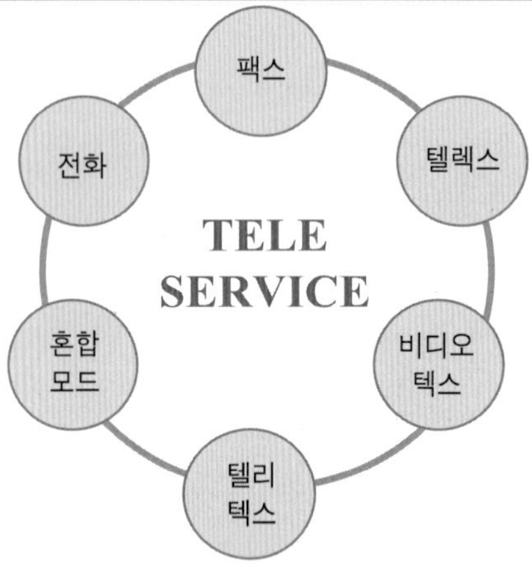

그림 8.8 텔레서비스

3) 부가 서비스 (Supplement Service)

베어러 서비스와 텔레 서비스를 보완하는 서비스이지만, 그 자체로는 서비스라고 할 수 없다.

그러나, 기본적인 베어러 서비스나 텔레 서비스에 기능을 부가하여 보다 높은 서비스를 하는 것으로 범위가 넓고 다양하여 구체적인 범위를 확정지을 수는 없다.

8.1.3 광대역 ISDN (B-ISDN)

(1) B-ISDN의 정의 및 특성

1) B-ISDN은 Broad band Integrated Service Digital Nework의 약칭으로 광대역 종합 정보통신망으로 N-ISDN에서 제공되던 협대역 종합 서비스와 영상정보 등의 광대역 정보 서비스를 하나의 통신망에서 제공할 수 있는 ISDN을 말한다.

2) B-ISDN은 광대역 전송 및 교환기술을 토대로, 집중 또는 이산되어 있는 가입자 및 서비스 제공자들을 연결하여, 수 bps에서 수백 Mbps에 이르는 폭넓은 대역분포를 갖는 각종서비스들을 종합적으로 제공한다. B-ISDN은 기존의 협대역 ISDN을 모체로 하여 각종 광대역 서비스를 제공한다.
3) 장래의 통신망에 존재 가능한 모든 서비스들을 수용 : 기본적으로 원격 검침, 데이터 단말, 전화, 팩시밀리 등의 협대역 서비스로부터 영상전화, 영상회의, 정밀화면 전송, 고속 데이터 전송, 영상 신호전송 등의 광대역 서비스에 이르기까지 넓은 대역 분포를 갖는 연속성의 실시간 신호들과 연집성의 데이터 신호들을 모두 통합하기 위한 디지털 망을 말하며 이를 실현하기 위해 많은 어려움이 있었으나 ATM통신 방식으로 해결할 수 있었다.
4) 대역폭의 분포범위가 매우 넓다. : 수 bps~수백 Mbps
5) B-ISDN 서비스 신호들의 가장 두드러진 특징으로는 대역폭의 분포 범위가 매우 넓다. N-ISDN의 기본 구성 신호가 64Kbps의 음성 신호주변에 분포하는 반면 B-ISDN에서는 N-ISDN뿐만 아니라 각종 영상 신호 및 고속 데이터 신호를 포함하므로 전송율의 측면에서는 수 Bps에서 수백 Mbps까지 해당된다.
6) 음성이나 영상과 같은 연속성 신호와 단말 데이터와 같은 군집성의 신호가 공존
7) B-ISDN의 또다른 특징으로는 음성이나 영상과 같은 연속성 신호와 단말 데이터와 같은 연집성의 신호가 공존하는데 있다. 음성이나 영상신호는 디지털화시키는 방법에 따라 일정 비트율(CBR : Constant Bit Rate →항등 비트율)의 신호가 되지만 각종 데이터 신호는 항상 변화폭이 큰 가변 비트율(VBR : Variable Bit Rate)의 신호이다.

표 8.1 N-ISDN과 B-ISDN의 비교

항 목	N-ISDN	B-ISDN
신호형태	디지털망	디지털망
통합대상	음성, 데이터, 화상 (협대역 신호)	음성, 데이터, 화상, 영상 (광 대역신호)
교환망	패킷 교환방식 회선 교환방식	ATM 교환방식 (패킷+회선교환기능)
전송매체	동축 케이블	광섬유케이블, CAT5,6
교환단위	패킷, 프레임	ATM 셀 단윈
서비스 종류	원격검침, 데이터단말, 전화, 팩시밀리	영상전화, 영상회의, 화면전송, 고속데이터 전송
전송속도	2B+D, 5B+D, 23B+D, 30B+D	155Mbps, 622Mbps 등

(2) B-ISDN의 등장배경

1) 통신 사용자의 요구

① NISDN의 일차군속도 이상의 고속, 광대역 통신

② 음성/영상/데이터가 복합된 다중매체

③ 비대칭형 통신, 다 지점간 통신 등 다양한 통신형태

2) 망제공자의 요구

① 고속, 광대역 통신에 의한 새로운 시장

② 망 자원의 이용과 망 구축비용의 경제성

③ 재래 및 새로운 통신요구에 대응 가능한 망 기술

3) 기술의 진전

① 고속, 대규모 LSI기술

② 초고속 광통신기술

③ 디지털신호처리 기술 및 S/W의 발전

(3) B-ISDN의 목표 및 기본원칙

1) 목 표

① 가입자의 망접속, 전송, 교환등 망 요소와 망의 관리 및 운용, 제공 서비스의 통합 수용, 기존망과의 효율적인 연동

② 기존 서비스의 질이 최소한 유지되거나 향상 요구

③ 새로운 서비스 수용과 빠르게 발전하는 기술의 수용용이

2) 기본원칙

① 교신성 서비스와 분배서비스를 통합제공, 회선모드와 패킷모드 서비스 공통제공

② ISDN의 개념에 입각하여 접속기준 구성이나 프로토콜을 설정

③ ATM모드를 사용

- 각종 서비스들을 잘라 똑같은 크기의 ATM셀에 매핑시킨 후, 비동기식 시분할 다중화(ATDM)를 통해서 전달하는 통신방식
- 융통성이 높은 망접속/가변적인 대역폭 할당

(4) B-ISDN의 서비스

1) 서비스의 종류

① B-ISDN에서는 장래의 통신망에 존재 가능한 모든 서비스들을 대상으로 하지만 일반적으로 광대역 서비스와 같은 대역폭의 분포에 따라 서비스들을 분류한다. 그러나 B-ISDN에서는 정보 전달의 방향이나 실 시간성에 따라 분류하기도 하므로 여기서는 정보 전달의 방향에서 분류하겠다.

② N-ISDN 서비스가 베어러 서비스와 텔레 서비스, 부가 서비스로 나누어지는 반면 B-ISDN의 서비스는 정보의 방향에 따라 교신성 서비스(Interactive Service)와 분배성 서비스(Distribated Service)로 나누어진다.

③ 상호 교신서비스는 가입자선이나 서비스제공자와 서비스 요구자간의 정보를 양방향으로 전송하는 서비스로 대화서비스, 메시지 서비스 및 검색서비스로 세분화된다.

④ 분배서비스는 정보의 흐름이 서비스제공자에서 서비스요구자로 단방향인 서비스로서 사용자제어 불가능 분배서비스와 사용자제어 가능 분배 서비스로 분류된다.

⑤ B-ISDN 서비스는 N-ISDN과는 달리 이용자에게 직접적으로 제공되는 형태에 따라 서비스를 정의하고 분류하는데, 이는 ATM이라고 하는 기술을 사용하여 서비스의 특성에 무관하게 정보를 전달할 수 있기 때문이다.

표 8.2 B-ISDN 서비스

서비스	분 류	서 비 스
상호교신성 서비스	대화형 서비스	영상전화, 영상회의, 영상감시, 고품위 영상회의, 고속데이터 전송, 대용량 파일전송, 초고속 텔리텍스
	메시지 서비스	비디오 우편 서비스, 문서 우편 서비스(MHS)
	검색 서비스	비디오 텍스, 고품질 영상 검색, 영상정보검색 시스템, 필림, 기록문서등의 검색
분배성 서비스	제어불능 서비스	텔레비전, 음향방송
	제어기능 서비스	비디오 그래픽, 브로드 캐스트 서비스

8.1.4 ATM 교환 기술

(1) ATM의 개요

1) 다양한 종류의 서비스에 대한 수요를 충족시키기 위하여 모든 서비스를 통합하는

통합망이 태동하고 이를 제공하기 위한 다양한 형태의 새로운 교환 방식이 출현하게 된다. 여기서 회선 교환 방식의 높은 성능과 패킷 교환 방식의 유연성을 조합한 교환 방식이 ATM 교환방식이다.

2) ATM 교환 기술을 설명하기 위하여 통합 정보 통신망을 구현하기 위하여 간략하게 교환기는 다중률 회선 교환, 고속 회선 교환, 고속 패킷 교환의 순서대로 발달되어 왔다.
다중률 회선 교환에서는 각 서비스에 대해 기본 전송율의 정수배에 해당하는 대역폭을 할당하는 방식으로 호 설정시에 사용자는 전송 대역폭을 요구하면 망은 이에 충분한 대역폭을 할당해주는 방식이다. 그러나 낮은 전송 대역폭을 요구하거나 넓은 전송 대역폭을 요구하는 경우 대역폭의 효율이 크게 변동하여 교환측면에서는 이들을 모두 관리하여야 하며 데이터의 연집성이 높은 서비스에 대해서는 효율적인 대역폭을 사용할 수 없게 되는 문제점이 있다.

3) 고속 회선 교환에서는 다중률 방식의 문제점을 해결하기 위하여 망은 사용자가 정보를 전송할 때만 요구된 대역폭을 할당하므로 사용자들에 대해 유연한 대역관리를 수행할 수 있지만 사용자의 요구를 동시에 만족시키지 못하는 경우가 있다.

4) 고속 패킷 교환은 다중률 회선 방식과 고속 회선 방식을 통합한 교환 기술로써 기존의 패킷망에서는 오류에 대한 대책이 중요시되는 반면 광섬유의 등장과 VLSI 기술의 발달로 이에 대한 부담이 경감되어 프로토콜 처리를 H/W가 담당함으로써 고속의 교환이 가능하게된다. 이와 같은 고속 패킷 교환 방식이 광대역 ISDN을 위한 ATM 교환 방식인 것이다.

(2) ATM 교환기의 요구 사항

ATM 교환을 위한 교환기는 다음의 사항을 만족하여야 한다.

1) 다양한 서비스 처리 능력과 고속 교환 능력
2) 지연 시간이 짧고 셀 손실율이 적을 것
(노드당 지연 시간은 1ms 이하이며 셀 손실율은 고정 비트율 전송에서는 10-9가변 비트열 전송에서는 10-7)
3) VLSI화가 용이하고 점대점, 점대 다점간의 교환 기능이 제공
4) 분산/경로 배정이 용이할 것

(3) ATM 교환기술

1) 출현배경

① ATM은 음성, 데이터 및 화상 트래픽 등의 광범위하고 다양한 서비스요구에 대응하기 위한 단일 스위칭 기술을 고안하려는 시도의 해결방안으로 등장하게 되었다.

② ATM은 컴퓨터통신에서 주로 사용되고 있는 패킷교환방식에다 전화망에서 이용되는 회선교환방식의 성격을 결합한 고속 패킷교환기술을 기초로 하고 있다. 전통적으로, 음성이나 화상과 같이 고정된 전송속 도를 갖는 신호들과 컴퓨터 데이터와 같이 변동전송속도를 갖는 신호들은 각기 다르게 취급되어왔다.

③ 고정된 전송속도를 갖는 신호는 가장 일반적인 방법이 회선 교환방식이다. 이 방식은 호처리 기간동안 신호를 주고받는 양당사자에게 고정된 용량의 채널이 확보되는 것으로 전화망의 지배적인 패러다임이다.

④ 컴퓨터통신은 음성통신과 그 전송방법이 다른 특징을 갖는다.
음성 통신은 다소 'steady' 한 반면 컴퓨터통신은 'bursty'하다. 고정용량을 가진 또는 전송속도가 고정적인 채널은 대용량이 요구될 때 신축적으로 대응할 수 없거나(용량부족 발생), 전송이 없을 경우 여분의 채널용량이 낭비되기 때문에 'bursty' 전송에 최적이 될 수 없다.

⑤ 음성전송이 지능화하기 위해서는 전송지연이 최소화되어야 한다. 그러나 대부분의 컴퓨터통신은 변동하는 전송지연을 견딜 수 있게 되어있다. 컴퓨터데이터는 패킷교환방식이라는 기술을 이용한다.

⑥ 패킷교환은 채널용량을 역동적으로 분배한다. 데이터는 패킷으로 만들어져 어드레스 레이블(Lable)에 의해서 개별적으로 네트워크상에 전송된다. 복수의 신호와 관련된 패킷들은 서로 섞여 공유된 경로를 따라 전송된다. 각각의 교환노드(Node)에서 패킷의 레이블이 읽혀지고 처리되어 원하는 목적지로 향하는 다음 노드로 보내진다.

⑦ ATM은 패킷교환방식에 고정 전송속도의 채널을 통해서만 전송 가능한 음성 및 화상 등을 실시간으로 전송할 수 있도록 고안된 고속 패킷교환방식의 한 형태이다. 따라서 고속 패킷교환방식은 B-ISDN에서 기대하는 광범위한 서비스 요구를 지원할 수 있다.

2) ATM 교환원리

① 그림은 ATM의 원리를 소개하고 있다. 단말에서 나오는 정보는 디지털로 되어 있

으며 그 디지털화된 정보는 셀(cell)로 분해된다. 셀은 정보를 전송하기 위한 단위로서 그 머리부분에 헤더라는 레이블이 붙어 있으며 그 뒤에는 고정길이의 정보가 뒤따른다.

② 네트워크는 고속전송시스템으로 되어 있으며 네트워크 설계상의 분기점이 교환노드이다. 교환노드에서 어느 경로를 선택할 것인지는 레이블의 비트에 따라 선택된다. 목적지에 도달하면 셀로부터 원래의 정보를 끌어낸다. 이러한 ATM 네트워크에서 전화, 데이터 및 화상 등은 모두 셀로 취급된다.

③ 그리고 교환노드에서는 자신이 갈 곳을 셀이 스스로 결정한다는 셀 라우팅(routing)이라는 하드웨어의 스위칭기술이 이용되며, 이에 의해서 고속성이 계속 유지된다.

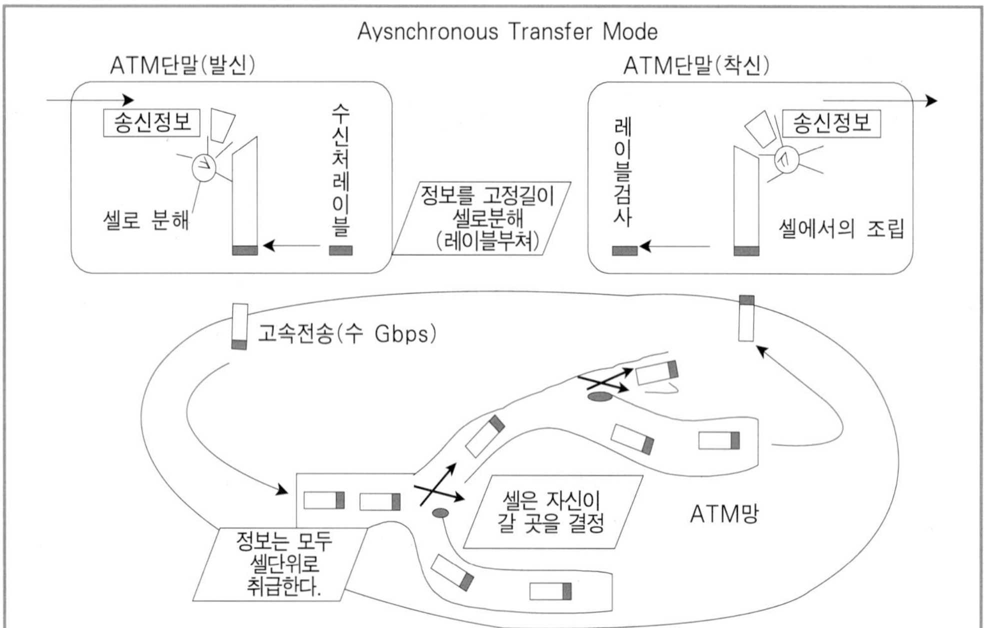

그림 8.9 ATM의 원리

④ 정보의 발생에 따라 셀을 전송할 때, 그 전송속도가 저속이면 1초당 나오는 셀의 수가 적고 반대로 고속이면 셀을 많이 나오게 하여 결국 저속에서 고속까지 임의로 통신을 할 수 있게 한다. 이것은 속도가변 통신이라고도 할 수 있다.

⑤ 최초에 목표했던 과제인

• 불확실하고 다양한 수요에 대응할 수 있도록 함

- 멀티미디어의 정보를 종합적으로 취급할 수 있도록 함
- 네트워크의 비용도 절감함 등을 이유로 들어 디지털 네트워크 다음에 오는 네트워크로서 ATM을 추천하는 전문가들의 광범위한 합의가 나타나고 있다.

3) ATM 교환기술

① 패킷교환방식

패킷은 페이블이라는 것이 앞에 있고 그 뒤에 정보가 들어 있어 그것을 한번 컴퓨터에 저장시키면 컴퓨터가 그 레이블을 읽어서 레이블에 쓰여 있는 목적지에 상응하는 회선으로 그 패킷을 전송한다.

따라서 패킷교환에서는 패킷간의 간격은 중요한 것이 아니고 단지 그 패킷의 레이블이 중시된다. 이러한 의미에서 패킷교환은 ATM과 비슷한 것이다. 그러나 패킷 교환방식은 그 길이가 가변적이므로 항상 같은 길이의 셀을 취급하는 ATM과는 다르다.

② 회선교환

회선교환은 통로가 한번 설정되면 이것을 호출이라 하며, 그 호출 이 설정된 후에는 그것이 끝날 때까지 그 상태가 계속 유지된다. 그러므로 호출마다 한번의 처리가 실행되어 제어계의 부담이 일정하다. 그러나 패킷교환에서는 패킷의 수에 비례하여 제어계의 부담이 생긴다.

③ ATM 교환

ATM 교환은 패킷교환과 비슷하다고 할 수 있으나 동일하지는 않다. ATM 교환은 그 길이가 가변적이어서 융통성을 갖는 패킷이 아닌, 고정된 길이를 갖는 단순한 셀 구조로 되어 있다. 통화로의 구성은 오히려 회선교환방식에 가까우나 반드시 회선교환과 같은 망 동기는 필요로 하지 않는다. 따라서 비동기, ATM이라는 말이 나온 것이다. 그러므로 ATM은 패킷교환이 가진 여러 가지 유연성을 활용하면서 회선교환에서 이용되고 있는 하드웨어의 기능까지도 살리자는 취지에서 나온 것이라 할 수 있다.

(4) ATM 교환기의 구조

ATM 교환기의 일반적인 구조를 다음의 그림에 나타내었다. 교환 회로망을 중심으로 하여 LI(Line Interface), 호 처리(Call Processing), 신호(Signalling)부 등으로 구성되어 있다. LI는 입력 패킷에 대한 광전변환, 동기화, 헤더 변환, 경로 배정 정보의 삽입과 추출 등의 기능을 수행하며 호 처리와 신호부는 ATM 연결 설정에 관한 제어 정보 처리를 수행하며 교환 회로망은 경로 배정, 정보에 따라 각 입력 패킷의 교환이 이루어지는 곳이다.

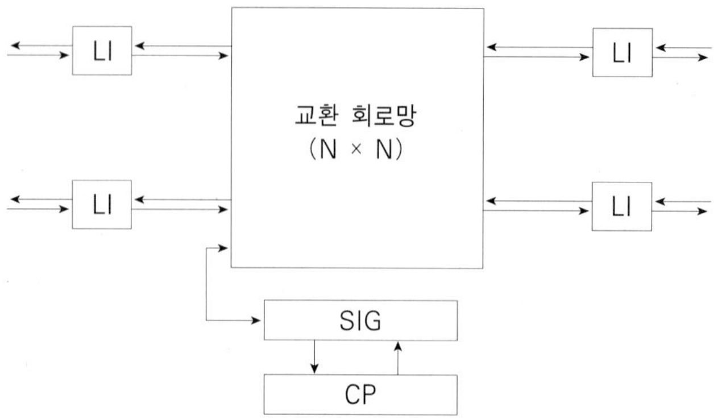

그림 8.10 ATM 교환기의 기본 구조

(5) ATM 교환기의 기본 기능

1) 패킷 교환기는 입력에 도착되는 패킷들을 각각의 출력 번지에 따라 해당 출력 단자로 전달시키는 기능을 수행하므로 시간 슬롯에 도착하는 패킷의 출력 번지에 대한 정보를 미리 알지 못하는 상태에서 교환을 해주어야 한다.
2) 이는 한 개의 출력 번지에 대하여 복수개의 입력 패킷이 도착하여 패킷 충돌을 유발할 우려가 있으므로 교환기내부에서 이를 방지하기 위한 완충(buffer)기능이 필요하게 된다.
3) ATM 교환기도 근본적으로 패킷 교환 방식을 채택하므로 패킷 교환기와 유사하며 패킷의 속도가 고속이므로 이를 위하여 병렬 처리(Parallel Processing), 독자 경로 배정 등을 별도로 채용하고 있다.
4) ATM 교환기는 교환 방식과 버퍼의 위치에 따라 다음과 같이 분류할 수 있다. 이들에 대한 설명은 본 고에서는 생략하기로 하며 이들을 조합하여 대용량 ATM교환기를 구성할 수 있다.

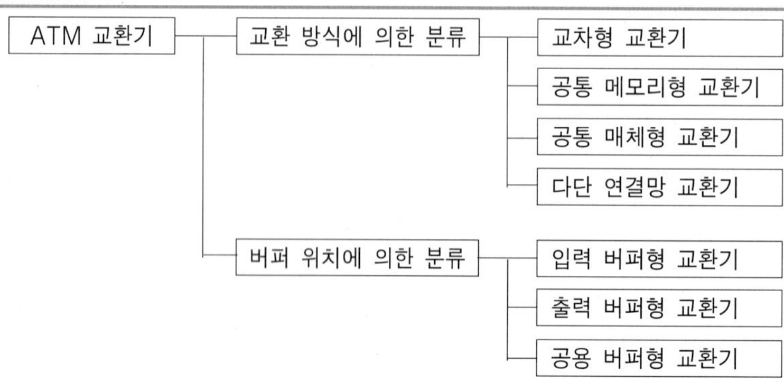

그림 8.11 ATM 교환기의 기본 구조

(6) ATM전송에서의 트래픽 제어

1) ATM의 트래픽 폭주 제어(traffic congestion control)에는 셀 손실율을 보장해 주기 위하여 필요하며 이는 호 접속 처리 제어(call admission control)와 전파 지연(propagation delay)과 큐잉 지연(queueing delay) 등으로 인하여 발생한다. 그러므로 셀 전송 지연을 보장해주기 위한 트래픽 흐름 제어(traffic folw control)또는 셀 전송제어가 필요하다.

2) 호 접속 처리 제어는 이용자가 호 요구를 시도했을 때의 망의 상태에 따라 처리 및 전송이 가능한가 어떤가를 정확히 판단하고 받아들일 것인가를 신호로써 호 요구에 대한 응답을 처리하는 제어이다.

3) 트래픽 흐름제어는 이용자의 정보가 손실 및 지연없이 정확히 처리, 전송될 수 있도록 하기 위한 제어를 말한다. 즉, ATM 망의 다중 매체 고품질 서비스를 위해서는 이러한 사항들을 만족시킬 수 있는 트래픽 제어부가 요구된다. 또한 이와 같은 트래픽 제어부는 다양한 트래픽 특성과 망이 설계된 후에도 새로 도입될 서비스로 인한 망 환경 변화에 쉽게 적응할 수 있어야 한다.

4) 현재로서는 공중망의 진화가 광대역 ISDN으로 향하고 있으며 이러한 광대역 서비스를 뒷받침하기 위한 ATM 전송방식에 대하여 알아보았다. 이는 가입자 선로의 고속 광대역화를 가능하게 함으로써 보다 빠른 시일 내에 광대역 서비스를 실현하는 핵심 기술이 될 것이다.

(7) ATM 방식의 특징

1) 개요

ATM 셀에 의해 서로 다른 서비스들을 통합적으로 실 시간성과 비트효율의 항등성, 경로의 연결성 여부에 관계없이 서비스 제공토록 하는 수단이다.

2) B-ISDN 특징

① 다중매체 서비스의 제공
② 교신성 및 분배성 서비스의 공존
③ 대역폭 및 사용시간의 광범위한 분포
④ 연속성 및 군집성 서비스의 공존

3) B-ISDN 기본기술

① 고속전송 기술

② 교환기술
③ 신호처리 기술
④ 컴퓨터 기술
⑤ 소프트웨어 기술
⑥ 소자기술

4) 비동기식 전달모드

① 비동기식 시분할 다중화를 사용하는 특수한 형태의 패킷형 전달방식이다.
② 일정한 크기를 갖는 패킷들의 연속적인 흐름에 의해서 서비스정보가 전달된다.
③ 서비스정보들은 먼저 일정한 크기로 절단된 후 ATM 셀에 매핑되고, 이어서 다른 ATM 셀들과 비동기식 시분할 다중화(ATDM)됨으로써 B-ISDN 내부 전송신호가 형성된다.
④ ATDM : 서로 비동기식으로 들어오는 여러 채널의 ATM 셀들을 시분할 다중화 시키는 통계적 다중화 방식의 일종이다.
⑤ 연결성방식으로서, 가상채널을 설정하여 서비스정보를 전달한다. 가상채널이 설정될 때마다 연결식별번호가 부여되고, 연결이 해제되면 이 식별 번호도 해제된다.

5) ATDM (비동기식 시분할 다중화)

입력되는 저속서비스 신호들을 각각의 버퍼에 우선 저장했다가 다중화 시스템의 우선순위 처리방침에 따라서 하나씩 꺼내어 다중화 슬롯에 삽입시키는 다중화 방법(FIFO)이다.

8.2 뉴미디어 기기

8.2.1 뉴미디어의 개념

(1) 뉴미디어의 정의

정보화 사회의 정보통신은 전기통신과 컴퓨터를 이용한 데이터 통신과 근대화된 정보기기들을 이용하여 전화의 개인 정보전송뿐만 아니라 각종 데이터 및 영상들까지 공중망을 이용하여 정보전송이 가능한 통신 시스템을 일컫는다. 또한 뉴미디어란 현재 사용하고 있는 기존의 미디어에 새로운 형태의 기술을 통합하여 개발된 미디어를 말한다. 즉, 기존의 미디어에 새로운 컴퓨터 및 통신 기술을 결합시킴으로써 과거와는 전혀 다른 형태의 정보 수집, 처리, 가공, 전송, 분배 및 이용을 가능하게 하는 미디어를 말한다.

인간의 기술 및 사회 발전 형태에 따라 뉴미디어 기기가 새롭게 등장하였는데, 현재의 미디어 발전 과정을 살펴보면 다음과 같이 4단계로 분류할 수 있다.

표 8.3 미디어의 발달 과정

기 수	시대 분류	내 용
제1기	활자 미디어	정보의 기록, 저장 및 전달 가능
제2기	전파 미디어	거리와 시간 개념을 초월한 정보전달 가능
제3기	비디오 미디어	음성 위주의 정보 전달에서 영상의 전달이 가능
제4기	뉴 미디어	현존 기존 미디어의 통합한 형태의 정보전송 가능

(2) 뉴미디어의 분류

뉴미디어는 사용되는 기술, 즉 정보전달 방법에 따라 크게 방송계 뉴미디어, 통신계 뉴미디어 및 패키지(Package)계 뉴미디어로 분류할 수 있다.

표 8.4 뉴미디어의 분류

분 류	특 징	예 시
방송계 뉴미디어	고도의 다양한 정보의 서비스 제공	CATV, HDTV, 위성방송, 다중방송 등
통신계 뉴미디어	새로운 부가가치를 생산할 수 있는 정보 네트워크 제공	화상 응답 시스템(VRS), 화상회의 시스템, LAN, 비디오 텍스, VAN 등
패키지계 뉴미디어	정보을 꾸러미 형태로 되어 있어 언제든지 재생 가능	VTR, CD-I, CD-ROM, 비디오 디스크

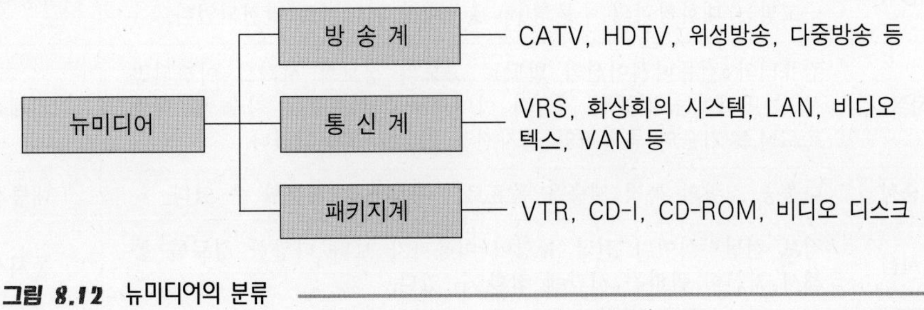

그림 8.12 뉴미디어의 분류

또한 뉴미디어 기술은 크게 기본기술 단계, 응용기술 단계 및 이용기술 단계의 3단계로 분류할 수 있다.

기본기술 단계는 정보처리 기술로써 반도체 기술, 통신 기술(전송/교환기술) 및 주변기술로 분류할 수 있다.

응용기술 단계는 소프트웨어 기술과 그 운용기술을 포함하고 있다.

이용기술 단계는 뉴미디어 기기를 자유자재로 다룰 수 있는 기술로서 최대한 쉽고 편리하게 이용할 수 있도록 배려해야 한다.

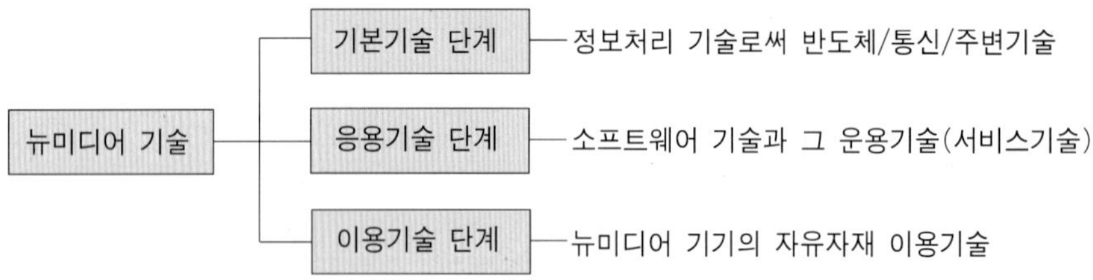

그림 8.13 뉴미디어 기술의 분류

(3) 뉴미디어의 특징

기존의 미디어는 소수의 매체 제작자가 만든 획일화된 정보를 다수의 이용자들에게 일방적으로 동시에 전달하는 경향이 강했다. 즉, 기존 미디어의 특성은 일방성, 획일성, 동시성, 수동성 및 대중성 등으로 표현되는 반면, 뉴미디어는 정보가 다양한 경로를 통해서 원하는 시간에 원하는데 이용자한테 전달되는 능동적 미디어로 볼 수 있다. 따라서 뉴미디어는 쌍방향성, 다양성, 비동시성, 능동성 및 탈 대중성으로 표현된다. 이와 같은 뉴미디어의 특징을 크게 다음과 같이 4가지로 분류할 수 있다.

표 8.5 뉴미디어의 특징

특 징	특 징	기존 미디어
쌍방향성	기존의 미디어는 일방적인 메시지 전달이지만, 뉴 미디어는 정보를 주고받는 대화형식의 주문형(on demand) 미디어로 발전되었다.	일방향성
전자식	컴퓨터와 컴뮤니케이션의 발달로 고도의 정보화 사회로 이전되면서, 뉴미디어는 컴퓨터 기술과 마이크로 일렉트로닉 기술 및 메카트로닉스 기술의 종합적인 전자전기 기술로 발전되었다.	기계식
탈대중성	다품종 소량의 특정 계층을 목표로 능동적으로 접근할 수 있다.	대중성
비동시성	정보 전달방식이나 전달 유형이 이용자가 보다 다양한 경로를 통해서 자신이 원하는 시간에 접할 수 있다.	동시성

8.2.2 부가가치 통신망 (VAN, Value Added Network)

(1) VAN의 정의

부가가치(VAN, Value Added Network) 통신망이란 대용량의 통신회선을 직접 보유하거나 또는 공중통신 사업자가 제공하는 회선을 빌리거나 또는 이용하여 다수의 저속회선으로 분할한 후, 단순히 자료를 전송하는 것만이 아니고 정보의 축적, 가공, 변환, 처리 등을 통해 음성 또는 데이터에 높은 부가가치를 부여하여 제공하는 회선 임대업을 의미한다. 즉, 공중사업자들이 제공한 통신기반을 사용하여 기본적인 통신 서비스이외에 부가적인 통신 서비스를 제공하는 통신네트워크로 패킷교환서비스, 화상회의 및 전자우편 등 상업적 데이터 베이스나 소프트웨어 접근의 서비스를 제공함으로써 통신회선의 부가가치를 창출하는 서비스이다.

(2) VAN의 기능

VAN의 기능은 크게 통신 기능(전송/교환기능), 통신처리 기능 및 정보처리 기능의 3가지로 분류할 수 있고, 이 기능들을 통해 다양한 서비스를 제공해준다.

표 8.6 VAN의 기능

기 능	내 용
1. 통신 기능	· 전송기능: 기본적 기능으로 물리적 회선에서 정보를 부가처리하지 않고 단순히 전송만 하는 기능이다. · 교환기능: 여러 회선간에 상호 회선을 연결해 주는 기능으로 회선교환과 패킷교환이 있으며, 일반적으로 패킷교환 방식을 많이 사용한다.
2.통신처리 기능	· 전자메일 기능: 우체국의 사서함제도를 VAN에 도입한 기능으로 부재중일 때 몇개의 메시지를 일시적으로 축적하였다가 나중에 송출해 주는 기능. · EDI(전자 데이터 교환) 기능: 전표로 행하고 있는 기업간의 정보를 전자화하여 송수신자 간에 데이터를 교환하는 기능 · 동보통신 기능: 축적기능을 활용하여 다수의 단말기에 동일한 메시지를 동시에 송출할 수 있는 기능 · 정시 집신/배신 기능: 정해진 시간에 정보의 송신국에서 정보를 꺼내(정시 집신)거나 축적되어 있는 정보를 정해진 시간에 송신국으로 송신(정시 배신)하는 기능 · 프로토콜 변환 기능: 서로 다른 정보통신망간에 또는 다른 기종의 컴퓨터간에 통신이 가능하도록 하는 기능 · 속도 변환 기능: 중앙의 호스트 컴퓨터와 단말간의 속도차가 매우 크기 때문에 이들이 직접 연결하여 사용할 때 속도를 조절해 주는 기능
3.정보처리 기능	VAN의 전산 센터 등을 이용하여 원격 정보를 처리할 수 있는 기능으로 다양한 방면에 사용되는 컴퓨터에 의해 여러 가지 정보를 처리해 주는 기능이다.

(3) VAN의 분류

1) 대상 영역에 의한 분류

① 물품이동 VAN : 물품 이동경로의 강화 및 정보 전달의 효율화 도모하기 위한 VAN (운송업자가 자재업자, 가공업자 등 제조업자간 또는 제조업자와 판매회사간, 판매회사와 소비자간)

② 범용 VAN : 업종에 구애받지 않고 공통서비스를 제공하는 VAN

2) 형태에 의한 분류

① 단독형 VAN : 종합적인 비용/업무 능율 향상을 위한 VAN

② 수직형 VAN : 생산자, 도매업, 소매업 통신망 등에 이용하는 VAN

③ 수평형 VAN : 동종 업계에서 공동으로 설치하여 이용하는 VAN

④ 복합형 VAN : 수주 및 발주를 위해 공동으로 설치하여 정보를 교환하기 위한 VAN

3) 정보 매체에 의한 분류

① 음성 VAN

② 팩시밀리 VAN

③ 비디오 VAN

④ 멀티미디어 VAN

8.2.3 근거리 통신망 (LAN, Local Area Network)

(1) LAN의 개요

근거리 통신망이란 동일한 지역 또는 사무실, 빌딩, 공장 등과 같이 제한된 지역 내에서 발생하는 정보를 처리하기 위해 분산 배치된 통신기기들을 상호간에 연결하여 고속으로 각종 정보를 교환하게 하는 일종의 구내 통신 서비스이다. 예를 들어 대학 캠퍼스 내에 분산된 건물이나 한 개의 건물 내에 분산된 여러 사무실의 컴퓨터를 상호 연결하여 서로의 정보를 효율적으로 교환하기 위한 네트워크이다. 이와 같이 LAN은 한정된 지역 내 분산된 컴퓨터 통신 장비를 상호 연결하여 수백 Kbps로부터 수백 Mbps 정도의 전송속도로 정보 자원을 서로 공유하며, 단일 기관에 의해 운영되므로 사설 데이터 통신망(PDN, Private Data Network)이라고도 한다.

(2) LAN의 특징

1) 고속성 : 광대역 전송매체의 사용으로 고속 통신(0.2~100 Mbps)이 가능하다.
2) 설치의 융통성 : 네트워크내의 다양한 통신기기와의 연결이 가능하다.
3) 높은 신뢰성/무결성 : 에러 율이 매우 낮기 때문에 높은 신뢰도를 갖는다.
4) 확장성 : 통신기기의 확장성과 재배치성이 용이하다.
5) 접근의 용이성 : 정보자원의 공유로 통합된 OA, FA 및 HA 등을 구축할 수 있다.
6) 경제성 : 다른 네트워크에 비해 경제적이며, 원거리 네트워크의 노드와도 접속이 쉽다.
7) 단일기관 소유로 전송거리가 짧으며, 경로선택이 필요 없다.
8) 음성, 영상 및 문자 등 종합적이고 다양한 데이터 처리가 가능하다.

(3) LAN의 구성 형태

LAN의 분류는 LAN의 구성 형태(Topology), 전송매체, 엑세스 제어방법 등에 따라 다음과 같이 분류된다.

표 8.7 LAN의 분류

분류 방법	종 류
구성 형태	Star 형, Ring 형, Bus 형, Tree 형
전송 매체	유선(2중 나선, 동축, 광섬유), 무선
액세스 방법	CSMA/CD, 토큰 버스, 토큰 링

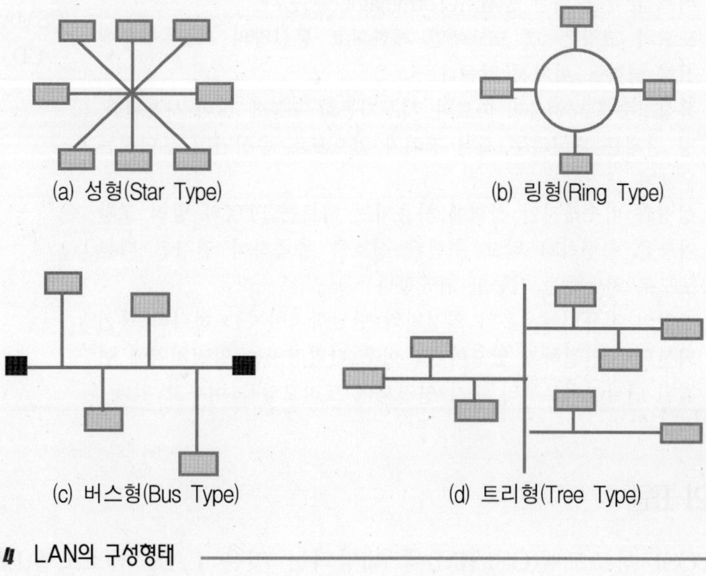

그림 8.14 LAN의 구성형태

LAN의 구성 형태에 따른 분류는 통신망을 구성하는 노드와 이들 노드들 간의 연결 상태에 대한 기하학적인 배치를 의미하며, 성(Star)형, 원(Ring)형, 버스(Bus)형, 트리(Tree)형이 있다.

표 8.8 LAN의 구성 형태의 특징

형태 \ 항목	특 징	엑세스	전송매체
성형	· 중앙장치가 모든 통신을 집중 제어한다. · 제어교환 장치를 중심으로 별 모양의 회선으로 구성되어 있다. · 단말기당 제어 가격을 싸게할 수 있지만, 처음 설치할 때 배선에 소요되는 비용과 노력이 크다. · 중앙의 제어기가 고장나면 시스템이 다운된다. · 고장의 발견 및 수리가 쉽고, 한 단말의 고장이 전체 시스템에 영향을 주지 않는다.		페어/광섬유 케이블
링 형	· 한 단말이 단지 두 개의 다른 단말과 원모양으로 접속된다. · 원형태로 되어 있어 케이블에 복수의 단말기 연결이 가능함으로 총 선로길이를 짧게할 수 있다. · 통신제어가 쉽고 신뢰성이 높으며, 장거리통신망 구성이 가능하다. · 노드의 변경이나 추가가 어려우며, 한 노드(단말)가 고장나면 대처하기가 어렵다.	토큰 TDMA	동축/페어/광섬유 케이블
버스형	· 모든 단말들이 각각 독립성을 유지하면서 공통 회선을 통해 통신하는 방식이다. · 신호는 버스 위를 양방향으로 점 대 점(Point to Point) 형태로 전송한다. · 버스 끝에는 회선 종결기(Terminator)를 둔다. · 노드의 고장은 그 노드에만 제한되고 통신망의 다른 부분에 전혀 영향을 미치지 않는다. · 음성전송에 어려움이 따르며, 사무자동화 부분에 많이 사용된다. · 망 전체를 제어하는 제어 장치가 없으므로 송신권이 부딪히는 문제가 생긴다.	토큰 CSMA /CD	동축케이블
트리형	· 성형과 비슷하지만 성형에 사용되는 허브는 PDX와 달리 교환 기능을 수행하지 않고 수신된 신호를 증폭하여 연결된 다른 노드로 전달하는 기능만 제공한다. · 중앙의 컴퓨터에서부터 일정지역 단말장치까지는 하나의 통신 회선으로 연결하고 있으며, 그 이웃 단말장치는 일정지역에 연결된 단말장치로부터 다시 연결되어 트리모양을 이루고 있다.		페어/광섬유 케이블

(4) LAN의 표준

LAN에서 OSI 참조모델(OSI/RM)에 해당되는 것은 LAN 참조모델(LAN/RM)이다.

LAN/RM의 개발 작업은 대부분 미국의 IEEE 프로젝트 802 위원회에서 이루어 졌다. 그러나 중요한 작업은 유럽의 ECMA와 함께 수행되었다.

기본적으로 LAN/RM은 단지 3계층만 가지고 있는데 이 3계층은 OSI/RM의 하위 2개의 계층(데이터 링크 계층, 물리 계층)에 해당된다.

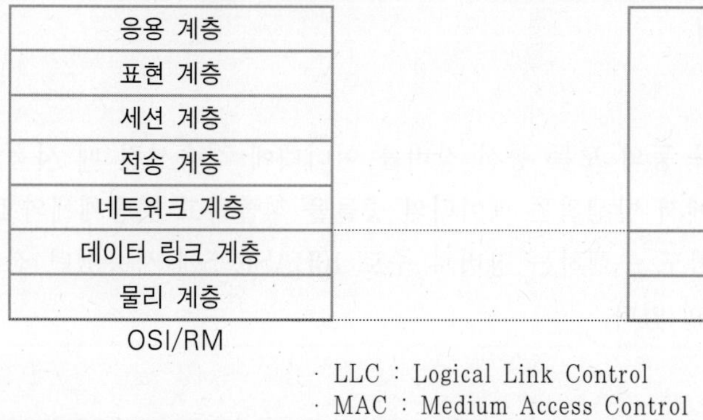

그림 8.15 LAN의 참조 모델

LAN의 일반적인 권고 표준은 IEEE 802.1부터 802.6 시리즈가 있다.

표 8.9 LAN의 표준

IEEE 시리즈	특 징
802.1 Internetworking	· 다른 표준의 개요와 OSI/RM과의 관계를 설명하고, 상위 계층의 프로토콜, 운영 및 연동(internetworking)에 관한 것이다.
802.2 LLC	· LLC: Logical Link Control · 연결 중심과 비 연결 운영에서 사용되는 제어절차에 대하여 기술하고 있다. 즉, Class-1(비연결), Class-2(비연결 및 연결 중심)에 대하여 정의하고 있다.
802.3 CSMA/CD	· 1, 5, 10, 20Mbps의 베이스밴드 동축 케이블의 운영에 대한 물리계층을 정의하고 운영에 필요한 전기적, 물리적인 사항을 기술하고 있다.
802.4 Token Bus	· 다음의 방송모드 매체(Broadcast Medium, 버스형)를 위한 MAC(Media Access Control)과 물리 부계층을 정의 한다. -1 Mbps의 베이스 밴드 동축 케이블 -5, 10 Mbps의 베이스 밴드 동축 케이블 -1, 5, 10 Mbps의 브로드 밴드 동축 케이블
802.5 Token Ring	· 1, 4 Mbps의 이중나선 케이블로서의 토큰의 사용을 위한 MAC과 물리 부 계층에 대하여 정의되어 있다.
802.6 MAN	· MAN: Matropolitan Area Networks · 이미 협정에 의한 매체를 통해 50Km 이상의 거리에서 1Mbps 이상의 전송 속도를 갖는 운영에 관한 표준이다.

(5) LAN 통신 장비

① LAN Card

LAN 카드는 컴퓨터나 서버(Server)와 통신망을 상호 접속하기 위해 PC의 확장 슬롯에 장착하는 보드로써 데이터가 워스테이션이나 서버로부터 통신망으로 또는 통신망에서 컴퓨터로 이동하기 위한 통로의 역할을 수행하는 장치이다. 그래서 보통 NIC(Network Interface Card)라고 부른다.

② 트랜시버(Transceiver)

트랜시버는 PC나 중계기 등의 모든 통신 장비를 이더넷에 접속시킬 때 사용되는 접속 장비이다. 전송 매체상에서 발생하는 데이터의 충돌을 검출하고 전송매체와 LAN 장비간의 전기적인 절연 역할도 수행하는 장비로 주로 10BASE-5에 사용했던 장비로 현재에는 거의 사용되지 않고 있다.

③ 브리지(Bridge)

브리지는 LAN을 확장하기 위한 장치로 OSI 참조 모델의 데이터 링크 계층 중 MAC 부 계층에서 통신을 하며 두 세그먼트를 연결해 주는 장비로 지금은 라우터가 그 기능을 대신하므로 거의 사용되지 않는 장비이다.

④ 허브(Hub)

허브는 중앙 제어장치를 중심으로 지점간 연결을 위한 장비로 케이블링의 간소화 및 이동의 편리함과 더블어 LAN에 있어서 통합회선 관리를 목적으로 하며, 각 노드들을 트리 구조로 연결하는데 많이 사용된다.

⑤ 라우터(Router)

라우터는 서로 다른 구조를 갖는 망들을 연결할 수 있는 기능을 제공하며, 부문 망 내에서 주고 받는 데이터는 부문 망 내에서만 움직이도록 제한을 두어 통신망에서 발생할 수 있는 불필요한 작업량을 제거해 준다.

⑥ 중계기(Repeater)

중계기는 거리가 증가할수록 감쇠되는 신호를 재생시키는 장치로 서로 분리된 동일 LAN에서 거리를 연장하거나 접속되는 세그먼트의 수를 증가 시키기 위한 장치이다.

8.2.4 고선명 TV (HDTV, High Definition TV)

고선명 TV는 현재 사용되고 있는 TV의 주사선 수를 약 2배 늘려 화질을 향상 시키고 화면의 가로와 세로 비율을 4대 3에서 16대 9로 늘려 화상을 제공하는 텔레비전의 새로운 규격으로 고선명 고품격의 텔레비전이다.

기존의 TV는 우리나라를 포함하여 일본, 미국 등이 주사선 수가 525 라인(Line)인 NTSC 방식을 이용하며, 유럽에서는 주사선 수가 625 라인(Line)인 PAL(또는 SECAM) 방식을 사용한다. 이에 비해 HDTV는 주사선 수를 기존 TV의 약 2배에 해당되는 1125 라인이고, 화면 구성비도 3대 4에서 16대 9로 늘려 현장감이 풍부하고 선명한 고품질의 화상을 제공하는 TV 시스템이다.

표 8.10 기존 TV와 HDTV의 비교

<table>
<tr><th colspan="3">항 목 \ TV</th><th>기존 TV (NTSC)</th><th>HD TV</th></tr>
<tr><td colspan="3">주사선 수</td><td>525</td><td>1125</td></tr>
<tr><td colspan="3">종횡비</td><td>3 : 4</td><td>9:16 (혹은 3:5.33)</td></tr>
<tr><td colspan="3">매초당 화면 수</td><td>30</td><td>30</td></tr>
<tr><td colspan="3">Interlace</td><td>2 : 1</td><td>2 : 1</td></tr>
<tr><td rowspan="2">변조
방식</td><td colspan="2">영상</td><td>AM-VSB</td><td>FM</td></tr>
<tr><td colspan="2">음성</td><td>FM</td><td>PCM</td></tr>
<tr><td rowspan="3">영상
대역폭</td><td colspan="2">휘도(Y) 신호</td><td>4 [MHz]</td><td>20 [MHz]</td></tr>
<tr><td rowspan="2">색신호</td><td>광대역</td><td>1.5 [MHz]</td><td>7 [MHz]</td></tr>
<tr><td>협대역</td><td>0.5 [MHz]</td><td>5.5 [MHz]</td></tr>
</table>

HDTV는 주사선 수가 기존 TV의 2배가 넘기 때문에 세로 방향의 화소 수도 2배가 되어야 한다. 또한 가로 방향의 화소 수도 2배가 되어야하고, 화면의 구성비가 가로가 늘어났기 때문에 전체적으로 5배 이상이 증가하여야 한다. 따라서 영상 신호 대역폭도 기존 TV의 4MHz의 5배인 20MHz가 되어야 한다.

NTSC는 화소의 총수가 37만개에 지나지 않은데 비해 HDTV는 210만개가 넘기 때문에 HDTV 방송에 필요한 전용 카메라와 송신장비가 필요하고, TV 수신기뿐만 아니라 방송장비, 전송장비 등의 모든 관련 장비가 교체되어야 하기 때문에 쉬운 일이 아니다.

또한 HDTV는 화면의 선명도가 1채널당 60MHz 이상의 주파수 대역이 필요하기 때문에 기존 TV에서 이용되고 있는 초단파(VHF)나 극초단파(UHF) 대의 6MHz 대역폭으로 송신이 불가능하기 때문에 지상 방송으로는 어렵고 마이크로파(SHF) 대의 위성 방송을 사용하면, 고 품질의 화질을 즐길 수 있을 것이다.

8.2.5 비디오텍스 (VTX, Videotex)

비디오텍스는 문자와 그림으로 구성된 화상정보를 컴퓨터를 이용하여 데이터 베이스에 우선 축적하고, 축적되어 있는 데이터 베이스로부터 TV 수상기와 전화회선 등을 이용하여 사용자가 원하는 각종 정보검색은 물론 예약업무, 홈쇼핑, 홈뱅킹 등 다양한 서비스가 대화식으로 제공되는 양방향 화상정보 시스템이다. 따라서 컴퓨터에 관한 전문지식이 없는 사용자도 이 비디오텍스를 이용하여 가정에서 손쉽게 일기, 관광, 뉴스 등의 각종 정보와 쇼핑, 예약 등의 광범위한 서비스를 제공받을 수 있다.

(1) 비디오텍스의 구성요소

비디오텍스의 운영상 구성 요소는 시스템/정보/서비스/통신망 제공자 및 정보 이용자로 분류할 수 있다.

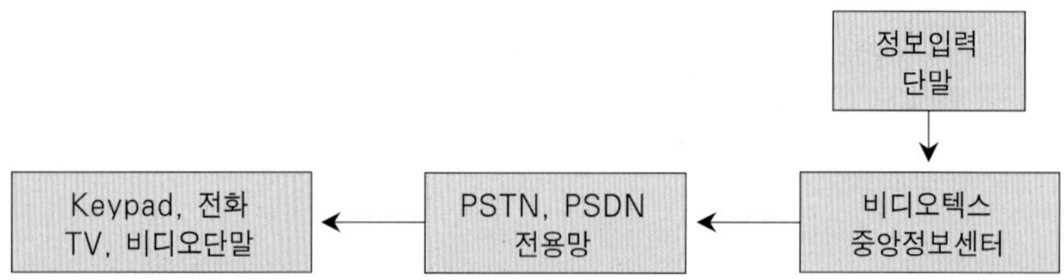

그림 8.16 비디오텍스의 구성요소

① 시스템 제공자

비디오텍스 서비스 제공을 위해 필요한 컴퓨터 및 소프트웨어를 제공자를 말한다.

② 정보 제공자

사용자가 필요로는 다양한 정보를 데이터 베이스로 축적하여 공급한다.

③ 서비스 제공자

정보의 판매, 관리 및 요금징수 등의 일을 한다.

④ 통신망 제공자

축적되어 있는 정보를 정보 이용자까지 전송하기 위한 전송매체 제공자로 주로 PSTN이나 PSDN 및 전용망을 사용한다.

⑤ 정보 이용자

비디오텍스 서비스 즉, 다양한 정보 및 서비스를 제공 받는 자를 말한다.

(2) 비디오텍스의 특징

① 일반 미디어(TV, 라디오 등)와는 달리 양방향 통신 기능을 갖는 미디어로써 원하는 시간에 원하는 정보를 검색할 수 있는 대화형 서비스이다.

② 이용 및 조작이 용이하다.

③ 다량의 다양한 정보를 축적하여 정보를 제공할 수 있다.

④ 정보 단위별 요금부가가 가능하며, 시스템의 개발비용이 비싼편이다.

⑤ 일반 컴퓨터 시스템에 접속하여 그 시스템이 제공하는 정보를 온라인으로 활용, 예를 들어 예약업무, 홈쇼핑, 홈뱅킹 등이 가능하다.

⑥ 정보 제공자와 운영주체가 다를 수 있다.

⑦ 사용상 시간제한은 없으나 화상의 경우 화면 전송이 느리다.

⑧ 가정용과 업무용 모두에게 서비스 제공이 가능하다.

⑨ 기존의 PSTN을 주로 이용하지만, PSDN, 패킷망, 전용망 등을 이용할 수 있다.

(3) 비디오텍스의 화면표시

비디오텍스에 문자-문차 도형을 화면에 표시하는 방법은 국제적으로 통일하여 단일 표준화를 만들려고 노력했지만, 북미계의 NAPLPS와 유럽계의 CEPT, 일본계의 CAPTAIN의 세 가지 방식이 국제 표준방식으로 승인 권고되었다. 즉, 비디오텍스에서 문자정보와 도형정보는 여러 색으로 표시되며, 이 중에서 도형의 표시 방법에는 다음 3 가지의 표현 방식이 있다.

① 알파 지오메트릭(Alpha-Geometric) 방식 : 북미의 NAPLPS 방식

그래픽 정보는 기하학적(점, 선, 원, 다각형 등) 요소에 의해 표현된다. 이 방식은 북미계의 NAPLPS(National American Presentation Layer Protocol Syntax) 방식이라고 한다.

② 알파 모자이크(Alpha-Mosaic) 방식 : 유럽의 CEPT 방식

문자 정보는 부호화 형식으로, 도형정 보는 모자이크 형식의 조합으로 표시하는 방법으로 유럽에서 사용하는 방식이다. CEPT 방식이라고도 한다.

③ 알파 포토그래픽 (Alpha-Photograph) : 일본의 CAPTAIN 방식

도형 정보를 화소(점)의 조합으로 표현하며, 최고 해상도의 문자정보를 제공한다. CAPTAIN(Character and Pattern Telephone Access Information Network) 방식이라고도 한다.

(4) 비디오텍스의 응용

① 정보검색 : 뉴스, 일기예보, 광고, 물가, 비행기 시간표, 전화번호 등의 검색에 사용될 수 있다.

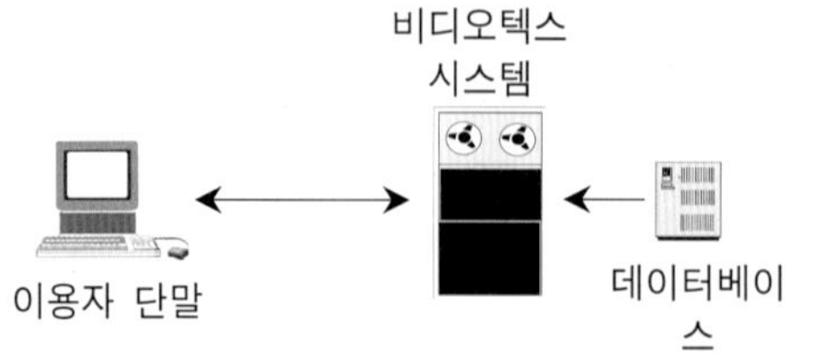

그림 8.17 정보 검색용 비디오텍스 시스템

② 거래처 서비스 : 홈뱅킹, 홈쇼핑, 상품 소개 및 주문, 전자상거래, 티켓 주문 및 예약 등에 사용될 수 있다.

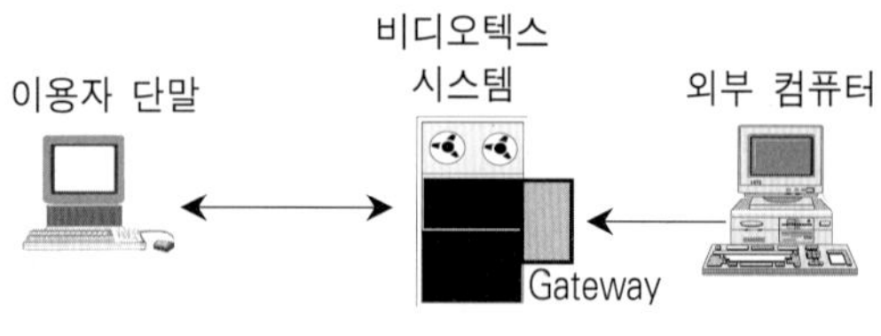

그림 8.18 거래처 서비스용 비디오텍스 시스템

③ 메시지 전달 서비스 : 전자우편, 여론조사, 고시, 긴급사항 공고 등에 사용될 수 있다.

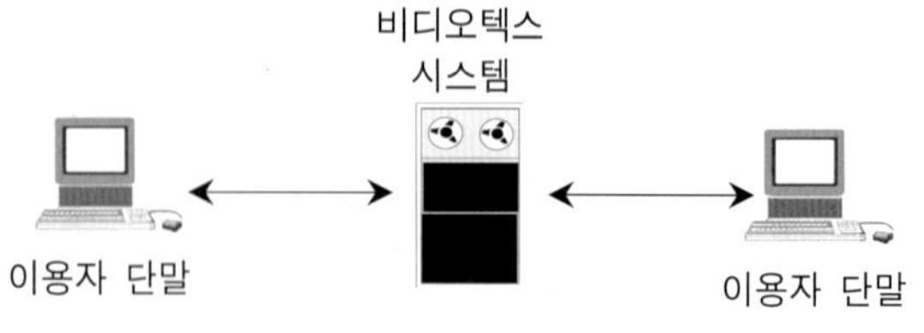

그림 8.19 메시지 전달용 비디오텍스 시스템

④ 전산처리 시스템 : 회계, 산술계산, 게임, 수학계산, 워드프로세스, 테레소프트웨어 등에 사용할 수 있다.

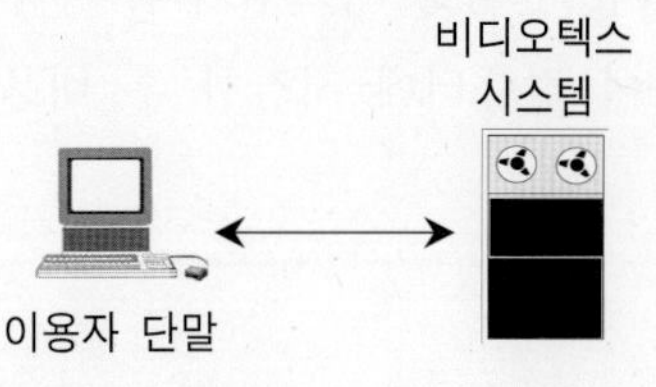

그림 8.20 전산처리 시스템용 비디오텍스 시스템

⑤ 원격감시 서비스 : 방법, 도난 및 화재 경보, 의료경보 시스템, 에너지 관리 시스템 등에 사용할 수 있다.

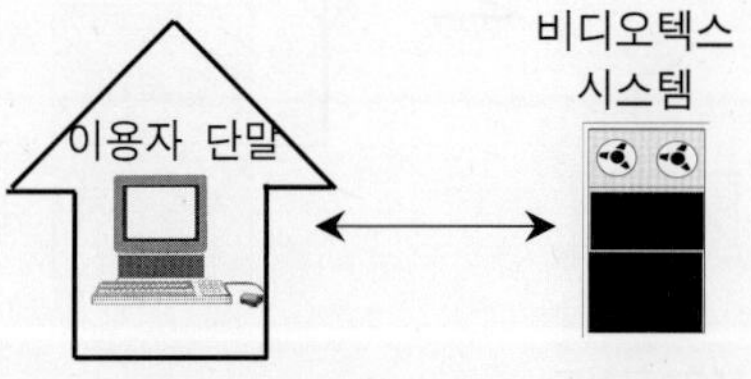

그림 8.21 원격감시 서비스용 비디오텍스 시스템

8.2.6 텔레텍스트(Teletext, 문자 다중방송)

텔레텍스트(TELETEXT)는 텔레비전(TELEvision)과 문자(TEXT)의 합성어인 문자방송으로 텔레비전과 신문의 장점을 이용하여 정보를 손쉽게 접할 수 있도록 한 미디어이다. 즉, 텔레비전 신호는 1초에 30개의 정지 영상을 한 화면씩 차례로 보내주지만 사람은 눈으로 정지 영상을 수 없으며, 화면과 화면 사이에 시간적 간격이 있기 때문에 그 간격 사이에 문자, 도형, 부가 음성 정보 등을 다중화 하면 텔레비전 방송에는 영향을 전혀 주지 않고 문자 다중방송을 제공할 수 있다.

따라서 문자 다중방송은 텔레비전 화면 사이를 이용해서 문자나 도형의 정보를 보내고, 시청자는 정규방송을 보다가 리모콘의 조작으로 단말 및 어뎁터(Adapter) 등의 장치를 이용하여 텔레비전 화면에 방영되는 문자 방송을 바로 서비스 받을 수 있다.

(1) 텔레텍스트 시스템의 구성요소

텔레텍스트 시스템은 방송 TV 신호의 대역폭 중에서 할당되지 않은 부분을 이용하여 방송 시스템과 컴퓨터 및 데이터베이스를 연결하여 송신하고, 수신측에서는 텔레비전 수상기에 해독기인 인코더, 정보를 저장하기 위한 저장장치 및 사용자가 입력하기 위한 키패드 등을 부가하여 수신하는 단방향 시스템이다. 따라서 방송국의 정보 제공자가 필요한 정보를 수집 및 가공하여 컴퓨터에 저장한 후 내용을 송출한다.

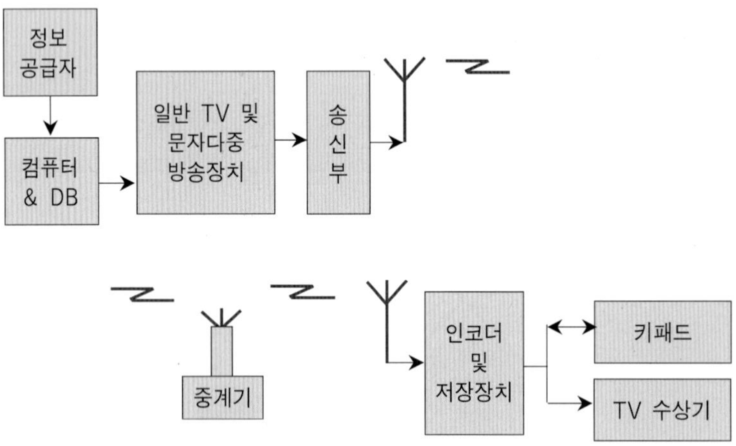

그림 8.22 텔레텍스트 시스템의 구성도

(2) 텔레텍스트의 특징

① 단방향의 방송방식으로 동시에 분배이므로 다수의 사용자가 동시접속하는 기능을 갖는다.

② 정보 제공자와 운영주체가 동일하며, 정보의 성격은 수명이 짧고 신속한 전달이 가능한 속보성이다.

③ 축적 정보량은 그리 많지 않아 시스템의 개발비용은 적으며, 정보 단위로 요금을 부과하지 않는다.

④ 서비스의 형태는 반복 송출시 사용자는 필요한 정보를 선택 수신할 수 있으며, 시간제한이 없다.

⑤ 텔레텍스트는 텔레비전신호 대역폭 중에서 사용되지 않는 부분인 수직귀선 기간(Vertical Blank Time) 이용하여 약 100개의 텍스트 페이지(Text Page)가 매 25초마다 순환된다.

⑥ 원래 가정용으로 개발되었으므로 일반뉴스, 일기예보, 증권정보, 레저정보 등의 다양한 정보 제공이 가능하다.

또한 비디오텍스와 텔레텍스트의 특성을 비교해 보면 다음과 같다.

표 8.11 비디오텍스와 텔레텍스트의 특성을 비교

항목 \ 서비스	비디오텍스	텔레텍스트
특 징	· 쌍방향 대화형 통신 · 지역적 · 한정된 동시접속 · 대량의 축적정보 보유 · 검색 및 대화형 · 느린 화면 속도 · TV 수신기와 접속 필요 · 전송로 특성이 양호 · 정보제공자와 운영주체가 다르다.	· 단방향 동시분배 · 전국적 · 다수가 동시접속 가능 · 소량의 축적정보 · 반복송출 및 선택수신 · 빠른 화면 속도 · 디코더와 TV 수신기필요 · 전송로 특성이 나쁨 · 정보제공자와 운영주체가 같다.
요 금	· 정보 단위로 요금 부과	· 정보 단위와 상관없이 일률적으로 요금 부과
비 용	· 시스템 개발비용이 비싸다.	· 시스템 개발비용이 싸고, 선행 투자가 쉽다.
정보성격	· 긴 수명의 백과사전형, 시간제한 있음	· 짧은 수명의 속보성, 시간제한 없음
서비스 형태	· 일기, 관광, 뉴스 등의 각종 정보와 쇼핑, 예약 등의 광범위한 서비스를 제공	· 일반뉴스, 일기예보, 증권정보, 레저정보 등의 다양한 정보 제공

연습문제

제 8 장

1. ISDN의 특징에 대하여 설명하시오.

2. ISDN의 목표에 대하여 설명하시오.

3. ISDN의 채널에 대하여 설명하시오.

4. ISDN의 사용자-망 인터페이스(UNI)에 대하여 설명하시오.

5. ISDN의 번호(Number)체계와 주소(Address)에 대하여 설명하시오.

6. ISDN의 서비스에 대하여 분류하고 각각에 대하여 설명하시오.

7. B-ISDN의 특징에 대하여 설명하시오.

8. B-ISDN의 등장 배경에 대하여 설명하시오.

9. N-ISDN과 B-ISDN간에 비교 설명하시오.

10. B-ISDN의 서비스에 대하여 분류하고 각각에 대하여 설명하시오.

11. ATM 교환 방식(원리)에 대하여 설명하시오.

12. ATM 교환기의 기본 기능에 대하여 설명하시오.

13. 뉴미디어의 정의에 대하여 설명하시오.

14. 뉴미디어를 3가지로 분류하고 각각의 특징에 대하여 설명하시오.

15. 뉴미디어의 특징에 대하여 설명하시오.

16. VAN의 기능을 3가지로 분류하고 각각에 대하여 설명하시오.

17. LAN의 특징에 대하여 설명하시오.

18. LAN의 구성 형태에 따라 분류하고 각각에 대하여 설명하시오.

19. 기존 TV와 HDTV 간의 특징을 비교 설명하시오.

20. 비디오텍스의 구성 요소를 분류하고 설명하시오.

21. 비디오텍스의 특징에 대하여 설명하시오.

22. 비디오텍스의 화면표시 방법에 대하여 설명하시오.

23. 텔레텍스트에 대하여 설명하시오.

24. 텔레텍스트의 특징에 대하여 설명하시오.

25. 비디오텍스와 텔레텍스트의 특성을 비교 설명하시오.

최신 정보통신기기〈개정판〉

2007년 2월 15일 초판 1쇄 발행
2023년 8월 30일 초판 8쇄 발행

지은이 이재수 · 최인호 · 권혁봉 · 안정근 · 원성철 · 김만기
펴낸이 임 순 재

펴낸곳 한올출판사
등 록 제11-403호
주 소 서울특별시 마포구 모래내로 83(성산동, 한올빌딩 3층)
전 화 (02)376-4298(대표)
팩 스 (02)302-8073
홈페이지 www.hanol.co.kr
e-메일 hanol@hanol.co.kr

값 17,800원 ISBN 979-89-8325-859-5